ALLE ZEIT WACH
1842
SJ

Joachim Hassenpflug

Das Patellofemoralgelenk beim künstlichen Kniegelenkersatz

Mit einem Geleitwort von W. Blauth

Mit 161 zum Teil farbigen Abbildungen und 83 Tabellen

Springer-Verlag
Berlin Heidelberg New York
London Paris Tokyo

Priv.-Doz. Dr. JOACHIM HASSENPFLUG
Orthopädische Universitätsklinik
Abteilung Orthopädie
Zentrum Op. Medizin II
Michaelisstraße 1, 2300 Kiel 1

ISBN-13:978-3-642-74108-1 e-ISBN-13:978-3-642-74107-4
DOI: 10.1007/978-3-642-74107-4

CIP-Titelaufnahme der Deutschen Bibliothek
Hassenpflug, Joachim: Das Patellofemoralgelenk beim künstlichen Kniegelenkersatz / Joachim Hassenpflug. Mit e. Geleitw. von W. Blauth. - Berlin ; Heidelberg ; New York ; London ; Paris ; Tokyo : Springer, 1989
ISBN-13:978-3-642-74108-1

Softcover reprint of the hardcover 1st edition 1989

2124/3145-54321

Meiner Frau
und meinen Kindern
gewidmet

Geleitwort

Die Grundlagenforschung zum künstlichen Kniegelenkersatz ist noch in vollem Gange. Zahlreiche Probleme harren der Lösung. Es war deshalb das vorrangige Ziel meines Mitarbeiters J. Hassenpflug, einige der offenen Fragen klären zu helfen, nämlich die nach den biomechanischen Bedingungen im Femoropatellargelenk nach Implantation von Knieendoprothesen. Die Aufgabe erschien um so dringlicher, als sich gerade die retropatellare Region nach zahlreichen Mitteilungen im Schrifttum unzweifelhaft als Hauptgebiet lästiger Restbeschwerden, bleibender Funktionsstörungen oder folgenschwerer Komplikationen erwiesen hat.

In diesem Zusammenhang sollten die Ergebnisse einer seit 1972 laufenden prospektiven Studie über jene Patienten von Interesse sein, denen eine von uns entwickelte Scharnierendoprothese implantiert worden war. Von kaum einem anderen Kniemodell sind derart langfristige Untersuchungen bekannt.

Der Leser wird im klinischen Teil viele Informationen finden, die ihn möglicherweise überraschen und zum Nachdenken über seine Einstellung zur Indikation von ungekoppelten, also achsfreien, oder gekoppelten Knieendoprothesen veranlassen. Dem Typus „Scharnierprothese" hängen immer noch Voreingenommenheiten oder Ablehnung an, was wohl von den nicht so überzeugenden Resultaten der sog. Pioniermodelle (z. B. von Walldius, Shiers oder Guepar) herrührt oder auch darauf beruhen kann, daß die verschiedenartigsten Scharnierprothesen unzulässigerweise gleich bewertet werden.

Ist es nicht erstaunlich, daß z. B. die Rate aseptischer Lockerungen in unserem vergleichsweise großen und regelmäßig über einen sehr langen Zeitraum von mehr als 15 Jahren kontrollierten Krankengut unter 2% liegt? Nur ca. 9% der Patienten zeigten ein sog. retropatellares Schmerzbild (d. h. Schmerzen beim Aufstehen und Treppensteigen, nicht aber beim Gehen). Dies war übrigens der Anlaß zur Fortentwicklung unserer Prothese mit künstlichem Kniescheibengleitlager seit 1983.

Aber nicht nur diese und weitere Erkenntnisse aus den sehr gründlichen klinischen Untersuchungen werden den Leser bereichern, sondern auch die Ergebnisse experimenteller Studien, die zunächst der Darstellung der arteriellen Gefäßversorgung der Kniescheibe galten. Dahinter stand die Überlegung, ob nicht die röntgenologischen Veränderungen, die man mit der Zeit an manchen Kniescheibenrückflächen von Kniegelenken mit Endoprothesen beobachten kann, zum Teil vielleicht auf operative Einflüsse zurückgehen, nämlich auf die Durchtrennung wichtiger Patellagefäße bei bestimmten Schnittführungen.

Es ist J. Hassenpflug auf faszinierende Weise gelungen, die Gefäße im Inneren der Kniescheibenknochen mit einer von ihm entwickelten Methode erstmals dreidimensional darzustellen und zu zeigen, daß bisherige anatomische Angaben zum Teil korrigiert werden müssen. Die Problematik mancher Inzisionen konnte wahrscheinlich gemacht werden.

Die Monographie enthält aber noch einen weiteren, äußerst interessanten experimentellen Teil: Man lernt dort ein Modell kennen, an dem biomechanische Bedingungen im Patellofemoralgelenk nach Prothesenimplantation wirklichkeitsnah simuliert und mathematisch nachvollzogen werden können. Die Analyse patellofemoraler Belastungsgrößen umfaßt die Lokalisation der Kontaktflächen bei verschiedenen Prothesenmodellen sowie gleichzeitig die Kräfte im Streckapparat ober- und unterhalb der Patella. Anhand der vielen untersuchten Prothesen und Näherungsmodelle kann man Rückschlüsse auf den Zusammenhang zwischen bestimmten Konstruktionsmerkmalen und mechanischen Belastungsgrößen ziehen. Die Gefährdung von Polyethylenprothesen der Patellarückfläche durch kleine lastaufnehmende Kontaktflächen wird anschaulich dargestellt.

Alle Untersuchungen sind mit großer Sorgfalt ausgeführt worden und werden mit kritischer Distanz gewertet.

Die klinischen Darstellungen münden in die eigentlich überraschende Erkenntnis ein, daß mit Scharnierprothesen bestimmter Bauart mittel- und langfristige Ergebnisse erzielt werden können, die denen von achslosen Prothesen zumindest gleichkommen, wenn nicht sogar ihnen überlegen sind. Es ist zu hoffen, daß die Arbeit von Herrn Hassenpflug mit dazu beiträgt, die zum Teil emotional geführten Diskussionen über das Für und Wider von Kniegelenkscharnierprothesen zu versachlichen und dazu anzuregen, daß Urteile über die Leistungsfähigkeit eines Prothesensystems erst dann abgegeben werden, wenn sog. Standzeiten von wenigstens 5–6 Jahren vergangen sind und eine genügend große Anzahl von Patienten (wenigstens 80–90%) regelmäßig kontrolliert worden ist.

Die vorbereitenden Untersuchungen zu diesem Buch sind von der Deutschen Gesellschaft für Orthopädie und Traumatologie mit dem Biesalski-Preis 1988 ausgezeichnet worden.

Kiel, im Januar 1989 W. Blauth

Vorwort

Die stürmische Entwicklung des künstlichen Kniegelenkersatzes in den letzten Jahrzehnten darf nicht darüber hinwegtäuschen, daß in vielen Bereichen nach wie vor noch keine idealen Lösungen erreicht sind. So wurde dem patellofemoralen Gelenkabschnitt überhaupt erst in den letzten Jahren zunehmende Aufmerksamkeit zuteil. Unabhängig von Einzelfragen des femorotibialen Getriebeaufbaus können im Patellofemoralgelenk Probleme auftreten, deren biomechanische und biologische Determinanten bisher nur zum kleinen Teil bekannt sind. Ausgehend von den Erfahrungen einer prospektiv angelegten klinischen Nachuntersuchungsstudie soll die vorliegende Arbeit trotz vieler Detailinformationen Grundlagen für Diskussionen liefern, die zum tieferen Verständnis grundsätzlicher Zusammenhänge beitragen mögen.

Die breitangelegten experimentellen Untersuchungen wären ohne viele Helfer und Förderer nicht möglich gewesen. Zu großem Dank bin ich besonders Herrn Prof. Dr. W. Blauth verpflichtet, der bei der Formulierung des Themas, in der Planungsphase, während der Durchführung der Untersuchungen, sowie bei der Zusammenstellung und Diskussion der Ergebnisse durch wertvolle Anregungen und kritische Fragen die Entstehung der Arbeit wesentlich förderte. Herrn Prof. Dr. B. Tillmann und Herrn G. R. Klaws möchte ich für ihre wertvolle Unterstützung bei der Entwicklung der modifizierten Injektions-Korrosions-Technik und für die Bereitstellung von weiteren Präparaten aus dem Anatomischen Institut der Universität Kiel danken. Herrn Dr. rer. nat. E. Hiss bin ich zu besonderem Dank verpflichtet, da er den Aufbau der biochemischen Meßeinrichtungen wesentlich unterstützt hat und ständig bereit war, die gewonnenen Ergebnisse kritisch zu diskutieren. Herrn Prof. Dr. P. H. Heintzen danke ich für die Möglichkeit, in der Abteilung Kinderkardiologie der Universität Kiel die densitometrischen Auswertungen durchführen zu können. Herrn Dipl.-Math. J. Hahne und Herrn Dr. K. Moldenhauer gilt mein Dank für die Entwicklung und Betreuung der speziellen Rechnerprogramme. Für die kritische Beurteilung der mathematischen Modellbeschreibung danke ich meinem Vater, Wiss. Dir. O. Hassenpflug, Flensburg, und Herrn Dipl.-Ing. Prof. R. Warnecke, Oldenburg. Herrn Dipl.-Inf. J. Hedderich und Herrn Dipl.-Math. J. Hahne bin ich für ihre Hilfe bei der statistischen Auswertung und Beurteilung des

Datenmaterials aus den klinischen Untersuchungen dankbar, Herrn Schütt für seine Mitarbeit beim Aufbau der rechnergestützten Datenauswertung. Herrn Prof. Dr. J. Koebke, Köln, danke ich für seine Hilfsbereitschaft, konstruktive Gespräche und eine kritische Durchsicht des Manuskriptes. Herrn Priv.-Doz. Dr. K. Glas, Passau, danke ich für die Überlassung von Röntgenbildern. Frau B. Andresen und Herrn Dipl.-Ing. M. Vogiatzis gilt mein Dank für die unermüdliche Hilfe bei der Durchführung der Laboruntersuchungen und der graphischen Dokumentation. Herrn S. Zander und Herrn J. Studt aus dem Forschungslabor der Orthopädischen Universitätsklinik Kiel danke ich für die Anfertigung der mechanischen Meßeinrichtungen und ihre ständige Hilfsbereitschaft. Frau A. Kommorovski danke ich für das Schreiben des Textes, Frau G. Fischer und Frau G. Hufnagel für die umfangreichen photographischen Arbeiten. Schließlich danke ich meiner Frau für ihre anhaltende Geduld und ihr Verständnis, ohne das dieses Buch nicht entstanden wäre.

Kiel, im Januar 1989 J. HASSENPFLUG

Inhaltsverzeichnis

A. Einleitung

I. Besonderheiten der verschiedenen Totalendoprothesen des Kniegelenks

Der künstliche Ersatz eines körpereigenen Gelenks hat zum Ziel, eine schmerzhaft gestörte Gelenkfunktion zu normalisieren und dieses Ergebnis langfristig aufrecht zu erhalten. Künstliche Kniegelenke müssen dabei einer Reihe von mechanischen Besonderheiten gerecht werden: Das Knie ist das größte Gelenk des menschlichen Körpers und liegt an der belasteten unteren Extremität weiter als alle anderen Gelenke von seinen Nachbarn entfernt. Große Hebelarme führen zu erheblichen Belastungsmomenten (Fick 1904). Anders als am Hüftgelenk mit seinem verhältnismäßig einfachen Aufbau als Kugelgelenk ist der Bewegungsablauf des Kniegelenks in komplexer Weise aus Roll- und Verschiebebewegungen der Kondylenflächen auf dem Schienbeinkopf zusammengesetzt (Huson 1974; Kapandji 1985; Strasser 1917). Diese Bewegungen werden durch die Raumform der Gelenkoberflächen und durch die Anordnung des Kapselbandapparats gesteuert (Knese 1950; W. Müller 1982). Die Kniescheibe ist neben Schienbein- und Oberschenkelknochen als dritter Gelenkpartner und größtes Sesambein des menschlichen Körpers in den Streckapparat eingefügt (Benninghoff 1968; Tillmann 1987). Durch ihren gelenkigen Kontakt zum Gleitlager ermöglicht die Kniescheibe, das Gelenk in Zusammenspiel mit anderen Führungselementen auch in gebeugter Stellung zu stabilisieren und zur Übertragung der Körperlast zu nutzen (Ficat u. Hungerford 1977). Nur das störungsfreie Zusammenspiel aller 3 Gelenkpartner gewährleistet eine zufriedenstellende Funktion des gesamten Gelenks.

Trotz vieler Fortschritte bietet der künstliche Kniegelenkersatz immer noch eine Reihe von ungelösten Problemen. Es wird geschätzt, daß insgesamt etwa 400 verschiedene Prothesentypen weltweit Anwendung finden. Die Vielzahl von verschiedensten Prothesenmodellen und Konstruktionsmerkmalen läßt unterschiedliche Ansätze zur Lösung offener Fragen erkennen. Trotz positiver Berichte über Kurzzeitresultate deuten häufige Modellwechsel in einzelnen Kliniken und rasch aufeinanderfolgende konstruktive Änderungen verschiedener Prothesenmodelle auf Unzulänglichkeiten der klinischen Ergebnisse und Fehlschläge in verschiedenen Bereichen.

Die Implantation von Kunstgelenken stellt, wie M. Müller (1987) es für Hüftprothesen formulierte, eine „Einwegprozedur“ dar. Besonders das umgebende Gewebe ist durch den Einbau von Prothesen Anpassungs- und Fremdkörperreaktionen unterworfen. Bei Fehlschlägen ist der Wechsel von einem Einwegartikel zum nächsten gerade bei Knieprothesen ausgesprochen schwierig. Das bedeutet: Die dauerhafte Funktionsfähigkeit der Implantate und ihrer Verankerung im Knochen

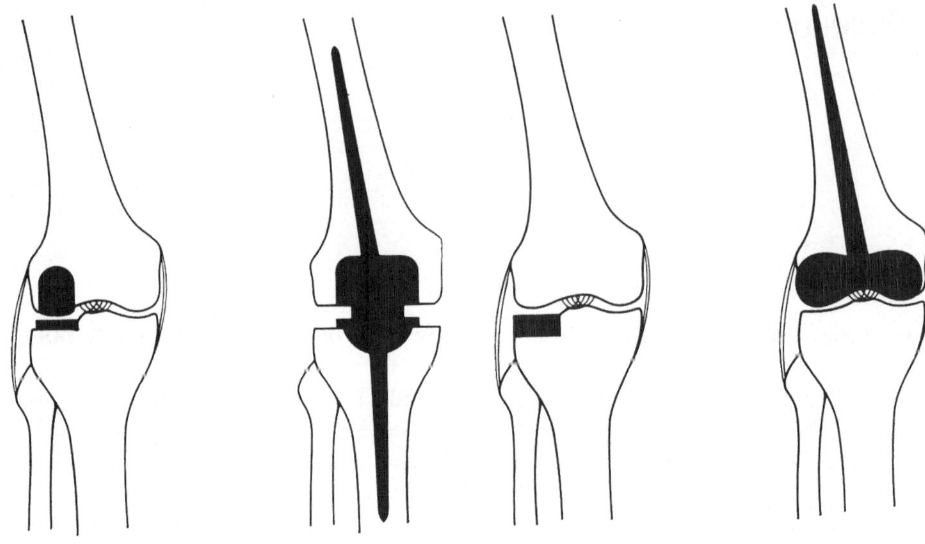

Abb. 1. Totalendoprothesen ersetzen jeweils beide gegenüberliegenden Gelenkflächen, Teilprothesen nur einen der Gelenkpartner. (Aus: Blauth et al. 1977)

sollte beim künstlichen Kniegelenkersatz Vorrang vor aufwendigen Detaillösungen haben. Die Wertigkeit von Prothesenmodellen ist in jedem Fall erst anhand von langfristigen Kontrolluntersuchungen zu beurteilen, für die Insall (1985) 5–10 Jahre Beobachtungszeit fordert. Die implantierten Gelenke sollten im übrigen ohne große Dunkelziffer, also zu mindestens etwa 80%, erfaßt werden.

Zur Übersicht über die verschiedenen Prothesenmodelle wurden unterschiedliche Gruppeneinteilungen vorgenommen, je nachdem, welche Eigenschaft bei der Zuordnung im Vordergrund stand (Blauth et al. 1980; Engelbrecht 1981; Laskin et al. 1984; Ungethüm u. Stallforth 1977). Die folgende Übersicht soll besonders denjenigen Lesern, die sich nicht täglich mit der Kniegelenkendoprothetik auseinandersetzen, einige Unterscheidungsmerkmale zwischen verschiedenen Prothesenmodellen erläutern sowie beispielhaft Vor- und Nachteile einzelner Konstruktionsprinzipien darstellen, um damit eine Einordnung der später angesprochenen Patellaprobleme zu erleichtern. Die Einteilung ist wesentlich an der Oberflächengestaltung der Prothesen und ihren möglichen Bewegungsfreiheiten orientiert. Die Formgebung der Kunstgelenke wird vor allem im Hinblick auf Besonderheiten der Lastübertragung zwischen den Prothesenpartnern sowie Anforderungen an die Prothesenverankerung betrachtet.

Der Begriff der *Totalendoprothese* kennzeichnet den Ersatz beider gegenüberliegender Gelenkflächen (Blauth et al. 1977). Von *Teilprothesen* spricht man, wenn nur einer der beiden Gelenkpartner ersetzt wird (Abb. 1). Teilprothesen wurden in den Anfängen der Entwicklung künstlicher Kniegelenke im Bereich der Kniescheibenrückfläche, des Kniescheibengleitlagers, der Oberschenkelrollen und der

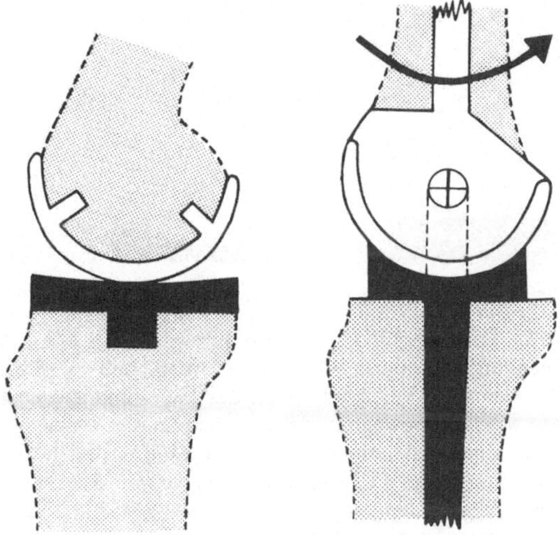

Abb. 2. Gleitflächenprothesen ersetzen nur die Gelenkoberflächen und müssen über den Kapselbandapparat stabilisiert werden. Die Gelenkpartner sind nicht miteinander verbunden. Scharnierprothesen bewegen sich um eine mechanische Achse, die Ober- und Unterschenkel miteinander verbindet und die Gelenkbewegung führt

Schienbeinkopfgelenkflächen implantiert (McKeever 1955; MacIntosh 1969; Platt u. Pepler 1969; Potter 1969; Murray u. Barranco 1974). Wegen der hohen Belastungen der körpereigenen Gelenkflächen in Kontakt mit den eingebrachten Metallteilen entwickelten sich jedoch im Laufe der Zeit verstärkt Gelenkzerstörungen (Levitt 1973), so daß derartige Modelle inzwischen weitgehend verlassen wurden.

Bei den heute verwendeten Totalprothesen lassen sich 2 große Gruppen unterscheiden: Zum einen die nicht miteinander verbundenen Oberflächen- oder sogenannten *Gleitflächenprothesen*, bei denen die Kontaktbereiche der Gelenkpartner in unterschiedlicher Form ersetzt werden; zum anderen die Gruppe der verbundenen oder *gekoppelten Prothesen*, bei denen Ober- und Unterschenkelteil durch eine mechanische Achse wie bei einem Scharnier geführt werden (Abb. 2).

1. Gleitflächenprothesen

Die Paßgenauigkeit, mit der Ober- und Unterschenkelteil der Gleitflächenprothesen ineinandergreifen, kann sehr unterschiedlich sein (Abb. 3). Bei den Kufen- oder *Schlittenprothesen* besteht zwischen den Gelenkpartnern in allen Ebenen ein fast freies Bewegungsspiel: Wir sprechen hier von Prothesenmodellen ohne Zwangslauf oder von „nicht formschlüssigen" Modellen. Ihr Aufbau ist vereinfacht als Bewegung einer Walze oder Kugel auf einer Ebene zu beschreiben.

Schlittenprothesen beschränken sich im allgemeinen auf den inneren oder äußeren Gelenkraum und werden häufig, z. B. bei einer Varusfehlstellung mit Überla-

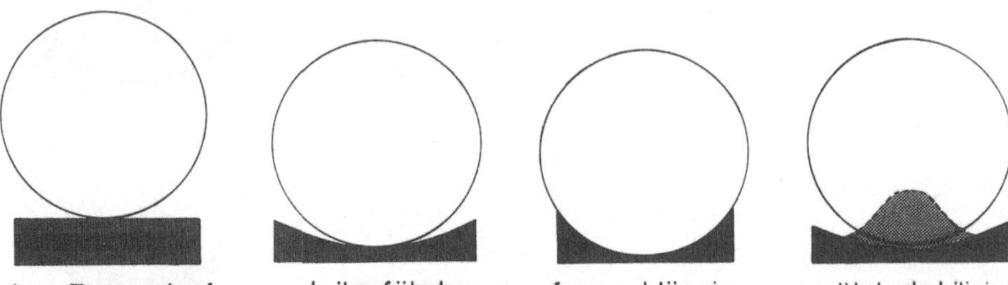

Abb. 3. Die verschiedenen Modellgruppen der Gleitflächenprothesen unterscheiden sich in der Paßgenauigkeit, mit der Ober- und Unterschenkelteil ineinandergreifen. Prothesen ohne Zwangslauf lassen freie Verschiebungen der Gelenkpartner gegeneinander zu. Bei formschlüssigen Modellen wird die Bewegung der Oberschenkelrollen als Zwangslauf um ein fest liegendes Drehzentrum geführt. Bei teilgeführten Prothesenmodellen sind durch den nicht exakten Formschluß Verlagerungen der Gelenkpartner gegeneinander möglich. Durch zusätzliche Führungselemente können Gleitflächenprothesen auch Stabilisierungsaufgaben des Kapselbandapparates in unterschiedlichem Ausmaß übernehmen

stung und alleiniger Zerstörung der inneren Kniegelenkanteile, eingebaut. Zur Verankerung dieser Prothesenmodelle muß nur wenig Knochengewebe entfernt werden. Als Beispiel seien die Prothesen vom Typ „Marmor“, „St. Georg“, „Polycentric“ oder „Guepar“ genannt (Abb. 4) (Engelbrecht 1971; Gunston 1971, 1976; Marmor 1973).

Da diese Prothesen oft nur eine Gelenkhälfte ersetzen, wird das Bewegungsmuster des Gelenks weiterhin von den nicht ersetzten Gelenkabschnitten und den Kapselbandstrukturen bestimmt. Daher darf bei diesen Modellen nur eine Prothesenform gewählt werden, die ein freies Spiel zwischen Oberschenkelrolle und Schienbeinplateau gestattet und keinerlei Zwangslauf auf die Gelenkbewegungen ausübt. Stimmt die Raumform der Prothese nicht vollständig mit den Krümmungsradien der zu ersetzenden Gelenkflächen überein, kommt es in dem fein abgestimmten Bewegungssystem zu einem gestörten Zusammenspiel mit den nicht ersetzten Gelenkabschnitten und dem Kapselbandapparat. Derartige Abweichungen sind aufgrund individueller Unterschiede in Größe und Gestalt der Gelenkkörper sowie Ungenauigkeiten beim Einbau der standardisierten Prothesenformen kaum zu vermeiden. Es entstehen mechanische Überlastungen, die entweder zu einer zunehmenden Zerstörung der nicht ersetzten Gelenkflächen, zu erhöhtem Abrieb oder zu einer Lockerung der Prothese selbst führen können.

Die Bewegung eines Kugel- oder Walzensegmentes auf einer ebenen Unterlage bedingt bei diesem Prothesentyp, daß die Kontaktflächen zwischen den Gelenkpartnern jeweils nur sehr klein sind. Bei Beuge-Streck-Bewegungen werden die belasteten Bereiche mit den Femurkondylen auf dem Schienbeinplateau nach hinten und vorne verlagert. Neben umschriebenen Druckspitzen im Polyethylenplateau entstehen Kippbelastungen, die die Verankerung der Plateauflächen gefährden können (Abb. 5). Inwieweit es in diesem Zusammenhang sinnvoller ist, das Schienbeinplateau in den Knochen einzulassen (Inlaytechnik) oder auf der Knochenoberfläche zu verankern (Onlaytechnik) bedarf noch weiterer langfristiger Erfahrungen (Gradinger et al. 1987).

Abb. 4. Die Guepar-Schlittenprothese ist ein typischer Vertreter der unikondylären Prothesen. Diese Prothesen werden häufig bei alleiniger Zerstörung des inneren oder äußeren Gelenkspalts angewendet

Sind gleichzeitig innerer und äußerer Gelenkspalt zerstört, so bereitet die Positionsabstimmung von 2 Halbgelenken erhebliche operativ-technische Probleme. In diesen Fällen werden Prothesen bevorzugt, deren Femur- und Tibiateil jeweils aus nur einem Stück bestehen, in dem innerer und äußerer Gelenkanteil miteinander verbunden sind.

Eines der ersten derartigen Gelenke war das Geometric-Knie der Geomedic-Gruppe um Coventry, das 1972 vorgestellt wurde (Coventry et al. 1972; Coventry et al. 1973; Ilstrup et al. 1976; Skolnick et al. 1976). Im Gegensatz zu den nicht formschlüssigen Schlittenprothesen ist dieses Gelenk durch einen vollständig paßgenauen Sitz der Gelenkpartner ineinander gekennzeichnet. Die Femurkondylen sind rollenförmig und drehen sich in einer wannenförmigen Vertiefung des Schienbeinplateaus, die annähernd den gleichen Radius wie das Femurteil hat.

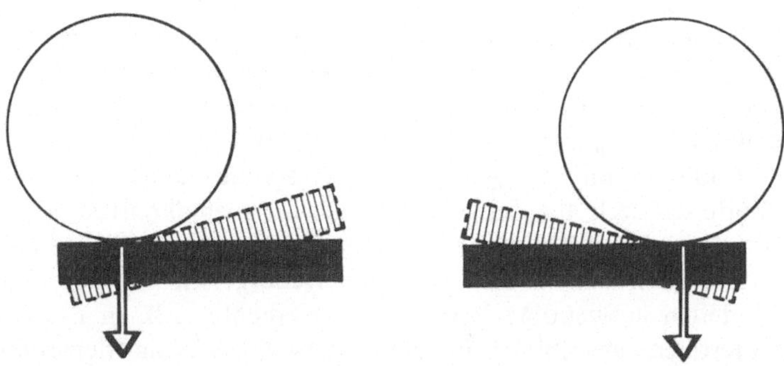

Abb. 5. Die Vor- und Rückverlagerung der Oberschenkelrollen auf einem ebenen Schienbeinplateau führt zu wandernden Belastungspunkten und Kippmomenten, die die Verankerung des tibialen Prothesenteiles gefährden können

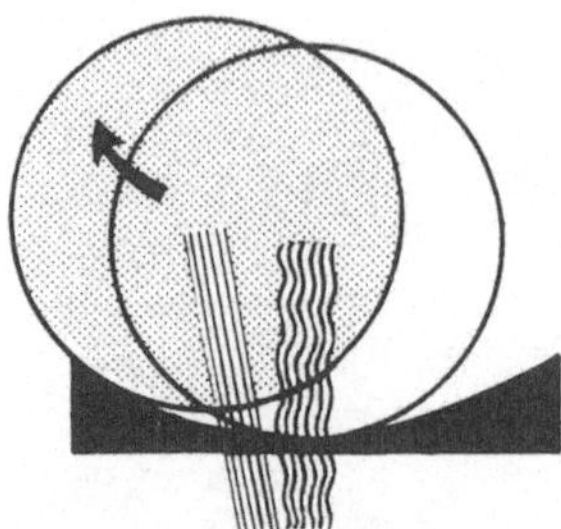
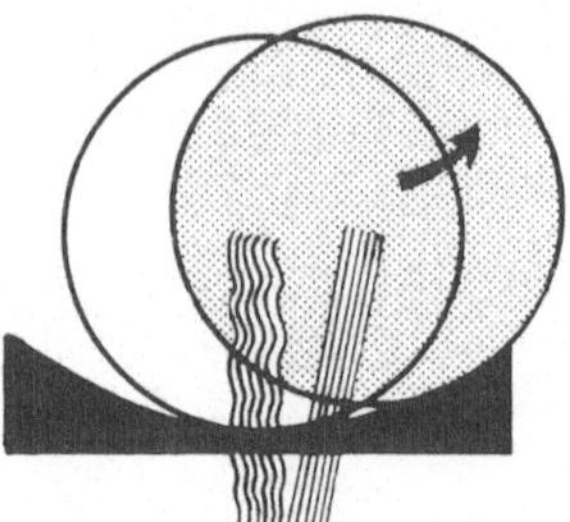

Abb. 6. Bei Prothesen mit muldenförmigem Tibiaplateau müssen die Oberschenkelrollen bei Vor- und Rückverlagerung auf den Flanken des Plateaus nach oben steigen. Dadurch entsteht eine zunehmende Anspannung des Kapselbandapparates, die den Bewegungsablauf je nach Steilheit der Plateauflanken mit unterschiedlicher Steifigkeit abbremst

Durch den Formschluß der Gelenkpartner wird die Bewegung der Oberschenkelrollen um ein fest liegendes Drehzentrum erzwungen. Eine Verschiebung des Tibiakopfes mit seinen trogförmigen Gelenkflächen nach vorn oder hinten läßt die Kondylenrollen auf den Flanken des Plateaus nach oben steigen (Abb. 6). Diese Bewegung wird erst durch die zunehmende Spannungsentwicklung im Kapselbandapparat gebremst. Die vordere Anhebung des Tibiaplateaus ist dabei Bremse gegen eine Rückverlagerung des Schienbeins im Sinne der hinteren Schublade. Zusammen mit den Seitenbändern verhindert sie gleichzeitig die Gelenküberstrekkung. Die Anhebung der hinteren Plateaukante verhindert ein Heruntergleiten der Oberschenkelrollen über die Prothesenkante nach hinten und übernimmt gewissermaßen die Funktion des vorderen Kreuzbandes.

Die Gelenkstabilität ist bei Gleitflächenprothesen wesentlich an einen intakten Kapselbandapparat gebunden. Während des gesamten Bewegungsablaufes muß die Oberflächenform der Gelenkpartner auf die Spannung des Kapselbandapparats abgestimmt bleiben, so daß in keiner Beugestellung eine Lockerung oder Überdehnung der Bänder entsteht (Abb. 7) (Hoss u. Weber 1977; Pieper u. Neurath 1987; Kummer u. Yamamoto 1988). Ein Konflikt zwischen Bewegungsmuster der Prothese und der physiologischen Bandgeometrie ist um so weniger zu vermeiden, je ausgeprägter die Führungselemente der Prothese sind, d. h. je paßgenauer die Gelenkkörper ineinander greifen. Dies ist besonders bedeutsam, da die Dehnungs- und Reißfestigkeit des Kapselbandapparats bei rheumatischen und degenerativen Gelenkveränderungen im Vergleich zum normalen jugendlichen Gelenk deutlich herabgesetzt ist (Wasmer et al. 1986).

Prothesen mit ausgeprägtem Formschluß haben keine Möglichkeit, äußere Kräfte dadurch abzufangen, daß sich die Gelenkpartner gegeneinander verschieben. Scher- und Rotationsbelastungen müssen über die Verankerung der Prothese an die Grenzschicht zum Knochen weitergeleitet werden. Daher sind bei diesen Modellen aufwendige Verankerungselemente, z. B. in Form von Zapfen an der Unterfläche des tibialen Plateaus oder bei den Scharnierprothesen sogar als lange Stiele in der Markhöhle, erforderlich. Zur zusätzlichen Stabilisierung gegen Kippbewegungen mit einem einseitigen Abheben des tibialen Plateaus von der Unterlage werden bei einigen Modellen auch Spreizdübel oder Schrauben, wie z. B. bei

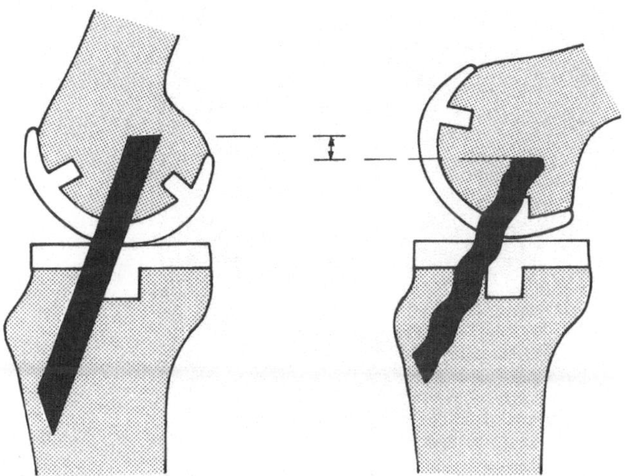

Abb. 7. Zur Stabilisierung von Gleitflächenprothesen ist ein intakter Kapselbandapparat notwendig. Ansätze und Ursprünge der Bänder dürfen sich bei Beuge-Streck-Bewegungen nicht wesentlich voneinander entfernen oder annähern, da sonst Überdehnungen oder Lockerungen des Bandapparates mit Stabilitätsverlusten enstehen

der Miller-Galante- oder PCA-Prothese in der peripheren Spongiosa oder Kortikalis des Tibiakopfes verankert (Freeman u. Railton 1987; Landon et al. 1987).

Um die Belastungen der Prothesenverankerung zu verringern, wurde den meisten weiterentwickelten Gleitflächenprothesen ein zusätzliches freies Bewegungsspiel gegeben: Man vergrößerte die Krümmungsradien des Tibiaplateaus, wie z. B. beim Anametric-Knie als Nachfolgemodell der Geometric-Prothese (Finerman et al. 1979). Die flacheren Plateauflanken bedingen einen geringen Zwangslauf und führen bei Verschiebungen der Prothesenteile gegeneinander zu einem verlangsamten Spannungsanstieg im Kapselbandapparat und damit zu einer weniger abrupten Beanspruchung der Prothesenverankerung (Thatcher et al. 1987). Die verschiedenen Prothesenmodelle dieses Typs unterscheiden sich durch das Ausmaß der Konformität zwischen femoralem und tibialen Prothesenteil, wobei einige, wie z. B. das PCA-Knie (Abb. 8) (Hungerford et al. 1982; Hungerford u. Kenna 1983; Hungerford u. Krackow 1985) oder die GT-Prothese (Thomas u. Grundei 1979 1982), sich besonders eng am Bau der anatomischen Gelenkkörper orientieren.

Ein anderes Konzept wurde von Minns u. Campbell (1978) beschrieben und von Goodfellow u. O'Connor (1978) mit dem Oxford-Knie verfolgt: Sie lagerten die Kondylen formschlüssig in tibialen Polyethylenmenisken, die auf dem darunterliegenden Metallplateau verschieblich angeordnet sind. Dadurch entstehen vergrößerte femorotibiale Kontaktflächen und gleichzeitig verringerte Belastungen der Prothesenverankerung im Knochen (Tibrewal et al. 1984; Goodfellow u. O'Connor 1986). Dieses Prinzip wurde in letzter Zeit von der LCS-Prothese weitergeführt (Buechel u. Pappas 1986).

Neben dem Einbau unter Verwendung von Knochenzement gestatten viele dieser Modelle auch eine zementfreie Implantation (Galante et al. 1971, 1987; Spec-

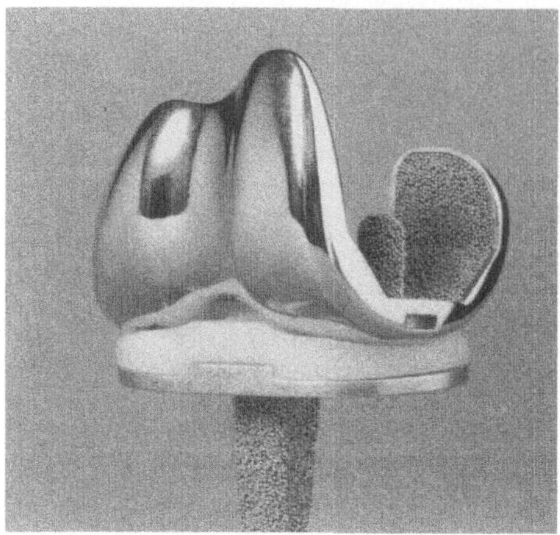

Abb. 8. Die PCA-Prothese nach Hungerford ist eine Gleitflächenprothese. Ihr Aufbau orientiert sich eng an der Form der anatomischen Gelenkkörper. Die dem Knochen anliegenden Oberflächen sind mit Mikrokugeln versehen und sollen bei zementloser Implantation durch einwachsendes Gewebe die endgültige Langzeitfestigkeit gewährleisten

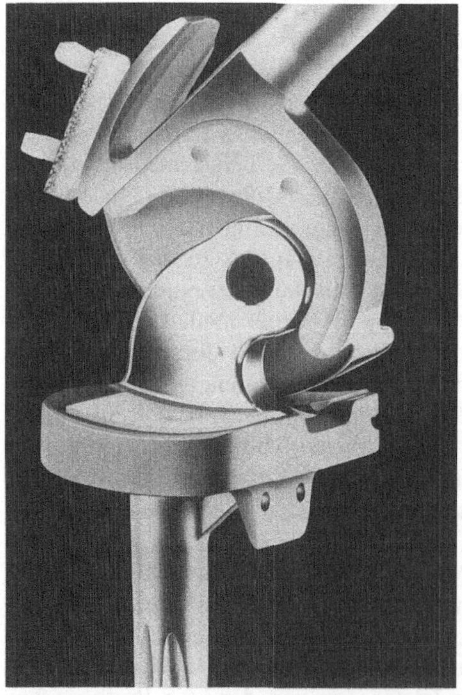

Abb. 9. Die GSB-Prothese (Schnittbild) mit ihrem bei Beugung nach dorsal wandernden Drehzentrum stellt eine Zwischenform zwischen den starr gekoppelten Scharnierprothesen und den nicht miteinander verbundenen Gleitflächenprothesen dar. Eine Rotationsbewegung um longitudinale Achsen ist nicht möglich

tor 1987). Durch äußerst genaue Knochenresektion mit Abweichungen von weniger als 1 mm von der Protheseninnenfläche wird dabei eine primäre „Verzahnung" der Prothesenteile im Knochen erreicht. Die endgültige Langzeitfestigkeit soll durch sekundäres Einwachsen des Knochens in vorgeformte Hohlräume und poröse Prothesenoberflächen entstehen, z. B. unter Mikrokugeln oder sägezahnartigen Stufen (Hungerford et al. 1982; Thomas u. Grundei 1982). Die optimale Porengröße für das Einwachsen des Knochens sollte 100 μm nicht unterschreiten (Pillar et al. 1986; Morscher 1987). Die Festigkeit der Verankerung ist aber besonders am Tibiaplateau durch Mikro- und Makrobewegungen gefährdet (Morscher 1987; Ryd 1986). Am Femurteil wurde eine „stress protection" durch die weit um die Kondylen herumgreifende Metallkappe befürchtet und zum Ausgleich versucht, durch unterschiedliche Beschichtungen der Prothesenoberflächen ein knöchernes Einwachsen nur an der horizontalen Fläche der Femurkomponente zu erreichen (Cameron 1984; Laskin, persönliche Mitteilung).

Durch zusätzliche Führungselemente können Kniegelenkprothesen auch die Haltefunktionen des Kapselbandapparats übernehmen. So kann ein Steg oder Zapfen vom Tibiaplateau her zwischen die Oberschenkelrollen greifen und quere Verschiebungen der Gelenkpartner gegeneinander verhindern. Ausgeprägtere Führungselemente, wie z. B. die zentralen Stege des Sheehan- oder GSB-Knies (Miehlke u. Groeneveld 1983; Sheehan 1978, 1974, Gschwend et al. 1980; Gschwend u. Müller 1984) oder die zentralen Zapfen mit endständigem Kugelgelenk beim Spherocentric- und Attenborough-Knie (Kaufer u. Matthews 1979; Sonstegard et al. 1977; Attenborough 1976, 1978) schaffen Übergänge zu den fest verbundenen Scharnierprothesen, die mit ihrer konstruktionsbedingten Stabilität den Kapselbandapparat vollständig ersetzen. Nicht immer entsprachen jedoch die Ergebnisse mit diesen Modellen den Erwartungen (Kershaw u. Themen 1988).

Beim GSB-Knie umgreifen die Kondylen einen zentralen Führungszapfen, der in der Mitte des Tibiaplateaus verankert ist (Abb. 9). Die Prothesenbewegung wird durch die Neigung des Zapfens nach dorsal und die Formgebung der interkondylären Aussparung gesteuert. Bei anfänglicher Kniebeugung verlagern sich die Oberschenkelrollen ähnlich dem physiologischen Bewegungsmuster nach hinten, um dann in eine Scharnierbewegung überzugehen. Das GSB-Knie stellt eine Zwischenform zwischen den starr gekoppelten Scharnierprothesen und den Gleitflächenprothesen dar, wobei eine Rotation um longitudinale Achsen jedoch nicht möglich ist.

2. Scharnierprothesen

Bei den reinen Scharnierprothesen ist die Beweglichkeit der Prothese auf reine Drehbewegungen um eine fest liegende mechanische Achse reduziert. Die anfänglichen Scharniermodelle der „ersten Generation", wie die Prothesen von Walldius, Shiers (Abb. 10), Stanmore und die Guepar-Prothese (s. Abb. 98, S. 103) (Walldius 1953, 1960; Shiers 1954, 1960; Lettin et al. 1978; Deburge 1976; Deburge et al. 1979; Mazas 1973) waren u. a. durch eine lasttragende Achse in direkter Gleitpaarung Metall-Metall gekennzeichnet. Die Lage der Achse und die Formgebung der Prothesenpartner stimmte nicht mit den physiologischen Gegebenheiten überein. So war es nicht verwunderlich, daß massive Abriebvorgänge und schwere metallotische Veränderungen mit folgenden Infekten und Prothesenlockerungen in großer Zahl auftraten (Miehlke u. Schwenen 1980). Die Achslagerkonstruktionen selbst waren verhältnismäßig groß, und beim Protheseneinbau mußte viel tragender Knochen aus dem Kniegelenk entfernt werden. Rückzugsoperationen gestalten sich deswegen häufig schwierig, so daß Fehlschläge bis hin zu Oberschenkelamputationen nicht selten beobachtet wurden.

Der Aufbau der weiterentwickelten Scharnierprothesen war demgegenüber am Low-friction-Prinzip orientiert (Charnley 1972; Eftekhar 1986). Eine harte Metallachse wurde z. B. bei der Blauth-Prothese (s. Abb. 16, S. 22) einem weichen Lager aus Polyethylen gegenübergestellt und darüber hinaus eine weitgehend physiologische Achslage verwirklicht. Zur Verringerung der Grenzschichtbelastungen zwischen Implantat und Knochen wurde bei einigen Scharnierprothesen eine zusätzliche Rotationsmöglichkeit eingebaut, wie z. B. bei den Prothesen von Engelbrecht (1984) und Tillmann et al. (1985). Inwieweit derartige mechanisch aufwendige und damit verhältnismäßig störanfällige Konstruktionen tatsächlich die Häufigkeit von Komplikationen und von aseptischen Lockerungen weiter verringern können, sollte durch weitere, langfristig dokumentierte Nachuntersuchungen überprüft werden (Kestler et al. 1988).

Zusammenfassend steht zum künstlichen Kniegelenkersatz eine Vielzahl von verschiedenen Prothesenmodellen mit unterschiedlichsten Konstruktionsmerkmalen zur Verfügung. Gleitflächenprothesen setzen zur Stabilisierung der Gelenke eine genaue Abstimmung zwischen Formgebung der Prothesenoberfläche und einer ausreichenden Bandführung über den gesamten Bewegungssektor voraus. Mit zunehmendem Zwangslauf können die Prothesen durch zusätzliche stabilisierende Elemente Gelenkinstabilitäten und Fehlstellungen weitgehend ausgleichen. Eine Einschränkung der Freiheitsgrade der Prothesenbeweglichkeit gegenüber den normalen Bewegungsmöglichkeiten des Kniegelenks führt jedoch zu erheblich vergrößerten Belastungen der Grenzschicht zum Knochen, so daß aufwendige Verankerungselemente erforderlich werden. Fehlschläge durch Infekte und aseptische Lockerungen werden in der Literatur mit unterschiedlichen Häufigkeiten berichtet. Prothesen mit neueren Konstruktionsmerkmalen scheinen insgesamt günstiger abzuschneiden als Prothesen aus der Frühphase des künstlichen Kniegelenkersatzes.

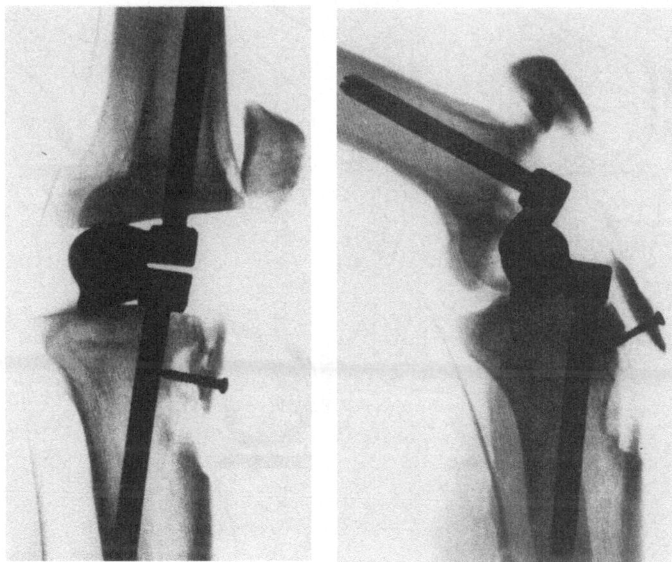

Abb. 10. Bei der Shiers-Prothese ist nur der femorotibiale Gelenkabschnitt durch ein Metallscharnier ersetzt, ein Gleitweg für die Kniescheibe fehlt vollständig. (Aus: Shiers 1954)

II. Die historische Entwicklung des patellofemoralen Gelenkersatzes

In der Kniegelenkendoprothetik galt das Interesse lange Zeit fast ausschließlich dem Ersatz von Femurkondylen und Tibiaplateau, weil die Probleme der axialen Kraftübertragung in Längsrichtung der Extremität im Vordergrund standen (Kettelkamp et al. 1973; Riley 1976; Scott 1979; Riley u. Healy 1982; Waugh 1985). Zum Einbau der Shiers- Prothese (Shiers 1954) wurden z. B. die Kondylenrollen zusammen mit der distalen Facies patellaris femoris reseziert (Abb. 10). Zwischen Femur und Tibia wurde eine metallgelagerte Achskonstruktion verankert, ohne der Patella eine Gleitfläche gegenüberzustellen. Noch 1976 konnte Gunston über die anfänglich so ermutigenden Frühergebnisse seiner Schlittenprothese feststellen: „... Residual patello-femoral pain following knee arthroplasty is not a major problem ..." (Gunston u. MacKenzie 1976). Dagegen urteilten Blauth et al. 1977): „... Auch das Problem ‚Kniescheibengleitlager' ist noch ungelöst." Inzwischen überblicken wir längere Zeiträume, in denen sich der patellofemorale Gelenkanteil als wesentlicher Ort bleibender Schmerzen und erneuter operativer Revisionen erwiesen hat. Patella und Facies patellaris femoris traten deshalb zunehmend in den Mittelpunkt der Aufmerksamkeit. Dies zeigt sich z. B. an der Vielzahl von neueren Prothesenmodellen, bei denen die Kniescheibenrückfläche in den künstlichen Ersatz einbezogen worden ist (Insall et al. 1976c, Freeman et al. 1978; Thomas u. Grundei 1979; Engelbrecht et al. 1981; Hungerford et al. 1982; Gschwend u. Müller 1984; Laskin et al. 1984; Nordin u. Masse 1984; Blauth 1986).

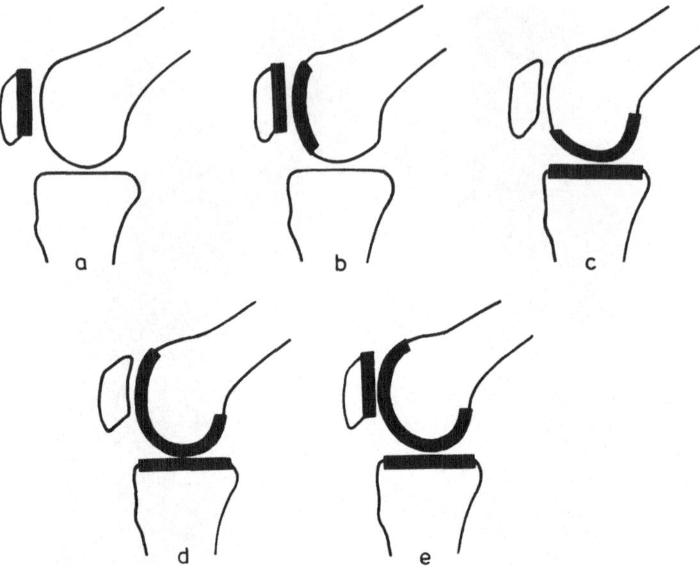

Abb. 11 a-e. Alloarthroplastiken der verschiedenen Gelenkflächenabschnitte des Kniegelenks. **a** Ersatz der Patellarückfläche, **b** Ersatz von Patella und femoralem Gleitlager, **c** femoro-tibialer Gelenkflächenersatz, **d** Knieprothese mit Ersatz des Patellagleitlagers, **e** Alloarthroplastik der gesamten Gelenkoberfläche

In der historischen Entwicklung können verschiedene Etappen erkannt werden: Zunächst wurden patellofemorale Implantate ausschließlich für die Kniescheibenrückfläche oder für die beiden gegenüberliegenden Gelenkflächen von Kniescheibe und femoralem Gleitlager entwickelt. Unabhängig davon entstanden Knieprothesen zum Ersatz der tragenden Gelenkflächen von Femur und Tibia, die erst nach vielen Jahren durch ein femorales Gleitlager oder einen vollständigen Ersatz des Patellofemoralgelenks ergänzt wurden.

Die alleinige Alloarthroplastik der *Patellarückfläche* (Abb. 11 a) sollte ursprünglich bei der Behandlung retropatellarer Arthrosen eine Alternative zur Patellektomie darstellen (Blazina et al. 1979; Pickett u. Stoll 1979). Das erste derartige Modell geht auf Mc Keever (1955) zurück. Seine Prothese war ähnlich der natürlichen Patella firstförmig facettiert und wurde auf der zerstörten Patellarückfläche lediglich mit einer längsgestellten Schraube verankert (Abb. 12). Sie ersetzte als sog. Teilprothese nur den einen der beiden korrespondierenden Gelenkpartner. In einer späteren Modifikation gestalteten de Palma et al. (1960) die Prothesenoberfläche kuppelförmig.

Vermeulen et al. (1973) berichteten über günstige Frühresultate; Pickett u. Stoll (1979) fanden sogar nach einer Beobachtungszeit zwischen 1 und 22 Jahren erstaunlicherweise nur bei 6 von 46 beobachteten Gelenken unbefriedigende Ergebnisse. Die Häufigkeitsverteilung der Beobachtungszeiten ist dabei allerdings nicht angegeben, so daß nicht ersichtlich ist, wieviele der Patienten tatsächlich langfri-

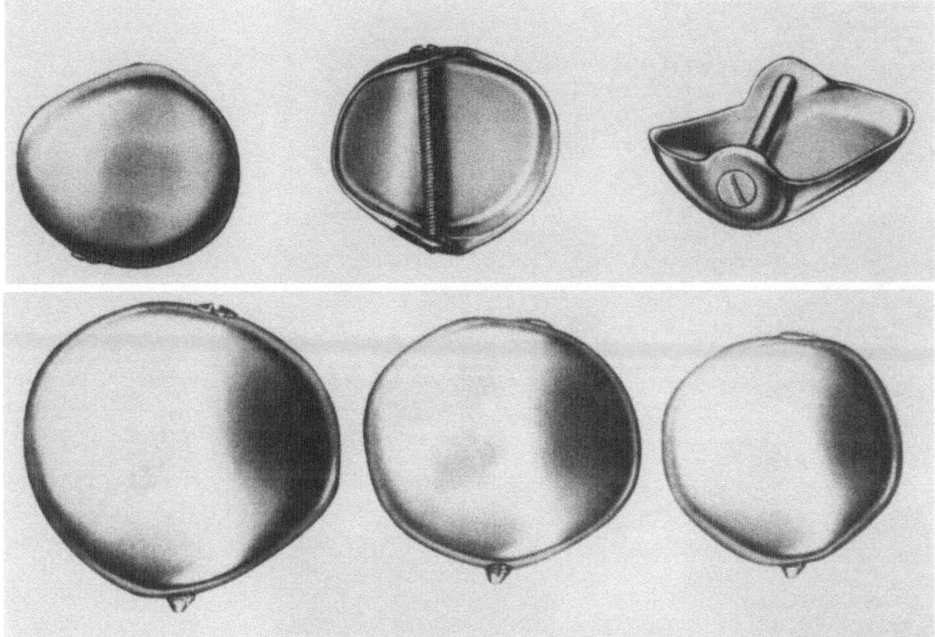

Abb. 12. Patellarückflächenprothese nach McKeever mit zentralem First sowie größerer lateraler und kleinerer medialer Facette. Die Prothese wird durch eine längsgestellte Schraube im Patellaknochen fixiert. (Aus: McKeever 1955)

stig beobachtet worden sind. Bei einem dieser Operierten sollen sogar Metallimplantate für die Kniescheibenrückfläche und einen gegenüberliegenden Femurkondylus implantiert worden sein. Levitt (1973) dagegen stellte nach einer mittleren Beobachtungsdauer von mehr als 7 Jahren knapp 50% (!) unbefriedigende Ergebnisse fest. Sie waren im wesentlichen auf fortschreitende degenerative Veränderungen der Facies patellaris femoris und der übrigen Gelenkanteile zurückzuführen. Auch eine von Worrel (1975) entwickelte firstförmige Patellarückflächenprothese aus Metall, die mit PMMA-Zement fixiert wurde, konnte sich trotz günstiger Frühergebnisse (Worrell 1979) nicht durchsetzen. Ewald et al. (1976) berichteten über massiven Abrieb bereits ein Jahr nach Implantation einer firstförmigen Rückflächenprothese aus Polyethylen unter Belassung des zerstörten Patellagleitlagers.

Abweichend von der anatomischen Patellaform stellten Aglietti et al. (1975) einen kuppelförmigen Ersatz der Kniescheibenrückfläche vor (Abb. 13). Schlechte Ergebnisse in 45% nach einer Beobachtungszeit von 3 - 6 Jahren veranlaßten jedoch Insall et al. (1980), einen derartigen isolierten Patellarückflächenersatz als Teil einer „Patellektomie in 2 Schritten" zu beurteilen. Nach den bisherigen Erfahrungen nahmen die patellofemoralen Teilprothesen aufgrund ungünstiger biomechanischer Bedingungen eine ähnlich negative Entwicklung wie in den Jahren zuvor die Hemialloarthroplastiken im femorotibialen Gelenkanteil (Campbell 1931, 1940; Aufranc u. Jones 1958; MacIntosh 1958, 1966; McKeever 1960; Jones et al.

Abb. 13. Patellarückflächenprothese nach Aglietti. *Oben* Metallausführung, *unten* Polyethylenausführung zur Kombination mit der Total-Condylar-Prothese. (Aus: Aglietti et al. 1975)

1967; Platt u. Pepler 1968; Jones 1969; Kay u. Martins 1972; MacIntosh u. Hunter 1972; Potter et al. 1972; Kettelkamp 1974; Murray u. Barranco 1974; Emerson u. Potter 1985).

Als nicht minder problematisch erwies es sich, *Patella und Facies patellaris femoris* (Abb. 11 b) gleichzeitig zu ersetzen, wie z. B. bei den firstförmig gestalteten Bechtol-Richards-Modellen (Richards 1980) und dem Modell von Lubinus (1979). Aubriot u. Levy (1985) berichteten über positive Resultate mit der Lotus-Prothese, die sie allerdings nur bei 8 Gelenken über 1-6 Jahre beobachteten. Blazina et al. (1979) betonten dagegen besonders die Schwierigkeiten durch ein Verhaken der Patellaprothese an den Kanten des femoralen Gleitlagerschildes und gaben 30 Reoperationen bei 85 Patienten an. Aufgrund fehlender positiver Langzeiterfahrungen beurteilten auch Laskin et al. (1984) den isolierten Ersatz der Gelenkflächen im Kniescheibengleitlager als ein „ experimentelles Verfahren“, das sich nicht zur routinemäßigen Behandlung der Chondromalazie oder der retropatellaren Arthrose eigne.

Bei vielen, z. T. heute noch gebräuchlichen Knieprothesen werden nur die *tragenden Gelenkflächen von Femur und Tibia* (Abb. 11 c) ersetzt. Die körpereigenen Gelenkflächen von Patella und Patellagleitlager bleiben erhalten, wie z. B. bei den Modellen von Letournel u. Lagrange (1973) und von Young (1963) aus der Frühphase der Kniegelenkendoprothetik, beim Geomedic-Knie (Coventry et al. 1972), der St.-Georg-Prothese (Buchholz u. Engelbrecht 1973) (Abb. 14), dem Spherocen-

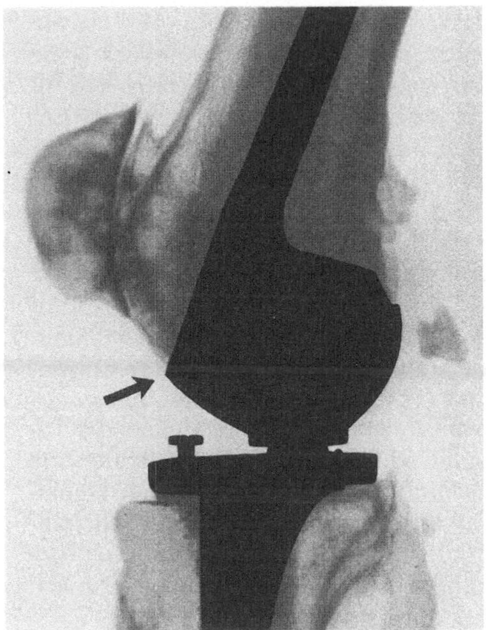
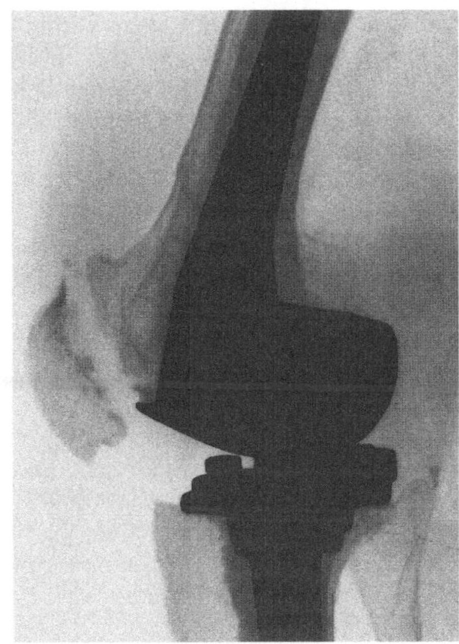

Abb. 14. Die St.-Georg-Prothese und die Tillmann-Prothese ersetzen nur die tragenden femorotibialen Gelenkanteile. Die körpereigenen Gelenkflächen der Patella und des femoralen Gleitlagers sind erhalten. Bei stärkerer Gelenkbeugung werden die Kniescheiben über eine Stufe auf den Prothesenkörper verlagert (*Pfeil*)

tric-Knie (Matthews et al. 1973), der Duo-Condylar-Prothese (Ranawat et al. 1976) dem UCI-Knie (Waugh et al. 1973), der Sheehan-Prothese (Sheehan 1978), dem ursprünglichen Modell der GSB-Prothese (Gschwend 1978) sowie der Tillmann-Prothese (Tillmann u. Thabe 1981) (Abb. 14). Bei diesen Prothesenmodellen muß die Kniescheibe bei zunehmender Kniebeugung und damit bei verstärkten patellofemoralen Anpreßkräften über eine Stufe zwischen dem körpereigenen Gleitlager und der Prothesenoberfläche aus Metall verlagert werden und kann sich hier verhaken (Maronna 1980; Marmor 1982).

Um diese Schwierigkeiten zu umgehen, wurde bei andern Prothesen das *femorale Gleitlager* (Abb. 11 d) durch einen Metallschild ersetzt und der intraoperativ geglätteten und zugerichteten Rückfläche der körpereigenen Kniescheibe gegenübergestellt. In diese Gruppe gehören die Walldius-Prothese (Walldius 1957), das Ausgangs- und spätere Modell des Guepar-Gelenks (Alnot et al. 1971; Mazas et al. 1973; Deburge et al. 1976, 1979), das bisherige Modell der Blauth-Prothese (Blauth 1974, 1975), das Stanmore-Knie (Lettin et al. 1978), das Attenborough-Knie (Attenborough 1978), die aus der Geomedic-Prothese weiterentwickelte Anametric-Prothese (Coventry 1979) und die Cloutier-Prothese (Cloutier 1983).

Als letzte Entwicklungsstufe wurde der Ersatz der *Patellarückfläche* schließlich zunehmend häufiger *in den künstlichen Kniegelenkersatz einbezogen* (Abb. 11 e). Den ersten Bericht über ein derartiges Vorgehen veröffentlichte Hanslik (1971, 1973). Er implantierte bei 46 Patienten eine Mc-Keever-Patellarückfläche aus Polyethylen zusammen mit einer Young-Scharnierprothese. Gröneveld (1973) sowie Gröneveld u. Schöllner (1973) kombinierten wenig später eine Patellarückfläche aus Polyethylen mit verschiedenen Scharnier- und Gleitflächenprothesen, obwohl die Formgebungen der Gelenkpartner nicht aufeinander abgestimmt waren. Ein Ersatz beider patellofemoralen Gelenkflächen wurde später bei einigen Prothesen als Wahlmöglichkeit vorgesehen (Attenborough 1978; Engelbrecht et al. 1981; Tillmann u. Thabe 1981; Tillmann et al. 1985), als Ergänzung für andere Prothesenmodelle angeboten (Gunston u. MacKenzie 1976; Lubinus 1979) oder als Weiterentwicklung bereits vorhandener Prothesenmodelle eingeführt, wie z. B. bei der GSB-Prothese (Gschwend u. Müller 1984), bei der Guepar-Prothese (Nordin u. Masse 1984), bei der Blauth-Prothese (Blauth 1986) und bei der Freeman-Samuelson-Prothese (Freeman et al. 1981) als Nachfolgemodell des Freeman-Swanson- (Freeman et al. 1973) und des ICLH-Gelenks (Freeman et al. 1978b).

Bei vielen neuentwickelten Prothesen war schließlich ein patellofemoraler Ersatz von vornherein vorgesehen: Das Total-Condylar-Knie wurde mit der von Aglietti vorgestellten kuppelförmigen Patellarückfläche aus Polyethylen kombiniert (Insall et al. 1976c, 1979a, 1979b). Eine firstförmige Patellarückfläche entwickelte man für das PCA-Knie (Hungerford et al. 1982), die GT-Prothese (Thomas u. Grundei 1979; Thomas 1981, 1985) und das RMC-Knie (Laskin et al. 1984; Laskin 1986).

III. Gegenwärtiger Stand der Endoprothetik des Patellofemoralgelenks

Die folgende Übersicht über den gegenwärtigen Stand und die Probleme der Endoprothetik des Patellofemoralgelenks soll besonders 3 wichtige Bereiche, nämlich die klinischen Ergebnisse, die Patelladurchblutung und die biomechanischen Bedingungen umfassen:

Die *klinischen Ergebnisse* der verschiedenen Prothesenformen für das Patellofemoralgelenk lassen von Untersucher zu Untersucher große Unterschiede erkennen (Tabelle 11). Die Anwendung eines künstlichen Ersatzes der Patellarückfläche ist in mehreren Arbeiten umstritten (Freeman u. Hammer 1978; Moreland et al. 1979; Sledge u. Ewald 1979; Scott u. Reilly 1980; Shereff u. Jaffe 1981; Tillmann u. Thabe 1981; Buchanan et al. 1982; Cameron u. Fedorkow 1982; Engelbrecht 1984). Nur wenige Autoren setzen sich ausschließlich mit dem Patellofemoralgelenk beim künstlichen Kniegelenkersatz auseinander. In Berichten über Prothesen ohne künstliche Kniescheibenrückfläche nimmt das Patellofemoralgelenk nur einen kleinen Raum ein (Sneppen et al. 1978; Mochizuki u. Schurman 1979; Maronna 1980; Miehlke u. Schwenen 1980; Hagena u. Jäger 1981; Izadpanah 1981, 1982; Levai et al. 1983; Hassenpflug et al. 1984; Levai u. Freeman, 1984; Hassenpflug 1985b, Glas, persönliche Mitteilung 1988; Refior, persönliche Mitteilung 1986; Thomas, persönliche Mitteilung 1986). Patellofemorale Probleme werden im Rahmen von Nachuntersuchungsergebnissen meist nur am Rande erwähnt (Andersen 1979; Jäger, M. et al. 1981; Laskin et al. 1984; Weber u. Hackenbroch 1985).

Bei Prothesen mit vollständigem Ersatz des Patellofemoralgelenks sind postoperative Kniescheibenprobleme wie schollige Umbauvorgänge des Patellaknochens

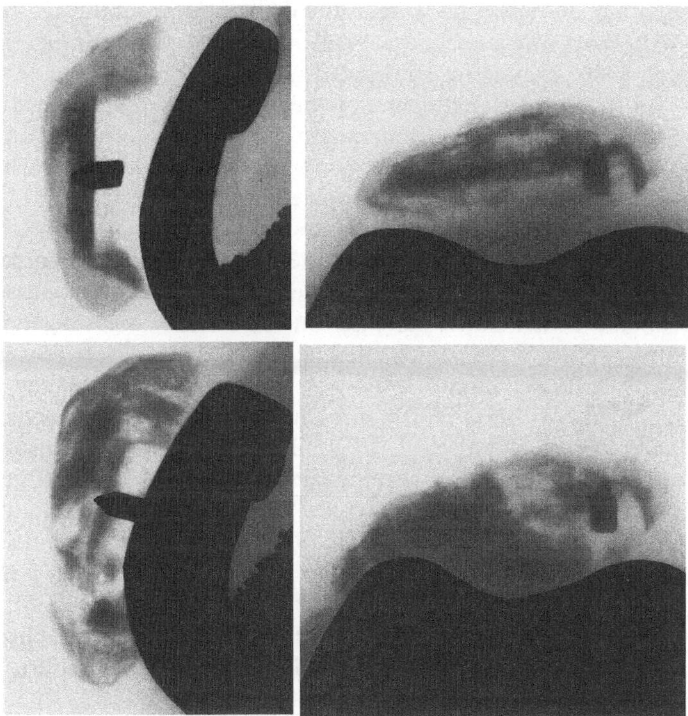

Abb. 15. Knieprothese mit Patellarückflächenersatz (Modell Grundei-Thomas). Operative Gelenkeröffnung über einen medial-parapatellaren Längsschnitt. Ausgedehnte Resektion und Aussparung im Patellaknochen zur Verankerung der Patellaprothese. *Obere Reihe:* regelrechte Knochenstruktur der Patella direkt nach der Implantation; *untere Reihe:* scholliger Zerfall der Patellastruktur 7 Monate nach Protheseneinbau

(Abb. 15), Lageveränderungen der Patella und Frakturen dagegen ausführlicher beschrieben, insgesamt aber nur mit geringer Häufigkeit beobachtet (Scott 1979; Roffman et al. 1980; Cameron et al. 1981; Clayton u. Thirupathi 1982; Scott et al. 1982; Levai et al. 1983; Ranawat et al. 1984; Merkow et al. 1985; Sneppen et al. 1985; Ranawat 1986).

Patellafrakturen werden mit der mangelhaften *Blutversorgung* des Knochens nach der Prothesenimplantation in Verbindung gebracht (Roffman et al. 1980; Clayton u. Thirupathi 1982; Scott et al. 1982; Insall 1984; Ranawat et al. 1984). In einer szintigraphischen Untersuchung von 40 Knieprothesen mit Patellarückflächenersatz stellten Wetzner et al. (1985) bei 10% der Gelenke postoperativ eine verminderte Nuklidbelegung der Patella fest und erklärten diese Befunde als Ausdruck einer gestörten Kniescheibendurchblutung. Bei der Beschreibung der normalen Gefäßversorgung der Patella beziehen sich die Autoren fast ausnahmslos auf die Darstellungen von Scapinelli (1967; 1968). Die Bedeutung der verschiedenen arteriellen Zuflüsse zum Rete patellae wird unterschiedlich eingeschätzt. Man ist sich uneins darüber, ob der Hoffa-Fettkörper bei der operativen Gelenkeröffnung verletzt werden darf oder nicht. Auf intraossäre Gefäßverteilungsmuster und ihre Abhängigkeit von verschiedenen Gefäßeintrittsstellen in den Knochen, wie auch auf die teilweise widersprüchlichen Angaben in der Literatur (Crock 1962, 1967; Björkström u. Goldie 1980), wird nur unvollständig eingegangen (Roffman et al. 1980; Clayton u. Thirupathi 1982).

Im übrigen beschäftigen sich viele Autoren in einer fast unübersehbaren Vielzahl von Arbeiten mit schmerzhaften Funktionsstörungen des menschlichen Patellofemoralgelenks, die unter den klinischen Bildern der Chondropathia patellae und Patelladysplasie, der Retropatellararthrose sowie von Lageveränderungen der Kniescheibe zusammengestellt und in ihren pathogenetischen Prinzipien sowie Behandlungsmöglichkeiten diskutiert werden. Neben theoretischen Berechnungen patellofemoraler Belastungen finden sich auch experimentelle Bestimmungen der Kontaktflächen sowie direkte und indirekte Messungen retropatellarer Belastungsgrößen unter verschiedenen Bedingungen (Burckhardt 1924; Wiberg 1941; Fürmeier 1953; Shinno 1961 a,b,c, Brattström 1964; Hallen u. Lindahl 1966; Lindahl u. Movin 1967; Hoffmann-Daimler 1968; Lieb u. Perry 1968, 1971; Morrison 1968, 1970; Lindahl et al. 1969; Bandi 1971, 1977; Goymann et al. 1971, 1974; Kaufer u. Arbor 1971; Brennwald u. Bandi 1972; Haffajee et al. 1972; Reilly u. Martens 1972; Friedrich et al. 1973; Smidt 1973; Maquet 1974; 1976, 1979, Aglietti et al. 1975; Perry et al. 1975; Goodfellow et al. 1976; Insall et al. 1976; Seedhom u. Terayama 1976; Ficat u. Hungerford 1977; Matthews et al. 1977; Seedhom u. Tsubuku 1977; Schmitt u. Mittelmeier 1978; Hungerford u. Barry 1979; Schmidt-Ramsin et al. 1980; Schmidt-Ramsin u. Plitz 1980; Henche et al. 1981; Hehne 1983; Hepp 1983, 1986; Jäger u. Plitz 1983; Insall 1984; Henche 1985; Hille et al. 1985).

Patellofemorale Lastgrößen und -verteilungen beim künstlichen Kniegelenkersatz sind dagegen nur vereinzelt untersucht worden. Hiss u. Jäger (1981) aus der Kieler Orthopädischen Universitätsklinik z. B. berichteten über retropatellare Anpreßkräfte bei verschiedenen Prothesenmodellen. Schumpe et al. (1975) und Schumpe (1985) wiesen auf die Bedeutung des Abstandes zwischen Patellagleitlager und Prothesendrehzentrum als Hebelarm für den Streckapparat hin und berechneten die Größe der jeweils im Drehzentrum angreifenden Kräfte. Laskin et al. (1984) analysierten Vor- und Nachteile verschiedener Prothesenmodelle im Hinblick auf die Kniescheibe und ihr Gleitlager, ohne die Hintergründe systematisch zu beschreiben. Röhrle et al. (1983) sowie Röhrle u. Sollbach (1984, 1985) übertrugen Kniegelenkbelastungen, die aus Ganganalysen und Auftrittskräften ermittelt wurden, in einem Finite-Elemente-Modell auf Prothesen mit unterschiedlichen Konstruktionsmerkmalen. Ausführliche biomechanische Untersuchungen des Patellofemoralgelenks beim künstlichen Kniegelenkersatz liegen bisher nicht vor.

B. Fragestellungen

Aus dem gegenwärtigen Kenntnisstand über das Patellofemoralgelenk beim künstlichen Kniegelenkersatz ergeben sich eine Reihe von Fragen, die in der vorliegenden Arbeit geklärt werden sollen. Dabei stehen 3 übergeordnete Gesichtspunkte im Vordergrund:

- *Klinische* Ergebnisse langfristig implantierter Blauth-Knieprothesen sollen unter besonderer Berücksichtigung von Beschwerden und Veränderungen im Patellofemoralgelenk als Grundlage weiterer Untersuchungen ausgewertet werden.
- Im *experimentell-morphologischen* Teil sollen vor diesem Hintergrund widersprüchliche Angaben zur Gefäßversorgung der Kniescheibe geklärt und mögliche Zusammenhänge zwischen Patellaveränderungen beim künstlichen Gelenkersatz und der arteriellen Gefäßversorgung der Kniescheibe aufgezeigt werden.
- Im *biomechanischen* Teil sollen schließlich mit verschiedenen Versuchsanordnungen patellofemorale Belastungsgrößen für Prothesenmodelle unterschiedlicher Bauart und Formgebung ermittelt werden, um Beziehungen zwischen Konstruktionsmerkmalen und mechanischen Belastungen des Patellofemoralgelenks herauszuarbeiten.

Im einzelnen sind folgende Fragen zu beantworten:

- Welche Langzeitbefunde zeigen sich an der Kniescheibe bei der bisherigen Prothese nach Blauth, einer Scharnierprothese ohne künstlichen Ersatz der Patellarückfläche?
- Lassen sich Einflußgrößen erkennen, die im Röntgenbild zu Strukturveränderungen des Patellaknochens und zu Lageabweichungen der Kniescheibe führen?
- Welche arteriellen Zuflüsse versorgen den Kniescheibenknochen?
- Welche Schädigungen der Blutgefäße können bei verschiedenen operativen Zugangswegen auftreten und die Entwicklung von Strukturveränderungen der Patella begünstigen?
- Entstehen durch die Art der Gefäßverteilung im Patellaknochen möglicherweise Gefahren für die Verankerung von Patellarückflächenprothesen?
- Welche Auswirkungen haben Formgebung von Gleitlager und Patella sowie Positionsänderungen der Kniescheibe auf die mechanischen Belastungsgrößen im Patellofemoralgelenk?
- Welche Schlußfolgerungen ergeben sich für den künstlichen Patellarückflächenersatz, seine Formgebung und die Belastung seiner Verankerung im Knochen?

C. Klinische und röntgenologische Langzeitbeobachtungen bei der Kniegelenkprothese nach Blauth

Die Implantation von Scharnierprothesen des Kniegelenks wird besonders im angloamerikanischen Sprachraum mit großer Zurückhaltung beurteilt, weil die funktionellen Ergebnisse dieses Prothesentyps unbefriedigend sein sollen und Fehlschläge häufiger zu erwarten seien als bei Gleitflächenprothesen (Murray 1980; Bargar et al. 1980). Diese Einschätzung ist aufgrund der nachfolgend dargestellten Erfahrungen mit der Blauth-Prothese nicht zu bestätigen.

I. Material und Methode

1. Modellbeschreibung

Die Kniegelenkendoprothese nach Blauth ist als Scharnierprothese aufgebaut und wurde von 1972 bis 1985 ohne Modelländerung implantiert (Abb. 16). Die Achse im Zentrum der dorsalen Kondylenkrümmung nahe dem physiologischen Bereich verbindet Femur- und Tibiateil miteinander. Sie ist in einem Polyethylenring gelagert und hat bei Belastung des Beins in Längsrichtung noch ein freies Spiel von etwa 0,3 mm. Die Belastungen werden von den schalenförmigen Kondylenflächen formschlüssig auf 2 tibiale Polyethylenkörper übertragen. Die Auflageflächen der Prothese am Femurknochen sind 55 cm^2 groß, die Gleitflächen in den Kunststoffschalen 13 cm^2, so daß die Kräfte großflächig übertragen werden. Erst wenn die tibialen Polyethylenlager um etwa 0,3 mm abgenutzt wären, würde auch die Achse stärker mitbeansprucht werden.

Die Tibiakomponente besitzt ein vergleichsweise großes Plateau mit einer Auflagefläche von 24,5 cm^2. An seiner Unterseite befinden sich 4 konische, im Querschnitt sternförmige Rotationssicherungsstifte. Rotationsbelastungen, die ja bei den starr geführten Scharnierprothesen zu einer Gefährdung der Prothesenverankerung führen können, werden so an der Grenze zwischen Implantat und Knochen über große Lastaufnahmezonen an die Umgebung weitergeleitet. An der Vorderseite der interkondylären Grube ist ein Silikonpuffer zur Abbremsung von Überstreckbewegungen eingesetzt. Gelenkbeugung und Streckung sind zwischen 128/0/5° möglich. Femur- und Tibiateil werden über Schäfte mit Knochenzement in den Markhöhlen verankert. Der femorale Schaft weist eine Valgusposition von 6° auf. Zur Implantation ist aufgrund der geringen Bauhöhe nur eine minimale Knochenresektion von insgesamt etwa 10–12 mm erforderlich. Auch der interkondyläre Raum zur Aufnahme des kastenförmigen Femurteils ist vergleichsweise

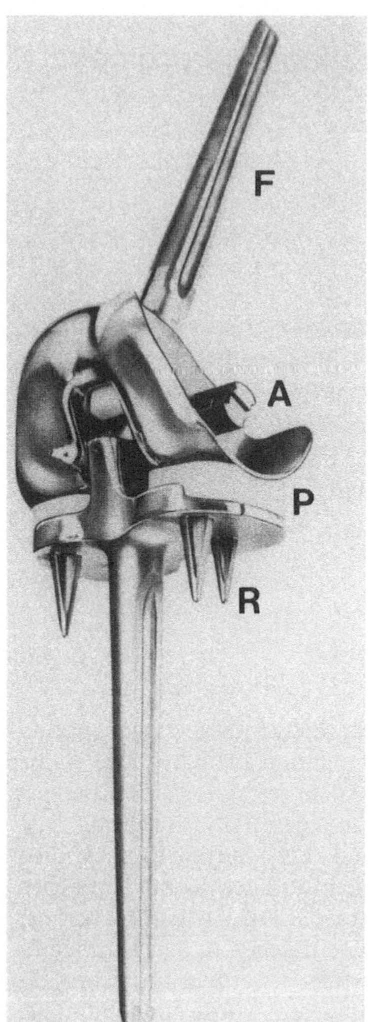

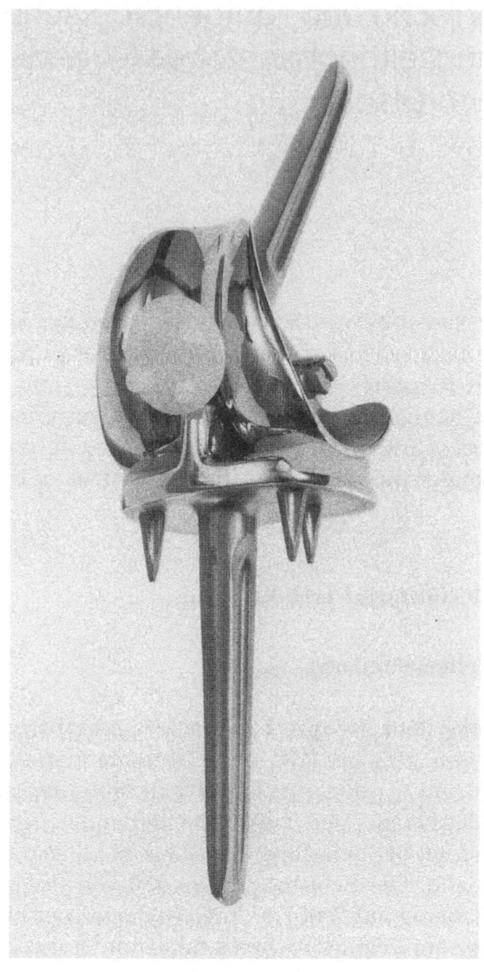

Abb. 16 *(links).* Bei der Kniegelenkscharnierprothese nach Blauth sind Femur- und Tibiakomponente durch eine Achse im Zentrum der dorsalen Kondylenkrümmung verbunden. Die Last in Längsrichtung des Beines wird nicht über die Achse (*A*), sondern über die schalenförmigen Kondylenflächen übertragen, die formschlüssig in 2 tibialen Polyethylenlagern (*P*) gleiten. Femur- und Tibiateil werden über intramedulläre Schäfte mit PMMA-Zement verankert. Der femorale Schaft (*F*) wies anfänglich eine physiologische Valgusposition von 8°, später von 6° auf. Die Unterseite des tibialen Prothesenteiles trägt 4 konische Stifte zur Rotationssicherung (*R*)

Abb. 17 *(rechts).* Modifiziertes Modell der Blauth-Prothese. Das Patellagleitlager ist nach proximal verlängert und lateral überhöht. Die Patellarückfläche ist durch einen kuppelförmigen Polyethylenkörper ersetzt. Der femorale Schaft hat einen Valguswinkel von 6°. Achslage und Form der Prothesenverankerung im Knochen sind ansonsten gegenüber dem bisherigen Modell unverändert

klein. So bleiben auch hier wertvolle Knochenanteile zur Lastaufnahme und für spätere Rückzugsmöglichkeiten erhalten.

Die Facies patellaris femoris wird durch einen Metallschild „ersetzt". Der Einbau einer Patellarückflächenprothese ist bei diesem Modell nicht vorgesehen, so daß die Gelenkfläche der Kniescheibe direkt dem metallenen Gleitlager und dem Weichteilüberzug der Femurvorderfläche gegenübersteht.

2. Weiterentwickeltes Prothesenmodell

Retropatellare Veränderungen und Beschwerden wurden - wie später beschrieben - in der vorliegenden Serie zwar nur bei verhältnismäßig wenigen Gelenken festgestellt, dennoch gaben sie Anlaß, die *Blauth-Prothese* weiterzuentwickeln und mit einem proximal verlängerten Kniescheibengleitlager und einem künstlichen Ersatz der Patellarückfläche zu versehen. In der langen Gleitlagerrinne des Femurteils wird die Patellaprothese durch eine laterale Überhöhung zentriert (Abb. 17). Die Gleitlagerrinne ist senkrecht zur Kniebasislinie ausgerichtet (Hassenpflug et al. 1987). Die Kniescheibenrückfläche ist durch einen Polyethylenblock in Form eines Kugelabschnitts ersetzt, der über 4 Zapfen im Patellaknochen verankert wird. Durch die randständigen Verankerungszapfen können Kippmomente besser abgefangen werden, die durch exzentrische Belastungen als Folge des Wanderns der retropatellaren Kontaktflächen entstehen. Auch die zentral in den Patellaknochen eintretende Blutversorgung wird weniger beeinträchtigt (Hassenpflug 1986). Das weiterentwickelte Modell steht in 3 Größen neben der bisherigen Prothese zur Verfügung (Blauth 1986). Es wurde erstmals 1983 eingebaut und zeigte bei den ersten 45 Implantationen sehr ermutigende Resultate. Die postoperative Beweglichkeit wurde beschwerdeärmer und frühzeitiger erreicht. Die nachfolgenden Ergebnisse beschreiben jedoch das bisherige Modell, da die Beobachtungszeiten der neuen Prothese für grundlegende Beurteilungen bisher zu kurz sind.

3. Implantationstechnik

Die *Lagerung* des Patienten auf dem Operationstisch muß so erfolgen, daß eine freie Beugung des Kniegelenks möglich ist (Abb. 18a). Dazu sollte das Kniegelenk des Patienten etwa 1-2 Handbreit weiter fußwärts liegen als das Scharnier im Operationstisch und zusätzlich mit einer entfernbaren Tuchrolle unterstützt werden. Der Unterschenkel wird mit einer Binde gewickelt und mit Folie umklebt. So bleiben knöcherne Orientierungpunkte, wie das obere Sprunggelenk, die vordere Tibiakante und der Verlauf der Fibula, gut tastbar und können zur Ausrichtung der Resektionsebenen und der Prothese herangezogen werden.

Zum Protheseneinbau sind verschiedene *Wege der Gelenkeröffnung* möglich: In der Regel erfolgt der Protheseneinbau über einen medialen, parapatellaren Längsschnitt. Der M. vastus medialis wird distal entweder vom Septum intermuskulare mediale oder vom medialen Rand der Quadrizepssehne abgelöst, um die Kniescheibe während des Zugangs zu Femurkondylen und Tibiaplateau nach lateral

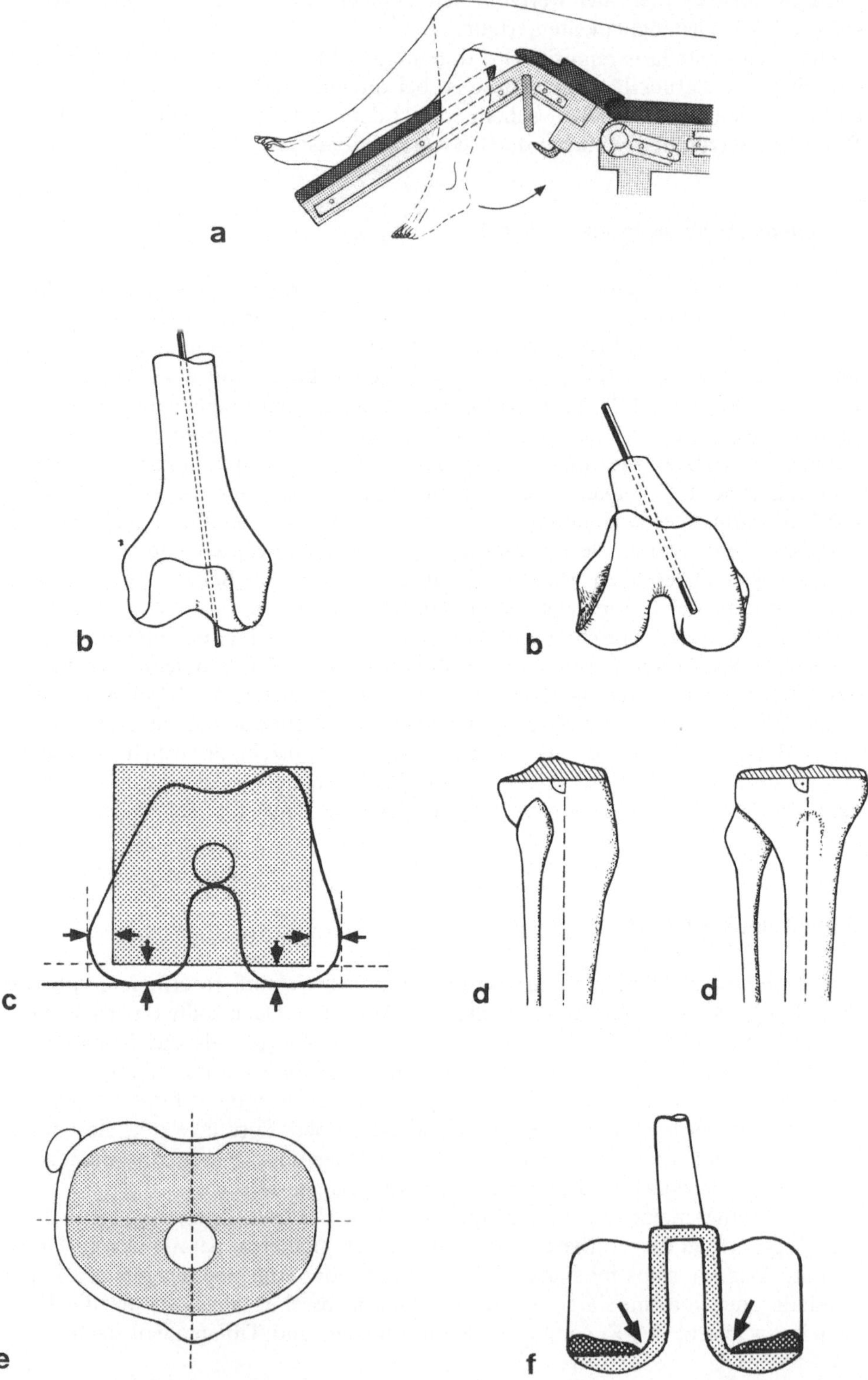
a
b
b
c
d
d
e
f

luxieren zu können. Die bogenförmige Inzision nach Textor ist inzwischen weitgehend verlassen, gestattet aber in Problemfällen, z.B. bei ausgeprägten Achsfehlstellungen oder Kontrakturen, einen sehr guten Überblick über das Gelenk. Bei diesem Zugang wird die Tuberositas tibiae zusammen mit dem Ansatz des Lig. patellae temporär abgelöst und am Ende der Operation mit Spezialschrauben wieder fixiert.

Die Implantation der Prothese wird durch eine Reihe von speziellen *Zielgeräten* erleichtert. Zielgeräte ersetzen allerdings nicht eine genaue Kenntnis der Geometrie der Gelenkflächen, der Achsausrichtungen, der Rotationsverhältnisse und eine eingehende präoperative Planung der Resektionsebenen. Die femoralen Führungsinstrumente werden an einem Schaft ausgerichtet, der zentral in die Markhöhle eingebracht wird. Der regelrechten Position der anfänglichen Markraumeröffnung kommt damit eine wesentliche Bedeutung zu. Bei den meisten bisher implantierten Prothesen wurde der Eingang in die Markhöhle visuell festgelegt, mit einem Pfriem eröffnet und anschließend aufgebohrt. Aufgrund der valgischen Ausrichtung des Femurschaftes tritt die Verlängerung der Markraumachse oberhalb der Fossa interkondylaris medial der Gelenkmitte aus (Abb. 18b). Die Bearbeitung der distalen Femurflächen ist häufig einfacher, wenn man zuvor das tibiale Plateau mit der oszillierenden Säge sparsam abträgt (Abb. 18d). Für die weiterentwickelten Prothesenmodelle mit Patellagleitlager wurde inzwischen ein Zielgerät entwickelt, das anhand von Röntgenbildern justiert wird und so die zentrale Eröffnung des Markraums erleichtert.

Nach Ablösen der femoralen Seiten- und Kreuzbandansätze beginnt die Zurichtung der *Femurkondylen* mit dem Herausfräsen der interkondylären Aussparung für den Achslagerkasten. Durch Ausrichten der Kante der Fräslehre entsprechend den dorsalen Kondylenumfängen wird die Rotationsposition des Femurteils festgelegt (Abb. 18c). Die dorsalen Anteile der Kondylenrundung sind nämlich bei Knochenzerstörungen durch Achsabweichungen im allgemeinen weniger verändert als diejenigen Abschnitte, die bei gestrecktem und leicht gebeugtem Gelenk im Zentrum der Lastübertragung liegen. Bestehen dennoch kleinere dorsale Sub-

◄

Abb. 18. **a** Die Lagerung auf dem Operationstisch sollte eine freie Kniegelenkbeugung ermöglichen. Hierzu sollte das Kniegelenk des Patienten weiter fußwärts als das Scharnier im Operationstisch liegen. Das Knie kann durch eine entfernbare, sterile Tuchrolle unterstützt werden. **b** Die Verlängerung des femoralen Markraumes tritt medial oberhalb der Fossa intercondylaris aus. Zur zentralen Eröffnung der Markhöhle sollte im Bereich des markierten Punktes eingegangen werden. **c** Die Rotationsposition des Femurteils wird am rechteckigen Schild der Fräslehre entsprechend den dorsalen Kondylenrundungen eingestellt. Zur besseren Orientierung kann an die dorsalen Kondylenumfänge ein breiter Metallmeißel oder ähnliches angelegt werden. Die Kondylenwangen ragen bei korrekter Lage der Markraumbohrung gleich weit nach medial und nach lateral über die Grenzen des rechteckigen Schildes hinaus. Falls erforderlich, kann in dieser Phase die Position der Markraumbohrung noch korrigiert werden. **d** Die Resektion des Tibiakopfes erfolgt senkrecht zur Schaftachse, so daß Achsfehlstellungen ausgeglichen werden. Wegen der Rückneigung der tibialen Gelenkfläche muß in der Regel vorne mehr Knochen abgetragen werden als hinten. **e** Der Eingang in die tibiale Markhöhle liegt in der Mitte zwischen medialer und lateraler Kante der Resektionsebene und wegen der Retroversion des Tibiakopfes geringfügig vor der Mittellinie. Die Umrisse des tibialen Plateaus entsprechen dem modifizierten Prothesenmodell. **f** Beim Einzementieren sollte die Innenseite der Kondylenschalen keilförmig mit Knochenzement belegt werden, damit kein Zement zwischen Kondylenknochen und interkondylären Kasten der Prothese eindringt

stanzdefekte, kann die korrekte Rotationsposition durch leichtes Verdrehen der Fräslehre vorgegeben werden. Wird der Fräsbohrer während des Fräsvorgangs durch starke subchondrale Skerosezonen aus seiner Richtung abgedrängt, kann die interkondyläre Aussparung mit der Säge nachreseziert und vervollständigt werden.

Die Kondylenrollen werden anschließend entlang einer Sägelehre zugerichtet und an den Kanten zum Interkondylarraum mit einer Raspel abgerundet, um nicht durch die Innenform der Prothese mit ihren ausgerundeten Übergängen zwischen Achslagerkasten und Kondylenschalen auseinandergedrängt und möglicherweise sogar abgebrochen zu werden. An der dorsalen Kondylengrenze müssen überstehende Knochenkanten sorgfältig abgetragen und geglättet werden, damit sie später nicht die endgradige Beugung des Gelenks behindern und die Oberfläche der tibialen Polyethylenlager zerstören können.

Zur Freilegung des *Tibiaplateaus* sollte die dorsale Gelenkkapsel nicht zu ausgedehnt reseziert werden, um nicht unnötige Blutungen auszulösen. Das Tibiaplateau wird in allen Ebenen senkrecht zur Schaftachse sparsam abgetragen. Die Orientierung erfolgt in der Frontalebene an der Tibiavorderkante und in der seitlichen Ebene zusätzlich an der Verbindungslinie zwischen Fibulaköpfchen und Außenknöchelspitze (Abb. 18 d). Wegen der Rückneigung der tibialen Gelenkfläche muß die abgetragene Knochenschuppe in der Regel vorne etwas dicker sein als hinten. Der Eintrittspunkt in den tibialen Markraum liegt entsprechend der Retroversion des Schienbeinkopfes und der Position des tibialen Prothesenschaftes zentral zwischen der medialen und lateralen Kante des Plateaus und geringfügig vor der Mittellinie (Abb. 18 e). Das Aufbohren der tibialen Markhöhle ist inzwischen durch eine Bohrschablone vereinfacht. Die Rotationsposition des tibialen Prothesenteils wird mit dem Zeiger eines Zielgerätes an der Vorderkante der Tibia ausgerichtet. Bei stark sklerosiertem Tibiaknochen können die Aussparungen für die Rotationssicherungszapfen in ganzer Länge herausgefräst werden. Ansonsten genügt es, die Vertiefungen nur sparsam vorzufräsen und die sternförmigen Zapfen der Prothese in den weichen Knochen des Tibiaplateaus hineinzudrücken, so daß eine zusätzliche Zementbeschichtung der Zapfen nicht erforderlich ist.

Die Prothesenkomponenten werden zunächst probeweise eingesetzt und Achs- und Bewegungsverhältnisse überprüft. Zum Einbringen des Tibiateils ist eine starke Gelenkbeugung und Verschiebung des Tibiakopfes in die vordere Schubladenposition hilfreich. Zum Einzementieren des Femurteils sollte die Innenseite der Kondylenschalen derart keilförmig mit Zement belegt werden, daß die Dicke der Zementschicht zum Achslagerkasten hin abnimmt (Abb. 18 f). So kann beim Einbringen der Prothese unter Druck kein Zement zwischen Achslagerkasten und Kondylenknochen gepreßt werden und später das Einsetzen der Prothesenachse erschweren. Mit Hilfe einer Fräslehre werden transkondyläre Öffnungen zum Einbringen der Achse herausgearbeitet. Vor dem Einzementieren des Tibiateils öffnen wir in der Regel die Blutleere, um alle Blutungen besonders aus der dorsalen Kapsel sorgfältig zu stillen. Die Polyethylenmenisken werden auf das Tibiaplateau aufgeschoben, die Prothesenkomponenten reponiert, beide Achsteile von den Seiten eingeführt und ineinander verriegelt. Die Öffnungen in den Kondylenwangen werden abschließend mit den entnommenen Spongiosazylindern wieder verschlossen.

Ausgeprägte degenerative Randzacken der Patellarückfläche werden abgetragen, die Gelenkfläche geglättet und die Form der Kniescheibe dem flach gemuldeten Gleitlager der Prothese angepaßt. Beim weiterentwickelten Prothesenmodell kann die Rückfläche der Patella abgetragen und durch eine Polyethylenprothese ersetzt werden, die mit 4 peripheren Zapfen in den Patellaknochen einzementiert wird. Nach Einbau der Prothesenteile mit Knochenzement wird die mediale Gelenkkapsel fest vernäht und der M. vastus medialis an der Quadrizepssehne reinseriert. Besteht bei der intraoperativen Bewegungsprüfung eine Lateralisationsneigung der Kniescheibe, wird zusätzlich eine Spaltung der lateralen Zugverspannungen (Tillmann et al. 1981, Peters u. Tillmann 1987) der Patella durchgeführt (sog. laterale Retinakulumspaltung). Dabei sollte darauf geachtet werden, die Gefäßzufuhr zur Patella besonders im lateralen Hoffa-Fettkörper nicht zu schädigen. Für weitere Einzelheiten sei auf die ausführlichen Einbauanleitungen verwiesen (Blauth 1986; Blauth u. Schuchardt 1986).

4. Krankengymnastische Behandlung nach künstlichem Kniegelenkersatz

Die postoperative Behandlung nach Einbau eines künstlichen Kniegelenks soll die Beweglichkeit wieder herstellen und die stabile Gebrauchsfähigkeit des Gelenks aufbauen. Diese Ziele werden leicht erreicht, wenn die krankengymnastische Behandlung bereits vor der Operation beginnt, den Patienten auf den operativen Eingriff vorbereitet und die nach der Operation durchzuführenden Übungen bereits präoperativ eingeübt werden.

Aufbauübungen wie Atemtraining, Hantelübungen und Klimmzüge am Bettgalgen steigern die allgemeine körperliche Leistungsfähigkeit. Am erkrankten Knie sind die gelenkübergreifenden Muskeln, insbesondere die Gelenkstrecker, zu trainieren, um Schwächen nach langen Funktionsstörungen auszugleichen. Der Unterschenkel sollte präoperativ gegen die Eigenschwere aktiv angehoben werden können. Kräftigung des Standbeines und Training der Armkraft erleichtern die postoperative Entlastungsphase. Das Gehen mit Stützen ist bereits präoperativ zu üben. Neben den Gelenkschäden an den unteren Extremitäten bestehen häufig auch Beeinträchtigungen der Arme, so daß die Benutzung herkömmlicher Unterarmstützen erschwert, wenn nicht unmöglich ist. In diesen Fällen, in denen auch Spezialstützen mit verbesserten Handgriffen oft nur schwierig benutzt werden können, ist zunächst oft ein Gehwagen mit Achselstützen hilfreich.

Eine frühe Mobilisation ist nach der Operation besonders wichtig, da die meisten Patienten in höherem Lebensalter stehen. Bereits am Operationstag werden die Patienten vor das Bett gestellt sowie aufgefordert, Thrombose- und Pneumonieprophylaxe durch angeleitete Eigenübungen durchzuführen. Mit Hilfe von Hanteln, Gymka-Kabeln, Bali-Geräten, Klimmzügen am Bettgalgen wird ein allgemeines Kreislauftraining angestrebt. Alle beweglichen Gelenke werden in aktive Übungen einbezogen.

Die Beweglichkeit des operierten Gelenks wird schrittweise mit aktiven und passiven Übungen verbessert. Nachdem im Operationssaal an das gestreckte Gelenk eine Kniegitterschiene angewickelt und das Bein in einer Schaumstoffschiene gelagert wurde, beginnen am 1. postoperativen Tag Umlagerungen des Gelenks auf einem Schaumstoffkeil (Abb. 19). Der Beugewinkel ist durch die individuelle

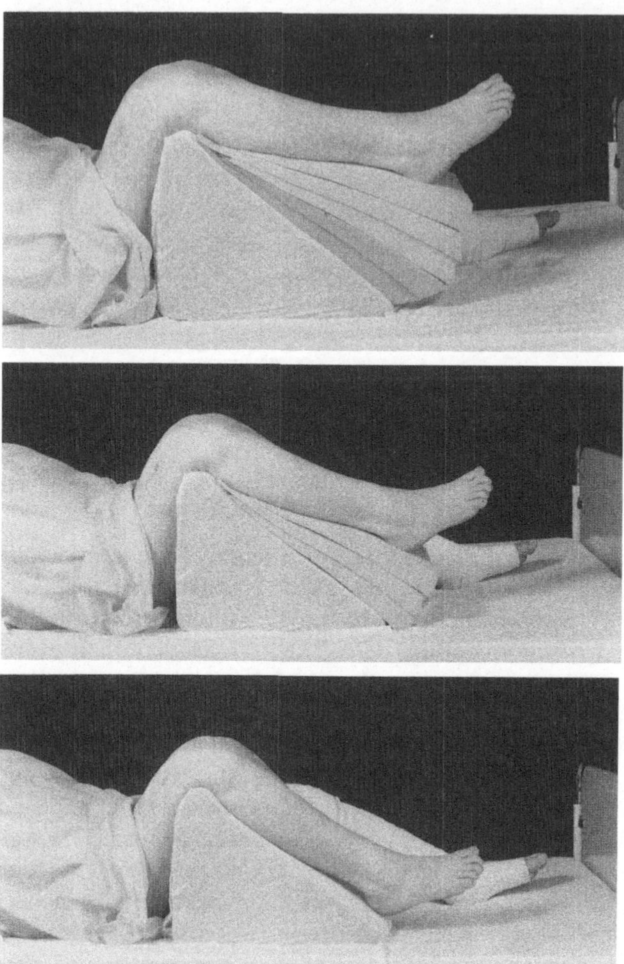

Abb. 19. Bereits am 1. postoperativen Tag beginnen Umlagerungsübungen des operierten Gelenkes auf Schaumstoffkeilen unterschiedlicher Dicke. Zur Veranschaulichung ist die Tuchumhüllung entfernt

Schmerzgrenze bestimmt und kann durch Einfügen oder Entfernen von Zusatzkeilen verändert werden. In Streckstellung kann die Lagerung mit Unterstützung der Ferse erfolgen. Die Ferse muß aber weich unterpolstert sein, damit keine Druckstellen entstehen. Die Belastung kann später durch zusätzliche Sandsackauflagen weiter verstärkt werden.

Am 2. postoperativen Tag beginnen im schmerzfreien Sektor passive Bewegungen auf der motorisierten Übungsschiene (Blauth et al. 1987). In jeder endgradigen Bewegungsposition kann die Schiene vorübergehend gestoppt und eine Weile zur Lagerung benutzt werden. Bereits am 3.–5. postoperativen Tag beginnen aktive Übungen auf der Frankfurter Bewegungsschiene nach Bimler (1987) unter Abnahme der Eigenschwere.

Grundsätzlich gilt: Die Übungsbehandlung darf keine anhaltenden Schmerzen verursachen. Leichte ziehende Schmerzen bei endgradiger Beugung können durchaus hingenommen werden, nicht jedoch, wenn der Patient noch Stunden nach der Belastung über Schmerzen klagt. Entwickelt sich ein Reizzustand, wird das Übungsprogramm gestoppt und mit Ruhe, Kälte und ggf. systemischen Antiphlogistikagaben behandelt.

Zur Schmerzausschaltung bei weitgehend erhaltener aktiver Kraftentfaltung hat sich die Langzeitanästhesie über einen Dauerkatheter im Periduralraum bewährt. Lagerungsübungen können ohne Beschwerden durchgeführt werden und der Schmerzmittelbedarf wird erheblich herabgesetzt. Allerdings fehlt die Warnfunktion des Schmerzes, so daß eine feinfühlige individuelle Dosierung der Übungsbehandlung unerläßlich ist. Falls 14 Tage nach der Operation noch keine rechtwinklige Kniebeugung erreicht ist, kann eine Mobilisation in Narkose die weiteren Bewegungsübungen erleichtern. Langfristig bestehen jedoch keine Unterschiede zwischen den Bewegungssektoren, die mit und ohne eine derartige Mobilisation erreicht werden. Seit Einführung der Periduralkatheteranästhesie wurden in den letzten Jahren in der Kieler Orthopädischen Universitätsklinik fast keine Mobilisationen in Narkose mehr durchgeführt (Tabelle A1).

Mit zunehmendem Abstand von der Operation werden mehr und mehr aktive Übungen ins Programm aufgenommen, die neben einer Verbesserung der Beweglichkeit einer Stärkung der Muskelkraft dienen. Im passiv erreichten Bewegungsausmaß muß das Gelenk jeweils durch aktive Muskelanspannung stabilisiert werden können. Diese muskuläre Stabilisierung ist für Gleitflächenprothesen ohne starre Kopplung zwischen Femur- und Tibiateil besonders entscheidend. Der Streckapparat sollte bei allen Prothesen bevorzugt trainiert werden, da er das Einknicken des gebeugten Gelenks gegen das Körpergewicht verhindern muß.

Bereits am 1. postoperativen Tag werden mehrmals täglich isometrische Spannungsübungen der Oberschenkelmuskeln durchgeführt. Aktive Streckübungen aus der Beugung sind zunächst zu vermeiden, da die Kniescheibe dabei vermehrt ins Gleitlager gepreßt wird und Scherbelastungen entstehen, die in der Frühphase leicht zu Reizzuständen mit Ergüssen und Schmerzen führen. Die Beanspruchung der Kniescheibenrückfläche kann verringert werden, indem die Eigenschwere des Beines beim Üben durch die Krankengymnastin oder z. B. beim Sitzen auf der Bettkante durch das gegenseitige Bein abgenommen wird. Auch mit einer Schlaufe um das Fußgelenk, die über einen Rollenzug nach oben geführt wird, kann die Belastung bei Streckübungen dosiert gesteigert werden. Kann das Bein sicher gestreckt, gehoben und gehalten werden, gibt die Krankengymnastin dosiert gesteigerte Führungswiderstände proximal des Kniegelenks in allen Bewegungsrichtungen des Hüftgelenks. Zum Eigentraining soll der Patient mit dem gestreckten Bein Figuren und Zahlen schreiben.

Wurde zum Einbau der Prothese die Schienbeinrauhigkeit zusammen mit dem Kniescheibenband abgelöst und wieder refixiert (regelmäßig beim U-förmigen Bogenschnitt nach Textor, häufig beim außenseitigen Längsschnitt), so orientiert sich die Zunahme der aktiven Streckbelastungen an der Festigkeit der Osteosynthese und dem Einheilungsverlauf der Knochenschuppe. Ist eine rechtwinklige Kniebeugung fast erreicht, kann das operierte Bein auf der Treppe vorangestellt und durch vorsichtiges Vor- und Zurückschieben des Beckengürtels eine stärkere Beugung geübt werden.

Nach Abschluß der Wundheilung beginnt die Behandlung im Bewegungsbad. Das Wasser wirkt als Auftriebskraft, so daß bereits frühzeitig ein Stand auf beiden Beinen möglich ist. Zusätzlich bewirkt das Wasser einen Widerstand, der abhängig von der Geschwindigkeit der durchgeführten Bewegungen einen Trainingseffekt auf die Muskulatur ausübt. Durch Komplexbewegungen auch der oberen Extremitäten soll die Koordination trainiert werden, die später das sichere Gehen erleichtert.

Das operierte Kniegelenk sollte postoperativ möglichst vollständig entlastet werden. Bei zementfrei eingebauten Prothesen darf die primäre Verankerungsstabilität so lange nicht überfordert werden, bis der Knochen das Prothesenmatierial ausreichend fest eingebaut hat, also etwa in der 12. postoperativen Woche. Einzementierte Prothesen können früher belastet werden. Für einen ungestörten Ablauf der Heilungsvorgänge ist aber auch hier wünschenswert, das Bein zunächst nur mit geringem Bodenkontakt im normalen Gehrhythmus mitzuführen. Eine Teilbelastung von 10 kg wird auf einer Personenwaage überprüft, so daß der Patient das Gefühl für den entsprechenden Sohlendruck erhält.

Die weitere Belastungszunahme orientiert sich am Alter des Patienten, am Zustand des Knochens, an der Stabilität der gelenkumfassenden Weichteile und der gelenkführenden Muskulatur. Die Koordination des Gangbildes und die Körperhaltung werden am besten vor einem Spiegel kontrolliert, wobei der Blick nicht auf das operierte Knie, sondern nach vorne gerichtet sein sollte. Die Schrittlänge ist auf die Gehhilfen abzustimmen, so daß die Stützen nicht „überlaufen“, aber auch nicht zu weit nach vorne gesetzt werden. Beim Gehen bleibt die Kniegitterschiene angewickelt, bis der Patient das Gelenk aktiv unter Belastung stabilisieren kann. Ängstliche Patienten sollten besonders angeleitet werden, die stabile endgradige Gelenkstreckung in der Belastungsphase nicht aufzugeben.

Besteht nur ein geringes Streckdefizit, sind Schuhe mit Negativabsatz hilfreich, die das Kniegelenk im Stand in die Streckung hineindrücken. Das Tragen von Schuhen mit weichen Sohlen, besser noch Pufferabsätzen, ist wie bei jedem künstlichen Gelenkersatz zu empfehlen.

Die krankengymnastische Behandlung sollte sich nicht auf das operierte Gelenk beschränken, sondern den gesamten alten Patienten in den Behandlungsplan einbeziehen. Häufig besteht ja eine Vielzahl von altersbedingten Krankheitsbildern. Das Trainingsprogramm sollte auch am Wochenende und an Feiertagen ohne Unterbrechung durchgeführt werden. Der Patient bekommt einen individuellen Übungsplan, der mit den Schwestern der Station abgesprochen wird. Nach der Entlassung aus der stationären Behandlung, d.h. etwa in der 3.-4. postoperativen Woche, werden krankengymnastische Einzelbehandlungen sowie Übungen im Bewegungsbad weitergeführt. Der Patient kann sich an einem schriftlichen Übungsprogramm jederzeit selbstständig orientieren.

Patient und Krankengymnastin sind beim künstlichen Kniegelenkersatz vor und nach der Operation über mehrere Wochen täglich viele Stunden zusammen, so daß die Krankengymnastin häufig zur persönlichen Ansprechpartnerin des Patienten wird. Der Patient sollte bereits vor der Operation krankengymnastisch „an die Hand genommen“ und nach der Operation individuell durch die Therapie geleitet werden. Dafür können schematische Behandlungspläne (Abb. 20) nur eine grobe Orientierung geben und müssen durch das persönliche Eingehen auf die Bedürfnisse des einzelnen Patienten ergänzt werden.

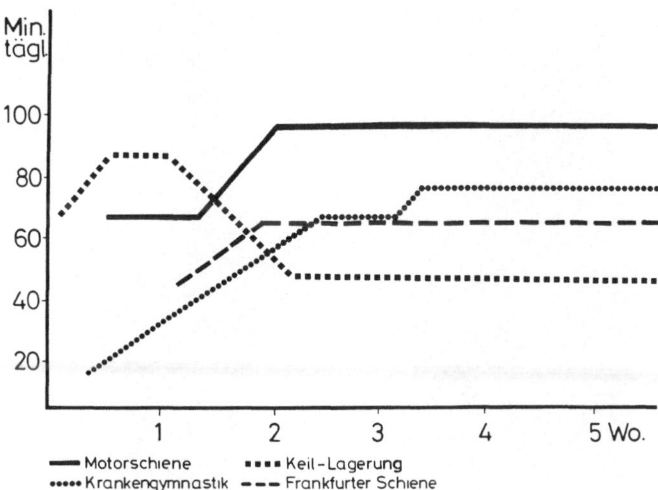

Abb. 20. Orientierender Zeitplan der postoperativen Übungsarten. Mit zunehmender Beweglichkeit werden Lagerungsübungen seltener durchgeführt. Aktive Übungen auf der Frankfurter Schiene und krankengymnastische Behandlungen werden ausgedehnt

5. Patientengut

Die Kniegelenkendoprothese nach Blauth wird seit 1972 in unveränderter Form implantiert. Modellwechsel oder Modifikationen, die langfristige Kontrolluntersuchungen häufig so sehr erschweren und in ihrer Aussagefähigkeit einschränken, fanden nicht statt, so daß eine weitgespannte Befunddokumentation im Rahmen einer breit angelegten prospektiven Studie möglich wurde. Abbildung 21 zeigt das erste eingebaute Gelenk 15 Jahre nach der Operation.

Die Nachuntersuchungen wurden bisher aus 4 Orthopädischen Kliniken, dem St. Willibrord-Krankenhaus in Emmerich und den Orthopädischen Universitätskliniken in Frankfurt, Kiel und Würzburg in einer prospektiv angelegten, multizentrischen Nachuntersuchungsstudie zusammengefaßt (Hassenpflug et al. 1988). Während der ausgewerteten Implantationsperioden (Abb. 22) wurden in den genannten Kliniken von mehr als 15 Operateuren insgesamt 556 Knieprothesen eingebaut.

463 von 556 eingebauten Gelenken konnten mehr als 1 Jahr nach der Operation kontrolliert werden (Tabelle 1). Dies entspricht einer *Nachuntersuchungsquote* von 83%. 65 Patienten sind vor einer ersten Nachuntersuchung ohne Zusammenhang mit dem operativen Eingriff zwischen 1 und 53 Monaten postoperativ verstorben. Von den 28 Patienten, die noch leben, aber nicht nachuntersucht werden konnten, liegen keine Hinweise auf schwerwiegende Störungen vor.

Die *Beobachtungszeiten* lagen zwischen 12 und 179 Monaten mit einem Mittelwert von 42 Monaten. In der Orthopädischen Universitätsklinik Frankfurt betrug die Mindestbeobachtungszeit 24 Monate. Die Zahl der kontrollierten Gelenke nahm naturgemäß mit längerer Beobachtungszeit ab. Die Anzahl der jeweils kon-

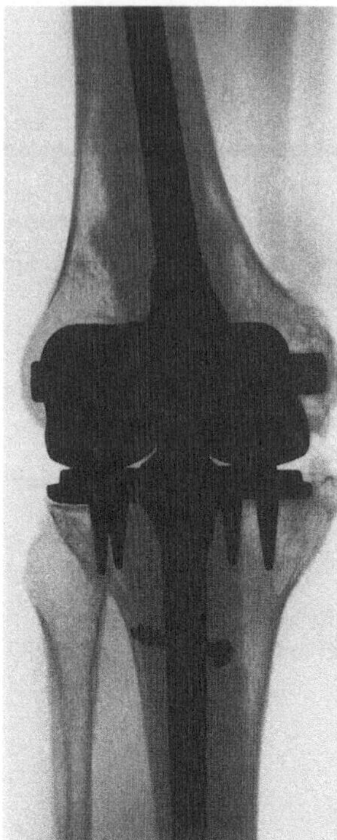

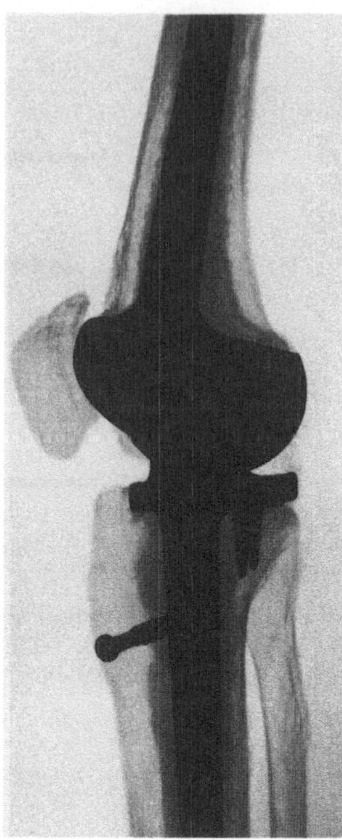

Abb. 21. Röntgenaufnahmen der ersten, im Februar 1972 implantierten Kniegelenkprothese nach Blauth 15 Jahre nach dem Protheseneinbau. Unter dem Tibiaplateau sind Aufhellungslinien zu erkennen. Röntgenologisch nachweisbare Positionsänderungen der Implantate sind im Laufe der Beobachtungszeit nicht aufgetreten. Der Patient ist beschwerdefrei

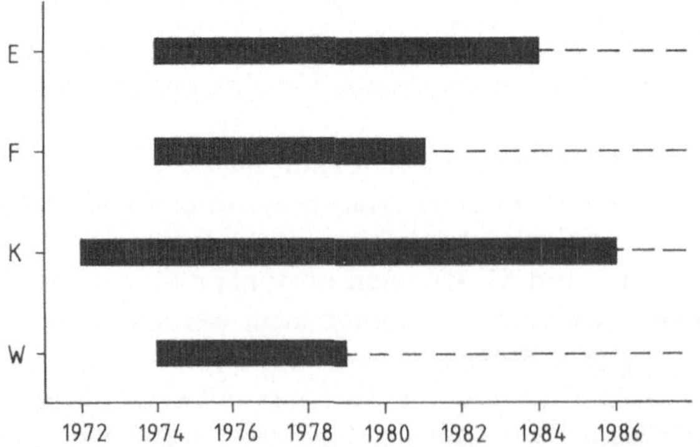

Abb. 22. Die ausgewerteten Zeiträume der Prothesenimplantation in den verschiedenen Kliniken sind durch *Balken* markiert. In allen Kliniken wird die Prothese weiterhin verwendet (- -)

Tabelle 1. Eingebaute Prothesen, Ausfallraten und Nachuntersuchungsquoten in den einzelnen Kliniken der multizentrischen Studie. Von 556 implantierten Prothesen wurden insgesamt 463 Gelenke (83%) nachuntersucht

	E	F	K	W	Summe
Anzahl implantiert	130	177	201	48	556
Vor 1. Nachuntersuchung verstorben	6	39	15	5	65
Nicht erreicht	1	12	2	13	28
Nachuntersucht	123	126	184	30	463

Tabelle 2. Häufigkeiten und Überlebenswahrscheinlichkeiten sind in jährlichen Intervallen getrennt für Patienten mit degenerativen Gelenkschäden *(oben)* und chronischer Polyarthritis *(unten)* aufgeführt. Die 2. Spalte gibt die Anzahl am Beginn des jeweiligen Jahres an. Ausgeschieden sind diejenigen, die im weiteren Verlauf nicht über längere Zeiträume beobachtet werden konnten, z. B. wegen Nichterscheinung zur Nachuntersuchung oder Tod. Als Fehlschläge wurden der Eintritt von Infekten oder aseptischen Lockerungen gezählt. Die mittlere Anzahl beschreibt die Zahl der exponierten Gelenke im Jahresmittel (Gesamtzahl, verringert um die Hälfte der Ausgeschiedenen und Fehlgeschlagenen). In den rechten Spalten sind die relativen Häufigkeiten aufgetragen

Jahr postoperativ	Anzahl	Ausgeschieden	Fehlschlag	Mittlere Anzahl	Fehlschlag (%)	Überleben (%)	Überleben kumulativ (%)
1:	155	7	2	151	1.3	98.7	98.7
2:	146	34	0	129	0.0	100.0	98.7
3:	112	29	0	97	0.0	100.0	98.7
4:	83	24	2	71	2.8	97.2	95.9
5:	57	22	0	46	0.0	100.0	95.9
6:	35	11	1	29	3.4	96.6	92.7
7:	23	5	1	20	4.9	95.1	88.1
8:	17	8	0	13	0.0	100.0	88.1
9:	9	6	0	6	0.0	100.0	88.1
10:	3	1	0	2	0.0	100.0	88.1

Jahr postoperativ	Anzahl	Ausgeschieden	Fehlschlag	Mittlere Anzahl	Fehlschlag (%)	Überleben (%)	Überleben kumulativ (%)
1:	308	16	1	300	0.3	99.7	99.7
2:	291	67	3	257	1.1	98.8	98.5
3:	221	55	3	193	1.6	98.5	97.0
4:	163	46	2	140	1.4	98.6	95.6
5:	115	36	1	97	1.0	99.0	94.6
6:	78	32	1	62	1.6	98.4	93.1
7:	45	16	0	37	0.0	100.0	93.1
8:	29	12	1	23	4.4	95.6	89.0
9:	16	11	0	10	0.0	100.0	89.0
10:	5	0	0	5	0.0	100.0	89.0

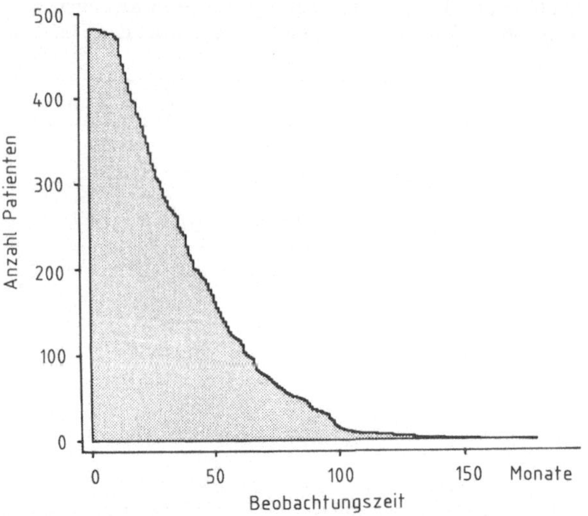

Abb. 23. Die Anzahl der nachuntersuchten Patienten ist gegen die Beobachtungszeit aufgetragen. Die Zahl der kontrollierten Gelenke wird mit zunehmender Beobachtungszeit kleiner

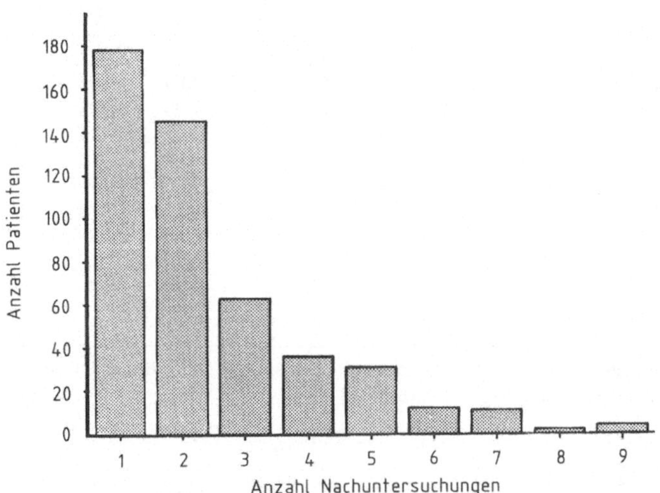

Abb. 24. Die Anzahl der Nachuntersuchungen je Patient ist in ihrer Häufigkeitsverteilung dargestellt. Mehr als die Hälfte der Patienten wurde mindestens 2mal nachuntersucht

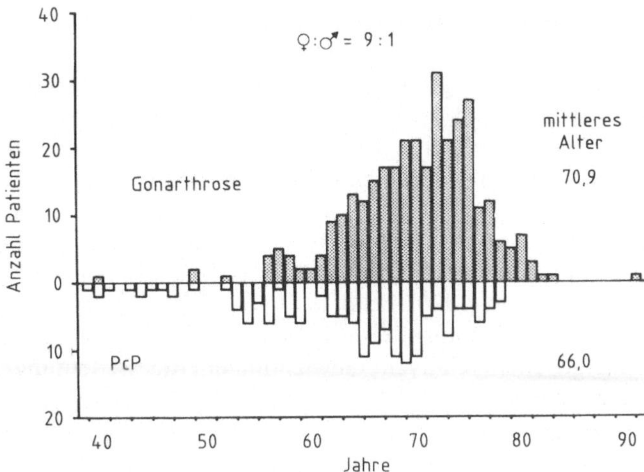

Abb. 25. Alter der Patienten beim Protheseneinbau bei degenerativen und entzündlichen Grunderkrankungen. Das mittlere Alter beträgt 71 Jahre. Von den 21 Patienten, denen eine Prothese vor dem 55. Lebensjahr implantiert wurde, leiden 17 an einer chronischen Polyarthritis

trollierten Patienten ist in Abb. 23 gegen die Beobachtungsdauer aufgetragen: 258 Patienten haben eine Mindestbeobachtungsdauer von mehr als 3 Jahren, 116 Gelenke konnten bei einer mittleren Beobachtungszeit von 6½ Jahren über mehr als 5 Jahre verfolgt werden. (Tabelle 2a, 2b). Insgesamt wurden 1177 Nachuntersuchungen dokumentiert, da viele Patienten mehrfach, einzelne bis zu 8 mal, kontrolliert werden konnten (Abb. 24) . Zwischen den durchschnittlich 3 Nachuntersuchungen je Patient lag im Mittel ein Intervall von 16 Monaten.

Das *Alter* der Patienten beim Protheseneinbau betrug im Mittel 71 Jahre, der älteste Patient war 92, der jüngste 40 Jahre alt (Abb. 25). Ähnlich wie in anderen Nachuntersuchungsgruppen überwog das weibliche Geschlecht im Verhältnis 9:1. Die Seitenverteilung rechts - links betrug 1:1. Bei 60 Patienten wurden beide Kniegelenke mit Prothesen versorgt.

34% der beobachteten Patienten litten an einer *chronischen Polyarthritis*, bei 61% wurden die Prothesen wegen einer idiopathischen *Gonarthrose* implantiert. Posttraumatische Gonarthrosen nach kniegelenknahen Frakturen waren bei 5% der Patienten zu beobachten. Bei einem Patienten bestand eine *Hämophilie*. Die Patienten mit chronischer Polyarthritis waren jünger als die Patienten mit degenerativen Gelenkerkrankungen. So war der Protheseneinbau bei den 21 Patienten unter 55 Jahren bis auf 4 Ausnahmen (1 Patient litt an einer Hämophilie, 3 andere an einer idiopathischen Gonarthrose) wegen einer chronischen Polyarthritis erforderlich.

6. Dokumentation der Untersuchungsbefunde

Die Untersuchungsbefunde wurden in einer prospektiv angelegten Studie festgehalten. Für jedes operierte Gelenk haben wir vor dem Protheseneinbau und bei den Nachuntersuchungen je einen Erhebungsbogen ausgefüllt (Abb. 26, 27). Die erhobenen Daten stimmen teilweise mit den von Aichroth et al. (1978) beschriebenen Fragen überein, gehen im Umfang jedoch weit über diesen Bogen hinaus. Bis auf kleine Abweichungen entsprechen die Angaben dem Erhebungsbogen der European Rheumatoid Arthritis Society (ERAS). Auf ein Punktesystem, wie es etwa Ranawat et al. (1976) aus dem Hospital for Special Surgery (HSS-Score) oder Potter et al. (1972) angegeben haben, wurde bewußt verzichtet, um nicht durch die vorgegebenen relativen Gewichtungen die Bedeutung einzelner Einflußgrößen vorwegzunehmen und möglicherweise sogar zu verdecken (Insall 1984). Derartige Wertungsskalen vermitteln überdies die irreführende Vorstellung einer Vergleichbarkeit von verschiedenen nicht randomisierten Nachuntersuchungsserien. Neben patientenbezogenen Angaben wie Alter, Geschlecht und Beobachtungszeitraum wurden in unseren Erhebungsbögen klinische Parameter, wie z. B. Gelenkbeweglichkeit, Angaben über intraartikuläre Reizzustände und Gelenkstabilität, eingetragen. Subjektive Patienteneinschätzungen des *Beschwerdebildes* verglichen wir prä- und postoperativ miteinander. Dazu unterteilten wir die *Schmerzart* qualitativ in Beschwerden beim Gehbeginn (Anlaufschmerzen), in Belastungsschmerzen und Ruheschmerzen, die auch ohne Belastung auftreten. Die *Schmerzintensität* wurde nach den subjektiven Angaben in 4 Schweregraden eingeschätzt: - Schmerzfreiheit, - leichte Schmerzen ohne Einschränkung der Leistungsfähigkeit, - deutliche Schmerzen, die zu einer geringen Einschränkung der Leistungsfähigkeit führen und - starke Schmerzen mit deutlicher Leistungsbeeinträchtigung. Zusätzlich wurden verschiedene *Alltagstätigkeiten* wie Beschwerden beim Treppensteigen, Aufstehen aus dem Sitz und die maximale Gehstrecke vermerkt.

Auf den *Röntgenaufnahmen* anläßlich der Nachuntersuchungen werteten wir Veränderungen im Bereich der Kniescheibe detailliert aus. Die *Patellaposition* auf den Axialaufnahmen wurde in 4 Gruppen eingeteilt: - zentriert, - mäßig lateralisiert, - subluxiert und - luxiert (s. Abb. 42, S. 51). Im seitlichen Strahlengang haben wir bei einer Teilgruppe die Entfernung zwischen distaler Kante der Patellagelenkfläche und vorderer Oberkante des tibialen Prothesenplateaus auf Röntgenbildern in ca. 30° Kniebeugung vermessen (s. Abb. 43, S. 52). Außerdem wurde die *Struktur des Patellaknochens* im seitlichen und axialen Strahlengang 3 Gruppen zugeordnet: - gleichmäßige Sklerose, - ungleichmäßige Sklerose und - deutliche Osteolyse (s. Abb. 44, S. 53).

Bei der Gruppe der Kieler Patienten haben wir die Röntgenbefunde im Bereich der Prothesenverankerung im Knochen besonders eingehend analysiert. Neben der Lokalisation von periprothetischen Saumbildungen wurden ihre Länge, Dicke und ihre zeitliche Entwicklung festgehalten. Zusätzlich haben wir bei diesen Patienten die Lage der Prothese im Knochen relativ zur Markraumachse ermittelt und die postoperativen Beinachsen auf Becken-Bein-Ganzaufnahmen im Stand vermessen.

AUSZUG AUS UNTERSUCHUNGSBOGEN

NAME: Geb.-Datum:

Alter b. OP [ ][ ] 70-71

Grundleiden: [ ][ ] 72-73

(01) PcP
(02) idiopath. Gonarthrose
(03) posttraum. Gonarthr. (Femur)
(04) posttraum. Gonarthr. (Tibia)
(05) posttraum. Gonarthr. (Femur u. Tibia)
(06) postinfekt. Gonarthrose
(07) neuropath. Gonarthrose
(08) Psoriasis-Gonarthrose
(09) Osteochondrosis diss.
(10) Osteonekrose (Ahlbäck)
(11) Tumor oder Metastasen
(12) Kniegelenkarthrodese
(13 – 99) andere (bezeichnen)

Voroperationen am Kniegelenk:

Art der Voroperationen [ ][ ] 74-75

(01) Menisektomie, med.
(02) Menisektomie, lat.
(03) med. Seitenb.-Plastik (Naht)
(04) lat. " " "
(05) vord. Kreuzb.- " "
(06) hint. " " "
(07) Pes-anserinus-Plastik
(08) Entfernung freier Körper
(09) Patellektomie
(10) Patella-Arthroplastik
(11) Patellamedialisierung
(12) Patellalateralisierung
(13) Tuberositas-Operationen
(14) Osteosynthesen n. Fraktur an Patella, Femur od. Tibia
(15) Tibiakopfosteotomien
(16) suprakondyläre Osteotomien
(17) Synovektomien
(18) Arthrodesen
Hemi-Arthroplastik
(19) Tibia-Plateau
(20) andere (bitte bezeichnen)
Total-Arthroplastik
(21) Polycentric
(22) Geomedic
(23) Scharnier-Prothese
(24) andere (bitte bezeichnen)
(25) keine

Schmerzgrad und Schmerzcharakter : [ ] 76

Anlaufschmerz:	(1) keine	(2) leicht	(3) mäßig	(4) stark
Belastungsschmerz:	(1) keine	(2) leicht	(3) mäßig	(4) stark
Ruheschmerz:	(1) keine	(2) leicht	(3) mäßig	(4) stark

[ ] 77 [ ] 78

Klinischer Befund :

Maximale Gehstrecke: [ ] 79
(1) unbegrenzt
(2) bis 1000 m
(3) nur in der Wohnung
(4) kein Gehen möglich

Treppengehen: [ ] 80
(1) normal
(2) beschwerlich im Wechselschritt
(3) nur einbeinig mit Hilfe
(4) unmöglich

– 2 –

Funktionszustand der Kniegelenke : [ ][ ][ ] 81-83 [ ][ ] 84-85 [ ][ ] 86-87

Beugung in Grad ....°
Beugekontraktur ....°

Beinachse (Mittelstellung Kniescheibe vorn) :

Varusdeformität in Grad ....° [ ][ ] 88-89
Valgusdeformität in Grad ....° [ ][ ] 90-91

Hüftgelenke: [ ] 92
(1) freie Funktion
(2) leichte Funktionseinschränkung
(3) starke Funktionseinschränkung
(4) versteift
(5) Hüftendoprothese mit freier Funktion
(6) dto. mit leicht eingeschr. Funkt.
(7) dto. mit stark eingeschr. Funktion
(8) Hüftendoprothese versteift

Operation:

Schnitt: [ ] 93
(1) medial (längs)
(2) lateral (längs)
(3) bilateral
(4) Textor
(5) andere (bezeichnen)

Tuberositas-Refixation: [ ] 94
(1) entfällt, da nicht abgemeißelt
(2) mit Flachkopfschrauben, hintere Corticalis mitgefaßt
(3) mit Flachkopfschrauben, hintere Corticalis nicht mitgefaßt
(4) mit Kirschnerdrähten, Zuggurtung mit Draht
(5) mit Kirschnerdrähten, Zuggurtung mit Kunststoff-Faden
(6) mit einfacher Spongiosaschraube u. Unterlegscheibe
(7) andere (bitte bezeichnen)

Verankerung: [ ] 95
(1) Zement ohne Antibioticum
(2) Zement mit Antibioticum
(3) ohne Zement

Peroperative Komplikationen: [ ][ ] 96-97
(01) keine
(02) Schaftfraktur Femur
(03) med. Condyl.-Fraktur
(04) lat. Condyl.-Fraktur
(05) Prothesenstielperf. Femur
(08) Prothesenstielperforation Tibia
(09) Verletzung d. A. poplitea
(10) Verletzung d. V. poplitea
(11) Verletzung d. N. peronaeus
(12 – 13) andere (bitte bezeichnen)
(99) bezeichne Kombinationen

Wundheilung: [ ] 98
(1) normale Heilung
(2) Hämatom
(3) Wundrötung
(4) Wunddehiszenz
(5) Wundnekrose
(6) Allerg. Hautreaktion
(7) Fistelbildung

Narkosemobilisation: [ ] 99
(1) keine
(2) i. d. 3. post. Woche
(3) i. d. 4. post. Woche
(4) i. d. 5. post. Woche
(5) i. d. 6. post. Woche
(6) i. d. 7. post. Woche
(7) i. d. 8. post. Woche
(8) i. d. 9. post. Woche
(9) i. d. 10. post. Woche

Allgemeine Komplikationen: [ ] 100
(1) keine
(2) Lungenembolie
(3) Pneumonie
(4) Herzinfarkt
(5) and. kardiopulm. Erkr.
(6) Nierenversagen
(7) Nervenschädigung
(8) Thrombose
(9) Hepatitis

Abb. 26. Präoperativer Erhebungsbogen

POST OP NACHUNTERSUCHUNGSBOGEN KNIEGELENKSENDOPROTHESE „BLAUTH"

(bitte die Kästchen nicht ausfüllen!)

KLINIK ☐ 1 Untersuchungsdatum: ☐☐☐☐ 2 - 5

Pat.-Name, Vorname Geb.-Datum

Alter d. Pat. in Jahren ☐☐ 6-7 Geschlecht: (1) männlich (2) weiblich ☐ 8

„Blauth"-Endoprothese: (1) rechts (2) links (3) beidseits ☐ 9 Untersuchtes Gelenk (1) rechts (2) links ☐ 10

Korpergewicht (in kg): ☐☐ 11-12

Postoperativer Zeitraum (in Monaten) ☐☐☐ 13-15

Postoperativ aufgetretene Op.-unabhängige Erkrankungen oder Unfälle mit Einfluß auf Op.-Ergebnis in Schmerzbild, Leistungsfähigkeit etc. (z. B. Frakturen, Durchblutungsstörungen etc.) (1) ja (2) nein (0) keine Angabe ☐ 16

Erkrankungen angeben

Nach Implantation aufgetretene Komplikationen (1) Infekt (2) asept. Lockerung (3) Prothesenbruch (4) Instabilität durch Materialverschleiß (5) Patellaluxation (6) Patellektomie (7) Tuberositasausriß (8) Tuberositasrefixation (9) andere (angeben) (0) keine ☐ 17

Anamnestische Daten

1 Schmerzen am operierten Gelenk (0) keine (1) mehr als vor Op (2) gleich wie vor Op (3) weniger als vor Op ☐ 18

2. Anlaufschmerz (0) keine (1) leicht (2) deutlich (3) sehr stark ☐ 19

3 Belastungsschmerz (0) keine (1) leicht (2) deutlich (3) sehr stark ☐ 20

4 Ruheschmerz (0) keine (1) leicht (2) deutlich (3) sehr stark ☐ 21

5 Fremdkorpergefuhl: (1) ja (2) nein (3) keine Angabe ☐ 22

6 Schmerzmittelgebrauch (nur wegen o.g. Schmerzen) (1) ja (2) nein (0) keine Angabe ☐ 23

7 Wahrscheinliche Ursache der Schmerzen: (1) Patellagleitlager (2) Tub. tib. (3) Gelenkreizzustand anderer Ursache (4) Lockerung Femurteil (5) Lockerung Tibiateil (6) unklar (7) sonstige feststellbare (angeben) (0) keine ☐ 24

Funktionelle Leistungsfähigkeit (postop., bezogen ausschließlich auf das op. Knie)

8 Unbedingt notwendige Fortbewegungshilfen zur Entlastung des op. Kniegelenks. (1) Handstock gelegentlich (2) 1 Handstock immer (3) 2 Handstöcke immer (4) U-Armstützstock (5) 2 U-Armstützstöcke (6) Rollstuhl immer (0) keine ☐ 25

9 Mögliche Gehleistung (gleichmäßig, ohne Unterbrechung): (1) unbegrenzt (2) bis 1000 m (3) nur Wohnung (4) kein Gehen möglich ☐ 26

10. Begrenzung der Gehleistung durch das operierte Knie bzw. die Op-Folgen: (1) ja (2) nein (3) andere Ursachen (angeben) ☐ 27

11 Treppengehen (1) normal (2) wegen op. Knie beschwerlich (3) wegen op. Knie nur mit fremder Hilfe (4) wegen op. Knie unmöglich (5) wegen Einschränkung aus anderer Ursache nicht zu klären ☐ 28

12 Einkaufen (1) normal (2) wegen op. Knie beschwerlich (3) wegen op. Knie nur mit fremder Hilfe (4) wegen op. Knie unmöglich (0) wegen Einschränkung aus anderer Ursache nicht zu klären ☐ 29

13 Benutzung öffentlicher Verkehrsmittel (1) normal (2) wegen op. Knie beschwerlich (3) wegen op. Knie nur mit fremder Hilfe (4) wegen op. Knie unmöglich (0) wegen Einschränkung aus anderer Ursache nicht zu klären ☐ 30

14 Würden Sie die Operation bei gleichem praeoperativem Befund noch einmal durchführen lassen? (1) ja (2) nein ☐ 31

Befund (komplexe Funktionen)

1 Gangbild (1) normal altersentsprechend (2) hinkend (3) Gehen unmöglich ohne Hilfen (4) Gehen auch mit Hilfen unmoglich ☐ 32

2 Erheben vom Stuhl (1) frei, ohne Abstützen (2) mit Abstützen an Lehne oder Sitz (3) nur mit fremder Hilfe (4) unmöglich ☐ 33

3 Anziehen von Schuh und Strümpfen (1) gut ohne Hilfe (2) beschwerlich, ohne Hilfe (3) unmöglich ohne Hilfe ☐ 34

Lokalbefund operiertes Knie

4 Beugung Streckung (pass. Neutral 0 Methode) ° . ° _ . ° ☐☐☐ 35-37 ☐☐ 38-39 ☐☐ 40-41

5 aktives Streckdefizit (gestrecktes Bein von der Unterlage abheben lassen Differenz zur passiven Streckung in °) . ° ☐☐ 42-43

6 Gelenkerguß (1) ja (2) nein ☐ 44

7 Überwärmung (1) ja (2) nein ☐ 45

8 Stabilitätsprobe (wechselnd Varus- u. Valgusstreß) (1) keine Instabilität (2) deutliche Instabilität ☐ 46

9 metall. Anschlaggerausch bei pass. Streckung (1) ja (2) nein ☐ 47

10 hörbare Gelenkgeräusche beim Gehen (1) ja (2) nein ☐ 48

Röntgenbefund (Steh-Langaufnahme a.p.)

1 Achsstellung Kniegelenk (Winkel der Verbindungslinien Hüftkopfmitte – Kniegelenksmitte – OSG-Mitte in °) Varus ... ° ☐☐ 49-50

Valgus ... ° ☐☐ 51-52

2 Einsinkeverhalten Tibiaplateau (Änderung des Abstandes Fibulaspitze o.ä. – Unterrand Tibiaplateau gegenüber erster verwertbarer postop. Aufnahme) (1) weniger als 2 mm (2) 2 – 5 mm (3) mehr als 5 mm (0) nicht beurteilbar ☐ 53

3. Knochenreaktion
Femurschaftspitze (0)(1)(2)(3)(4) ☐ 54
Femurschaft (0)(1)(2)(3)(4) ☐ 55
Tibiaplateau (0)(1)(2)(3)(4) ☐ 56
Tibiaschaft (0)(1)(2)(3)(4) ☐ 57
Tibiaschaftspitze (0)(1)(2)(3)(4) ☐ 58
(0) keine (1) Sklerosesaum gleichmäßig unmittelbar an Prothesen- bzw. Zementgrenze (2) Aufhellung zwischen Prothesen- bzw. Zementgrenze u. Sklerosesaum 0 – 2 mm (3) 2 – 4 mm (4) mehr als 4 mm

Röntgenbefund (seitl. Aufnahme in max. pass. Streckstellung)

4 Knochenreaktion
Femurschaftspitze (0)(1)(2)(3)(4) ☐ 59
Femurschaft (0)(1)(2)(3)(4) ☐ 60
Tibiaplateau (0)(1)(2)(3)(4) ☐ 61
Tibiaschaft (0)(1)(2)(3)(4) ☐ 62
Tibiaschaftspitze (0)(1)(2)(3)(4) ☐ 63
(0) keine (1) Sklerosesaum gleichmäßig unmittelbar an Prothesen- bzw. Zementgrenze (2) Aufhellung zwischen Prothesen- bzw. Zementgrenze u. Sklerosesaum 0 – 2 mm (3) 2 – 4 mm (4) mehr als 4 mm

5. Bildung kalk- bis knochendichter Verschattungen postop (0) keine (1) in der Quadricepssehne bei entfernter Patella (2) im Bereich der dorsalen Kapsel u. Umgebung (3) sonstige (angeben) ☐ 64

6 Stielperforation (0) keine (1) Femurschaft (2) Tibiaschaft ☐ 65

7 Periostale Reaktion (0) keine (1) Femur (2) Tibia ☐ 66

8 Patellastand (0) keine Patella (1) Patellaspitze oberhalb Metallgleitlagerkante (2) Patellaspitze direkt auf Metallgleitlagerkante (3) Patella auf Metallgleitlager ☐ 67

Patellagleitlageraufnahme 40° Kniebeugung

1 Patellalage (Lat. gerade) (0) keine Patella (1) regelrecht im Gleitlager (2) mäßig lateralisiert (3) Subluxationsstellung lateral (4) Luxation ☐ 68

2 Sklerosesaum Patellarückfläche (0) keine Kontur (1) gleichmäßiger Sklerosesaum (2) ungleichmäßige Sklerose (3) ungleichmäßige deutliche Osteolyse ☐ 69

Sklerose Patella seitlich: (0) keine Kontur (1) gleichmäßiger Sklerosesaum (2) ungleichmäßige Sklerose (3) ungleichmäßige deutliche Osteolyse ☐ 102

Abb. 27. Postoperativer Erhebungsbogen

7. Auswertungsverfahren

Die Angaben auf den Untersuchungsbögen wurden zur rechnergestützten Auswertung verschlüsselt. Anfänglich erfaßten wir die gesammelten Daten über einen Tischrechner Commodore 4040. Im weiteren Verlauf wurde ein Mikrocomputer Olivetti M 24 verwendet. Nach manueller Eingabe wurden die Daten mehrfach zur Kontrolle zwischen Ausdruck und den Originalerhebungsbögen verglichen und ggf. korrigiert. Insgesamt wurden mehr als 75000 Einzeldaten rechnerunterstützt ausgewertet.

Die vorliegende Stichprobe aus dem Krankengut der Orthopädischen Universitätsklinik Kiel ist unter verschiedenen Gesichtspunkten selektiert, läßt also keine Verallgemeinerung auf das Behandlungsverfahren schlechthin zu (Feinstein 1977). Die statistischen Signifikanzaussagen, für die wir ein Signifikanzniveau von 5% gewählt haben, dienen deshalb primär zur internen Bewertung der Zusammenhänge zwischen verschiedenen Einflußgrößen. Je nach Typ und Verteilung der Merkmale wurden geeignete Maßzahlen mit unterschiedlichen Testverfahren berechnet (Sachs 1984), um Beziehungen im Datenmaterial untereinander zu gewichten: Der Kontingenzkoeffizient nach Pawlik und die Chi^2-Statistik wurden als Maß für den Zusammenhang bestimmt. Bei Gegenüberstellung von prä- und postoperativen Daten wurden Symmetrietests nach McNemar gerechnet. Beziehungen zu quantitativen Meßgrößen wurden mit Rangtestverfahren, wie dem Kruskal-Wallis-Test oder dem Mann-Whitney-Test, überprüft. Zur Auswertung wurden wegen geringer Feldbesetzung teilweise Spalten oder Zeilen der Tabellen zusammengefaßt und in diesen Fällen in der Darstellung der Ergebnisse durch * markiert.

Die statistische Auswertung erfolgte in Zusammenarbeit mit dem Institut für Medizinische Dokumentation und Statistik der Universität Kiel mit den Programmpaketen SPSS-PC (Statistical Package for Social Siences) und BMDP (Bio Medical Computer Program).

II. Klinische Ergebnisse

Die Übersicht über die klinischen Ergebnisse soll zunächst die allgemein aufgetretenen Fehlschläge darstellen, um dann auf die Einzelergebnisse unter besonderer Berücksichtigung der Patellaprobleme einzugehen.

1. Komplikationen

Aseptische Prothesenlockerungen wurden bei den 463 Patienten der multizentrischen Studie nur 6mal, d.h. bei 1,3% der nachuntersuchten Gelenke beobachtet. Einer dieser Patienten war stark übergewichtig; während der Operation fiel auf, daß die Prothese nur mit großen Schwierigkeiten und ausgedehnter Resektion an die übergroßen Knochenabmessungen angepaßt werden konnte. Der Patient arbeitete nach dem Eingriff unvernünftigerweise in seinem landwirtschaftlichen Betrieb weiter. Bereits 1 Jahr später mußte wegen Lockerung des Tibiateils eine Ar-

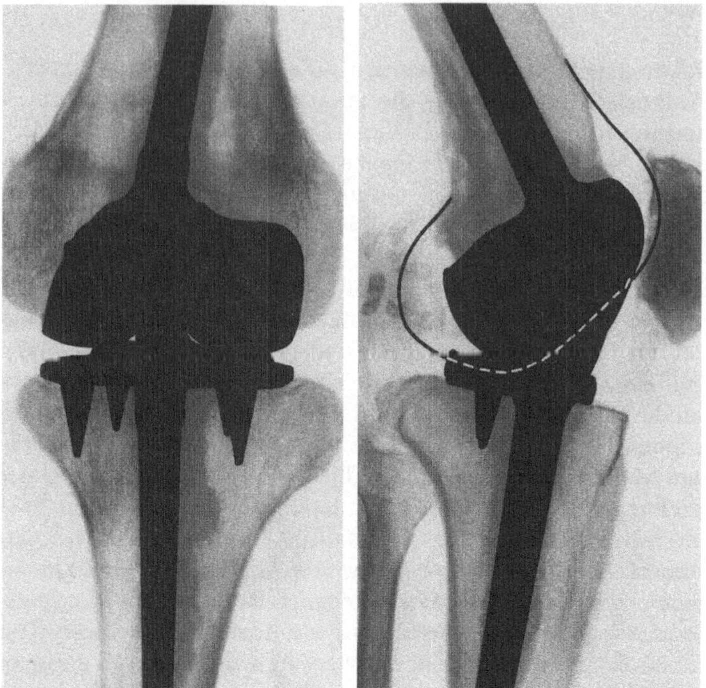

a

Abb. 28a. R. A. Wegen der übergroßen Knochenabmessungen konnte die Prothese nur nach ausgedehnter Resektion implantiert werden. Der Patient übte weiter schwere körperliche Tätigkeiten aus

throdese durchgeführt werden (Abb. 28). Die Erfahrungen mit diesem Patienten gaben den Anlaß dazu, ein übergroßes Prothesenmodell zu entwickeln.

Die folgenschwerste Spätkomplikation stellten 10 Gelenkinfektionen dar, entsprechend 2,2% der kontrollierten Prothesen. In den verschiedenen Kliniken lagen die Infektionsraten zwischen 1,9 und 2,9%; in einer Klinik mit der kleinsten Fallzahl von 30 Patienten wurde im untersuchten Krankengut keine Infektion beobachtet. Einige der betroffenen Patienten lehnten einen weiteren Eingriff ab, so daß in 5 Fällen chronische Fistelungen, teilweise mit fibröser Gelenksteife, verblieben. Bei 3 Patienten wurden die Prothesen ausgebaut und eine Arthrodese vorgenommen. Eine Patientin aus der Serie der ersten 25 eingebauten Prothesen mußte 1975 im Oberschenkel amputiert werden, da die Infektion nicht anders beherrscht werden konnte. Bei einer anderen Patientin trat 2 Monate postoperativ eine tiefe Infektion auf. Sie lehnte weitere operative Maßnahmen ab. Es entwickelte sich eine fibröse Gelenksteife mit Osteomyelitis und Fistelbildung, so daß 4 Jahre später ebenfalls eine Oberschenkelamputation durchgeführt wurde. Streßfrakturen am Prothesenmaterial wurden im vorliegenden Krankengut nicht beobachtet.

Stellt man die Häufigkeit der Fehlschläge in Abhängigkeit von der Beobachtungszeit dar, ergeben sich sog. Überlebenskurven, bei denen die Wahrscheinlichkeit berechnet wird, nach Ablauf eines bestimmten Zeitraums noch eine implan-

b 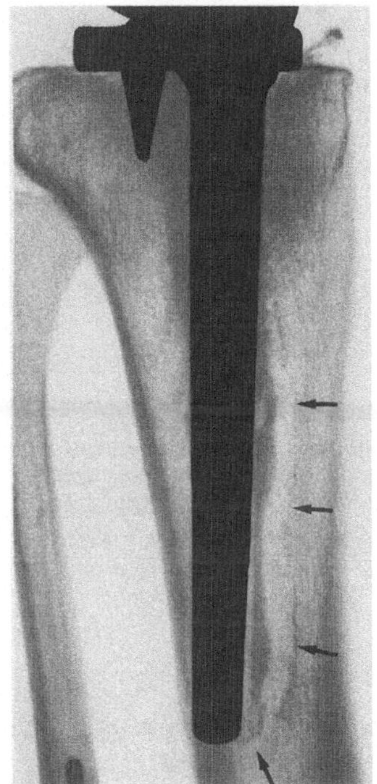 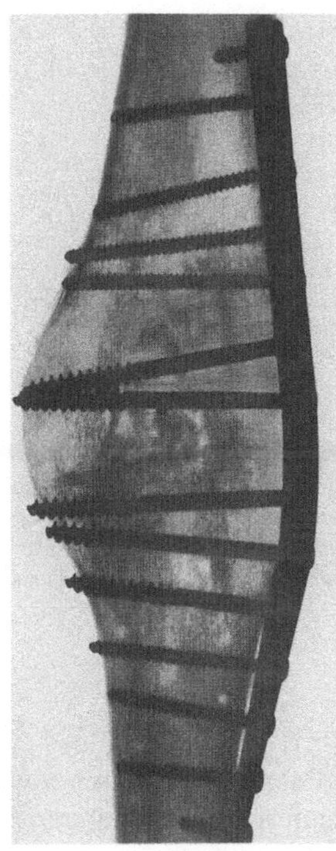 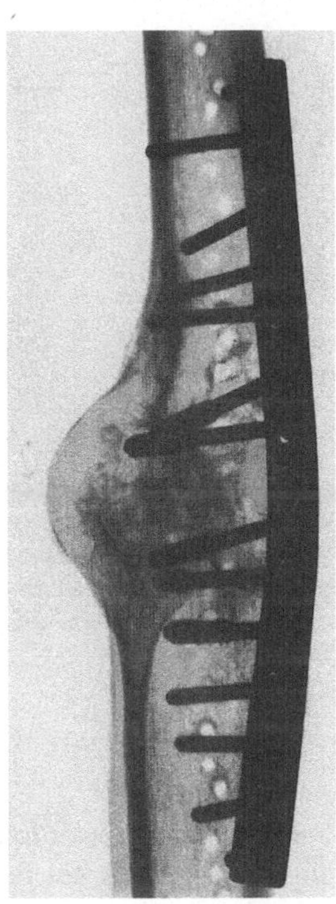 c

Abb. 28b, c. Bereits 12 Monate nach dem Einbau waren ausgeprägte Lockerungssäume zwischen Prothese und Zement sowie zwischen Prothese und umgebendem Knochen zu erkennen. 19 Monate postoperativ wurde eine Arthrodese durchgeführt. Die rechten Bilder zeigen den Zustand 1½ Jahre später

tierte Prothese ohne aseptische Lockerung und ohne tiefen Infekt anzutreffen (Dobbs 1980; Berchtold 1981; Lettin et al. 1984; Röttger u. Heinert 1984; Knutson et al. 1985, 1986; Hassenpflug 1985). Als entscheidendes Kriterium wurde der Eintritt einer derartigen Komplikation, nicht die Art der Behandlung (Prothesenausbau oder nicht) gewählt.

Die Versagensrate wird aus der Anzahl der Fehlschläge in bezug auf die Gesamtzahl der nach dem jeweiligen Beobachtungszeitraum kontrollierten Gelenke ermittelt. Patienten, die verstorben oder nicht zur Nachuntersuchung erschienen sind, werden aus den Häufigkeitsberechnungen herausgenommen, so daß keine positive Verfälschung der Ergebnisse entsteht. Fehlschläge bei längerer Beobachtungsdauer fallen daher bei kleinerer Zahl der exponierten Patienten relativ stärker ins Gewicht als zu Beginn der Beobachtungszeit. Die Wahrscheinlichkeiten werden für jährliche Intervalle ermittelt, nacheinander kumulativ verknüpft und gegen die Beobachtungsperiode aufgetragen.

Für die Blauth-Prothese besteht eine Überlebensrate von 89% nach mehr als 10 Jahren (Tabelle 2a, 2b, S.33, Abb.29). Die Überlebenswahrscheinlichkeit nimmt im Laufe der Jahre stetig ab. Eine Knickbildung nach unten, wie sie als Ausdruck einer zeitabhängigen Häufung von Fehlschlägen zu erwarten wäre, ist bisher nicht zu erkennen. Die Überlebenswahrscheinlichkeit für die Prothesen bei

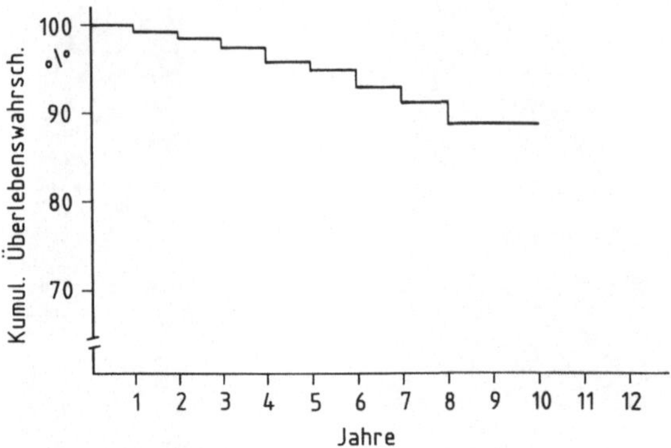

Abb. 29. Überlebenskurven der Kniegelenkprothese nach Blauth. Die Wahrscheinlichkeit eine Prothese ohne aseptische Lockerung und tiefe Infektion ist kumuliert in Abhängigkeit von der postoperativen Beobachtungsdauer aufgetragen. Insgesamt zeigt sich keine abrupte Knickbildung der Kurve nach unten, die auf eine zeitabhängige Lockerung des Verbundes Zement - Knochen hindeuten würde

Patienten mit chronischer Polyarthritis ist im vorliegenden Krankengut geringfügig niedriger als bei Patienten mit degenerativen Gelenkerkrankungen.

2. Gelenkbeweglichkeit

Die Gelenkbeweglichkeit bei den Kontrolluntersuchungen ist mit Beugung/Streckung 100/3/0° geringfügig besser als vor dem Protheseneinbau mit 100/13/0°. Die Zunahme des Bewegungssektors ist auf eine Verbesserung der Gelenkstreckung zurückzuführen (Abb. 30), während die Beugefähigkeit durch die Operation nicht wesentlich verändert wird (Abb. 31). Bei den 54 Patienten, die postoperativ keine rechtwinklige Kniebeugung erreichen, finden sich in der Mehrzahl Störungen des postoperativen Verlaufes, wie Wundheilungsstörungen, Infektionen, Patellaentfernungen, oder präoperativ ungünstige Voraussetzungen für eine gute Gelenkbeweglichkeit (Hämophilie, Schußbruch mit ausgeprägtem Weichteilschaden des Oberschenkels). Die Beugefähigkeit ist geringfügig schlechter, wenn die Prothese unter Ablösung der Tuberositas tibiae über einen bogenförmigen Textor-Zugang und nicht über eine Längsinzision eingebaut wurde (Tabelle A2), ebenso bei Gelenken, die überwärmt sind (Tabelle A3).

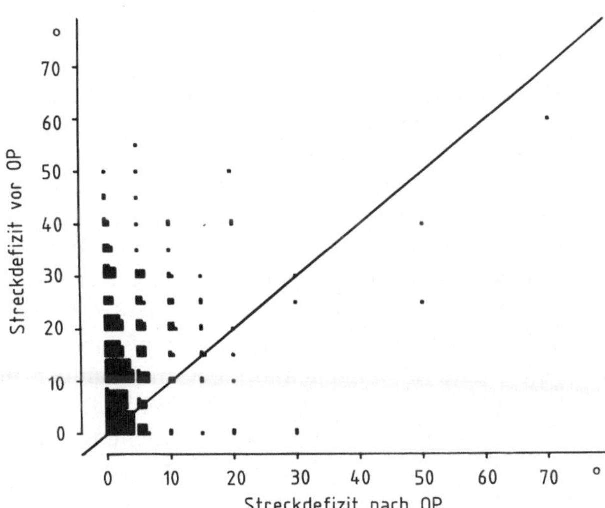

Abb. 30. Das Streckdefizit vor und nach der Operation ist gegeneinander aufgetragen. Jeder Punkt entspricht einem Patienten. Die Werte für die meisten Gelenke liegen oberhalb der Diagonalen, d. h. das Streckdefizit war postoperativ geringer als präoperativ. Präoperativ bestand bei jeweils 1/3 der Gelenke ein Streckdefizit zwischen 10° und 20° sowie von mehr als 20°, postoperativ zeigen 85% ein Streckdefizit von weniger als 5°. Bei 7 Patienten verblieb ein Steckdefizit von mehr als 25°. Ursachen waren im einzelnen chronische Polyarthritiden mit multiplem Gelenkbefall (bei 4 Patienten), Zustand nach Apoplex, schwere Hüftbeugekontrakturen sowie Hämophilie

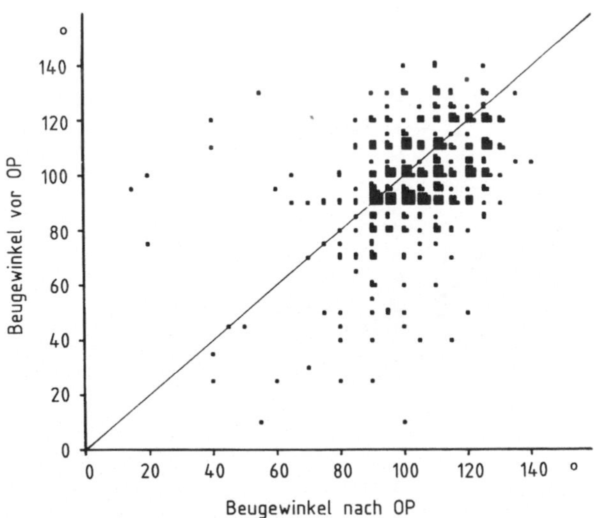

Abb. 31. Gelenkbeugung vor und nach Operation sind gegeneinander aufgetragen. Die Werte liegen nahe der Diagonalen, d. h. die Kniegelenkbeugung wurde durch die Operation nicht wesentlich verändert. 12 Gelenke erreichten wegen Begleiterkrankungen oder postoperativen Komplikationen nur eine Beugung von weniger als 50°

3. Schmerzangaben

Das Beschwerdebild ist nach dem Protheseneinbau gegenüber den präoperativen Angaben verbessert (Tabellen A4, A5, A6). Allerdings sind postoperativ bei insgesamt 117 von 463 implantierten Gelenken weiterhin deutliche Beschwerden vorhanden, die sich entweder in Ruhe, beim Gehbeginn, während der Belastung, beim Erheben vom Sitz oder beim Treppensteigen äußern (Abb. 32 und 38). Am häufigsten wird über Anlaufschmerzen beim Gehbeginn geklagt (17% der operierten Gelenke weisen dabei deutliche oder starke Beschwerden auf; Abb. 33), seltener über Belastungsschmerzen (14%, Abb. 34) oder Ruheschmerzen (3%, Abb. 35).

Die 3 Schmerz*qualitäten* ‚Ruhe- Anlauf- und Belastungsschmerzen' zeigen im Mengendiagramm weitgehende Überschneidungen und hängen eng miteinander zusammen (Tabellen A7, A8, A9). Die korrigierten Kontingenzkoeffizienten liegen zwischen 0,53 und 0,71. Von den 64 Patienten mit deutlichen oder starken Belastungsschmerzen klagen 47 bereits über deutliche oder starke Beschwerden beim Gehbeginn. Die Schmerz*intensität* beim Gehbeginn und bei Belastung ist größer, wenn eine *Überwärmung* des Gelenks oder ein intraartikulärer *Erguß* vorliegt (Tabellen A10–A14). Belastungsschmerzen sind stärker, wenn ein postoperatives *Streckdefizit* besteht (Tabelle A15). Patienten mit chronischer Polyarthritis haben häufiger Anlaufschmerzen (Tabelle A16). Signifikante Zusammenhänge der übrigen Schmerzangaben mit der Grunderkrankung, die zum Protheseneinbau geführt hat, oder mit der postoperativen Beobachtungsdauer bestehen nicht.

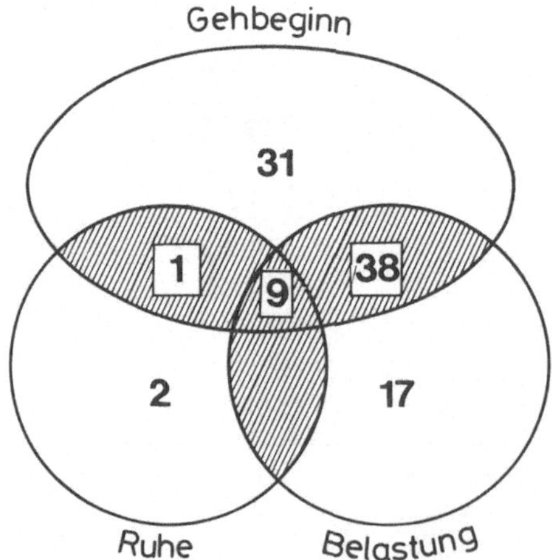

Abb. 32. Mengendiagramm der deutlichen und starken subjektiven Schmerzangaben postoperativ. Anlaufbeschwerden sind am häufigsten, Ruhebeschwerden am seltensten. Die *schraffierten Zonen* kennzeichnen gleichzeitige Schmerzangaben bei verschiedenen Aktivitäten

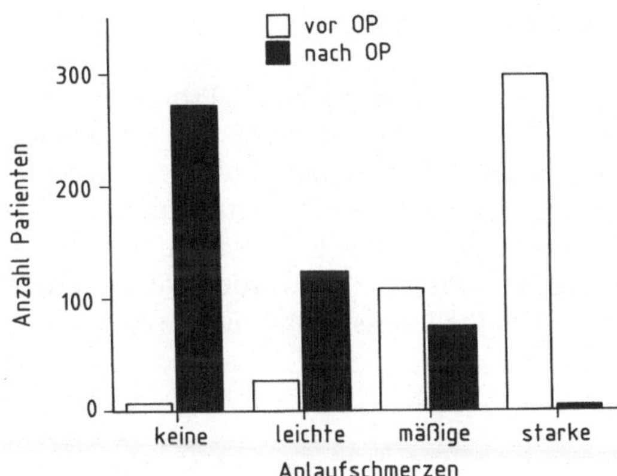

Abb. 33. Anlaufschmerzen vor und nach Protheseneinbau (*dunkle Säulen* = postoperativ). Deutliche und starke Anlaufschmerzen finden sich präoperativ bei 92% der Gelenke, postoperativ bei 17%

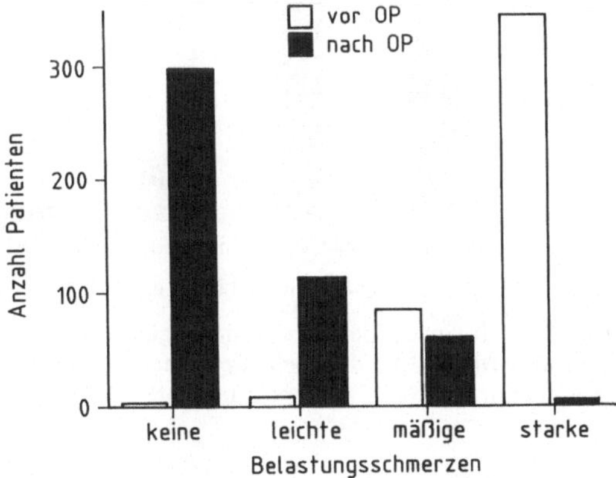

Abb. 34. Belastungsschmerzen im Vergleich prä- und postoperativ. Vor Protheseneinbau klagen 97% der Patienten über deutliche und starke Belastungsbeschwerden, postoperativ (*dunkle Säulen*) nur 14%

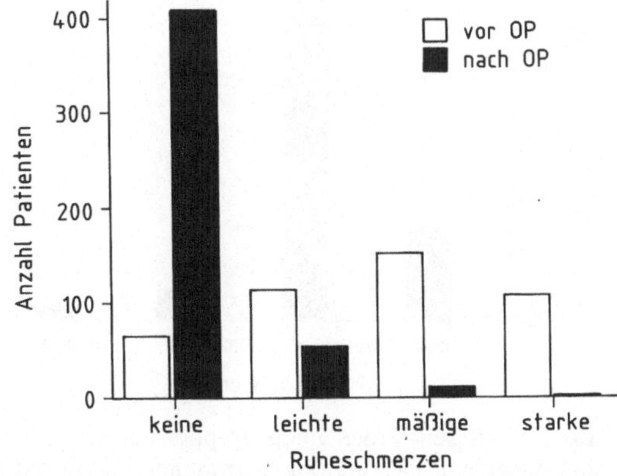

Abb. 35. Ruheschmerzen prä- und postoperativ. Im Vergleich zur präoperativ gleichmäßigen Verteilung der Beschwerdeintensitäten überwiegen nach Protheseneinbau (*dunkle Säulen*) mit 97% die Gelenke ohne oder nur mit leichten Ruheschmerzen

4. Alltagsfunktionen

Die maximale *Gehstrecke* mit Prothese ist größer als die Gehstrecke vor der Operation (Abb. 36, Tabelle A17). Die Ursachen für eine eingeschränkte Gehfähigkeit werden überwiegend außerhalb des operierten Gelenks gesehen: Nur 20 mal führen die Patienten ihre beeinträchtigte Gehfähigkeit auf Schwierigkeiten mit der Prothese zurück. Bei 9 Patienten stehen retropatellare Beschwerden in Vordergrund; in 3 dieser Fälle wurde bereits die Kniescheibe entfernt. Bei 3 Patienten ist eine Wundheilungsstörung aufgetreten, einmal mit verbleibender Bewegungsein-

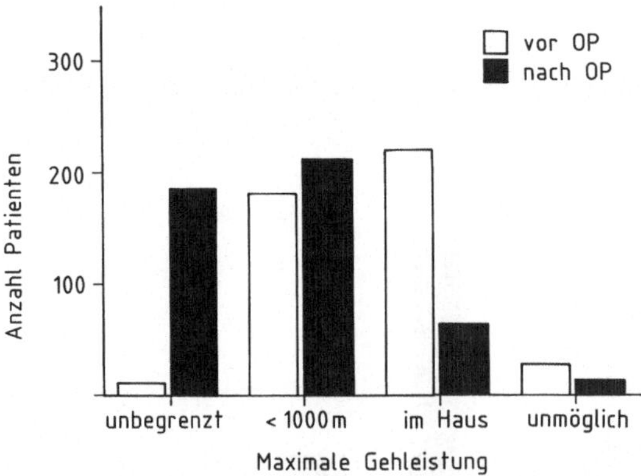

Abb. 36. Maximale Gehstrecke im Vergleich vor und nach Protheseneinbau. Postoperativ (*dunkle Säulen*) wird für 38% der Gelenke keine Einschränkung der Gehfähigkeit mehr angegeben, präoperativ nur für 2%. 13 Patienten berichten, nur in der Wohnung oder gar nicht gehfähig zu sein

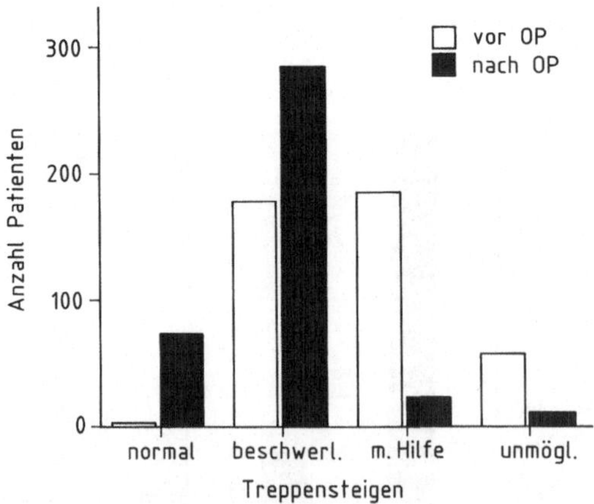

Abb. 37. Beschwerden beim Treppensteigen prä- und postoperativ. In der Gegenüberstellung sind diejenigen Patienten nicht enthalten, die durch Beschwerden außerhalb des operierten Kniegelenks beim Treppensteigen beeinträchtigt sind. 91% der Patienten können postoperativ (*dunkle Säulen*) mit der Knieprothese normal oder unter leichten Beschwerden Treppensteigen, präoperativ nur 30%

schränkung; 3 Patienten mit beidseitigem Gelenkersatz leiden an einer chronischen Polyarthritis mit multiplem Gelenkbefall.

Die Gehfähigkeit ist schlechter als bei den übrigen Patienten, wenn deutliche *Beschwerden* in Ruhe, beim Beginn und während der Belastung angegeben werden (Tabellen A18, A19, A20), wenn eine schlechte *Beuge- oder Streckfähigkeit* oder eine *Überwärmung* des Gelenks vorliegt (Tabellen A21, A22, A23), ebenso bei Patienten mit chronischer Polyarthritis und bei Patienten mit sehr geringem Körpergewicht (Tabelle A24, A25).

Beschwerden beim *Treppensteigen* sind nach der Prothesenimplantation verringert; als vollständig beschwerdefrei werden 73 von 391 Gelenken angegeben (Abb. 37, Tabelle A26). Dabei sind die 66 Patienten, deren Fähigkeit zum Treppensteigen durch Ursachen außerhalb des operierten Gelenks beeinträchtigt ist, nicht berücksichtigt. Je größer das Streckdefizit der operierten Gelenke, desto häufiger sind Probleme beim Treppensteigen zu beobachten (Tabelle A27). Gleiches gilt für Patienten mit chronischer Polyarthritis (Tabelle A28) und intraartikulärem Erguß (Tabelle A29).

Das *Erheben aus dem Sitz* ist nur postoperativ dokumentiert (Tabelle A30). 74% der Patienten geben an, sich beim Aufstehen regelmäßig abzustützen. 19% berichten, die Arme in der Regel nicht zu Hilfe zu nehmen. Patienten mit chronischer Polyarthritis (Tabelle A31) und Patienten mit sehr hohem Körpergewicht (Tabelle A32) können schlechter aus dem Sitzen aufstehen; gleiches gilt für Patienten, bei denen ein postoperatives Streckdefizit (Tabelle A33) oder eine schlechte Beugefähigkeit besteht (Tabelle A34). Eine Beeinträchtigung durch Beschwerden außerhalb des operierten Gelenks ist aufgrund der erhobenen Daten allerdings nicht abgrenzbar.

In der vorliegenden multizentrischen Studie liegen zwischen allen subjektiven Beschwerdeangaben statistisch faßbare Beziehungen vor (Tabelle A35–A40). Zwi-

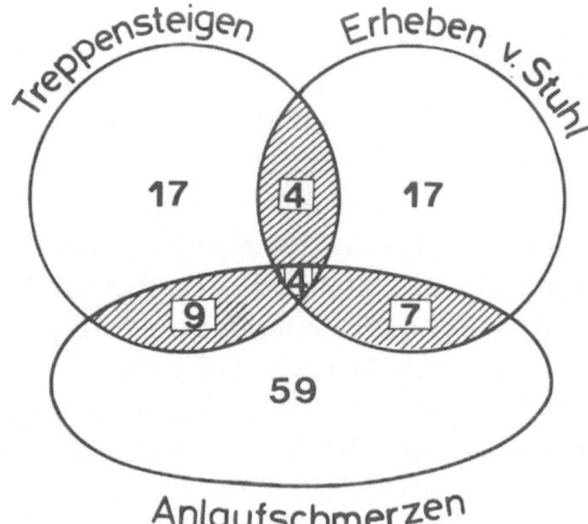

Abb. 38. Mengendiagramm des „retropatellaren Schmerzbildes“, zusammengesetzt aus deutlichen oder starken Beschwerden beim Treppensteigen, beim Erheben vom Stuhl und Anlaufschmerzen. In den *schraffierten Überschneidungszonen* zweier Kreise sind jeweils die Gelenke aufgeführt, die Beschwerden bei mehreren Belastungsformen bereiten und damit auf eine Schmerzursache im patellofemoralen Gelenkanteil deuten

schen *Anlaufschmerzen*, *Beschwerden beim Treppensteigen* und beim *Erheben aus dem Sitz* bestehen Zusammenhänge mit etwa gleichen Kontingenzkoeffizienten in der Größenordnung von 0,4 (Tabellen A41, A42, A43). Bei allen 3 Aktivitäten dürfen *erhöhte retropatellare Belastungsgrößen* angenommen werden, da zumindest beim Treppensteigen und Erheben vom Sitz das gebeugte Kniegelenk belastet wird. Aufgrund ähnlicher biomechanischer Bedingungen und der festgestellten klinischen Zusammenhänge ist es gerechtfertigt, die Kombination dieser 3 Beschwerdearten als Hinweis auf ein *retropatellares Schmerzbild* zu werten (Hassenpflug et al. 1984): Insgesamt bestehen bei 26% der Gelenke unterschiedlich stark ausgeprägte Beschwerden, die wahrscheinlich von der Patella ausgehen. Nur 30 dieser Gelenke (6%) klagen über starke Beschwerden. Im Mengendiagramm (Abb. 38) sind 93 Gelenke dargestellt, die bei nur *einer* der genannten Belastungen deutliche oder starke Beschwerden bereiten, überwiegend in Form von Anlaufschmerzen, deren Ursache dem patellofemoralen Gelenkabschnitt allerdings nicht mit letzter Sicherheit zuzuordnen ist. Bei weiteren 24 Gelenken sind *2* der genannten Kriterien als Ausdruck schwerwiegenderer Patellaprobleme positiv. Dieser Gruppe müssen zusätzlich 6 Patienten zugerechnet werden, bei denen wegen schwerer retropatellarer Schmerzzustände die *Kniescheibe entfernt* wurde. Ein retropatellares Schmerzbild findet man gehäuft bei Patienten mit chronischer Polyarthritis (Tabelle A44) und bei Überwärmung des Gelenks (Tabelle A45).

III. Röntgenbefunde

1. Beinachsen und Prothesenverankerung im Knochen

Die postoperativen *Beinachsen* wurden auf sog. Becken-Bein-Ganzaufnahmen vermessen. Der Mittelwert liegt bei geraden Traglinien zwischen Hüftkopfmittelpunkt, Kniegelenkmitte und Sprungelenkmitte. Bei angenäherter Normalverteilung beträgt die Standardabweichung $+/-4°$ (Abb. 39).

Die Zement-Knochen-Grenze von 165 Kieler Prothesen wurde im Detail untersucht. *Saumbildungen* sind besonders häufig am Tibiaplateau und an den Schaftspitzen anzutreffen, seltener über die Länge des Schaftes ausgedehnt (Abb. 40). In einigen Fällen bestanden netzartige Knochenverdichtungen an den tibialen Schaftspitzen. Bei Abweichungen der postoperativen Beinachse im Varus- oder im Valgussinne oder bei Lageabweichungen des tibialen Prothesenteils im Knochen nach medial oder dorsal werden Säume an der tibialen Schaftspitze besonders häufig gesehen. Zur Grunderkrankung oder der Angabe von Schmerzen besteht kein statistischer Zusammenhang (Schmithüsen 1988). Für die Verankerungsstabilität der Prothese im Knochen spielen diese Aufhellungen keinesfalls eine Rolle, da sich ihre Längenausdehnung meist auf die Schaftspitzen beschränkt und eine Saumdicke von 2 mm nur in wenigen Fällen überschritten wird. Alle Aufhellungslinien an der tibialen Prothesenspitze traten innerhalb der ersten 3 Jahre postoperativ in Erscheinung. Waren Saumbildungen erst einmal vorhanden, so änderten

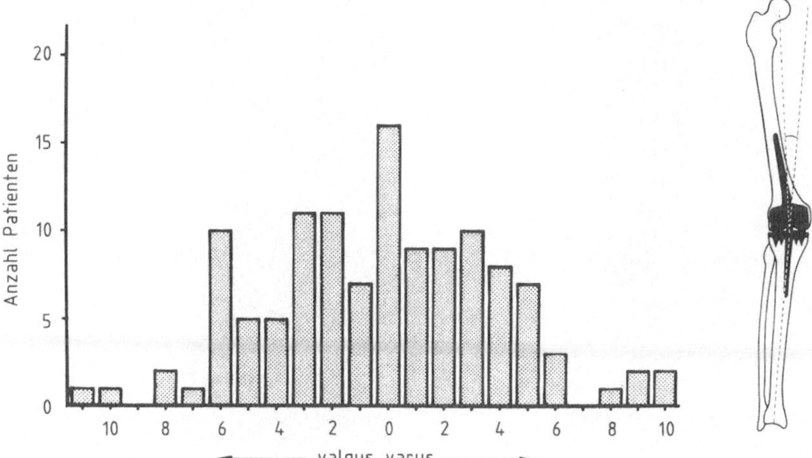

Abb. 39. Häufigkeitsverteilung der postoperativen Beinachsen. Die Auswertung erfolgte auf 121 Becken-Bein-Ganzaufnahmen von Kieler Patienten. Varus- oder Valgusabweichungen beschreiben die Winkel zur physiologisch geraden Traglinie zwischen Hüftkopfmittelpunkt, Kniegelenkmittelpunkt und Sprunggelenkmitte

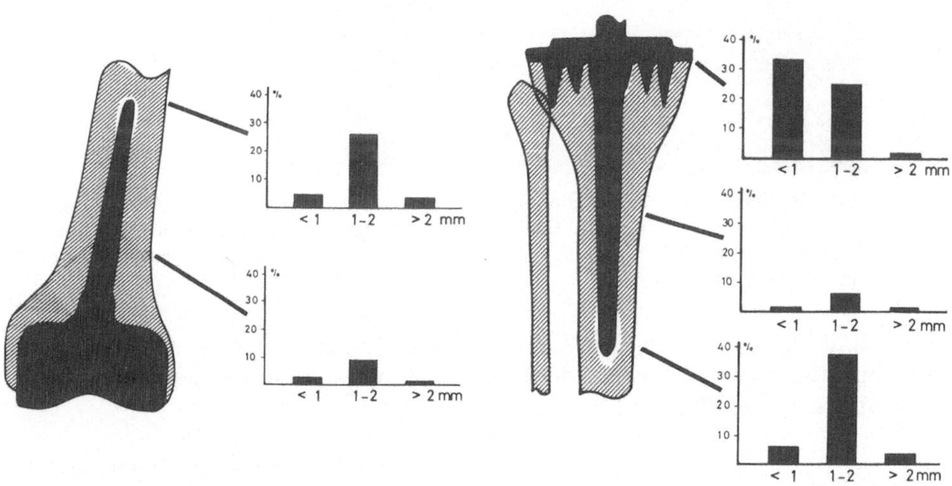

Abb. 41. Schematische Darstellung der Röntgenbefunde an der Zement-Knochen-Grenze bei den 165 in der Kieler Klinik implantierten Prothesen. Aufhellungssäume von mehr als 2 mm Dicke sind in allen Abschnitten nur sehr selten zu beobachten. Saumbildungen mit angrenzender Skleroselinie finden sich am häufigsten unter dem Tibiaplateau. Diese sind jedoch häufig bereits auf den ersten postoperativen Kontrollaufnahmen zu erkennen, so daß bei einem Teil der Fälle implantationsbedingte Abweichungen und keine reaktiven Veränderungen vorliegen. In absteigender Reihenfolge findet sich die größte Häufigkeit von Knochenreaktionen an der tibialen und femoralen Prothesenspitze, sehr viel seltener am femoralen und tibialen Prothesenschaft

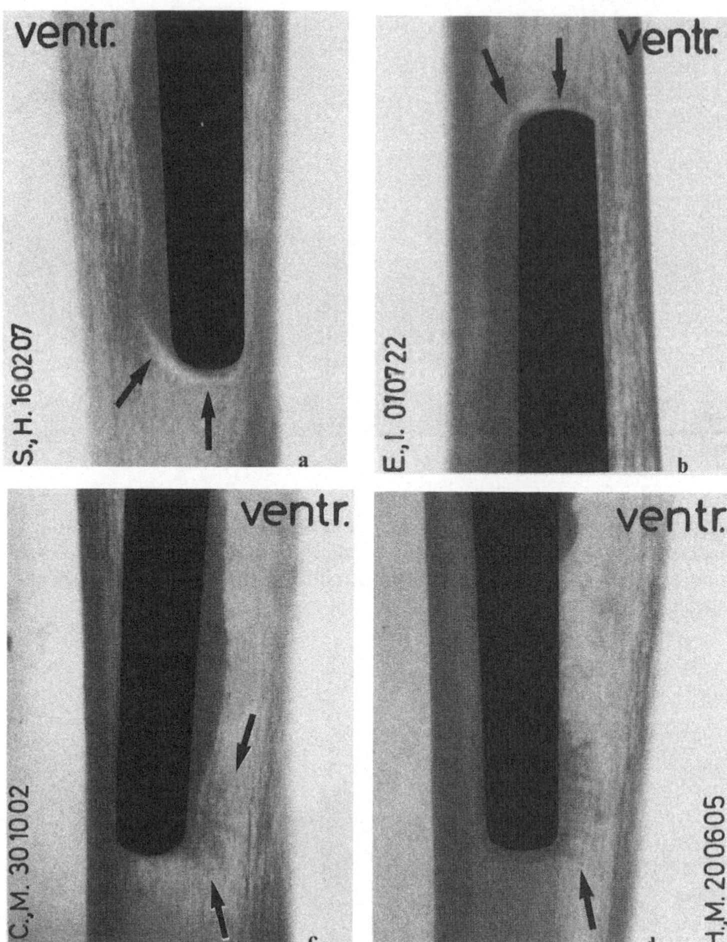

Abb. 40 a-d. Reaktive Knochenveränderungen an den Schaftspitzen. **a** tibiale Aufhellungslinie 5 Monate postoperativ. **b** femorale Aufhellungslinie 8 Monate postoperativ. **c, d** netzartige Verdichtung der Knochenbälkchen (Abstützungsreaktion!) an den tibialen Prothesenspitzen 60 und 25 Monate nach Protheseneinbau

sie sich in Dicke und Länge im Laufe der Zeit nur geringfügig. Eine Tendenz zur zunehmenden zeitabhängigen Lockerung der Prothesenverankerung läßt sich daraus nicht ableiten (Hassenpflug et al. 1985).

2. Position der Patella

Im *axialen* Strahlengang ist die Kniescheibe bei 49% von 446 Gelenken im Gleitlager zentriert. Bei 37% ist eine leichte Lateralisation festzustellen. 13% der Gelenke zeigen subluxierte und 1% eine luxierte Kniescheibe (Abb. 42).

Im *seitlichen* Strahlengang bei leichter Gelenkbeugung von etwa 20° beträgt der Abstand zwischen Oberkante des Tibiaplateaus und distaler Patellagelenkfläche

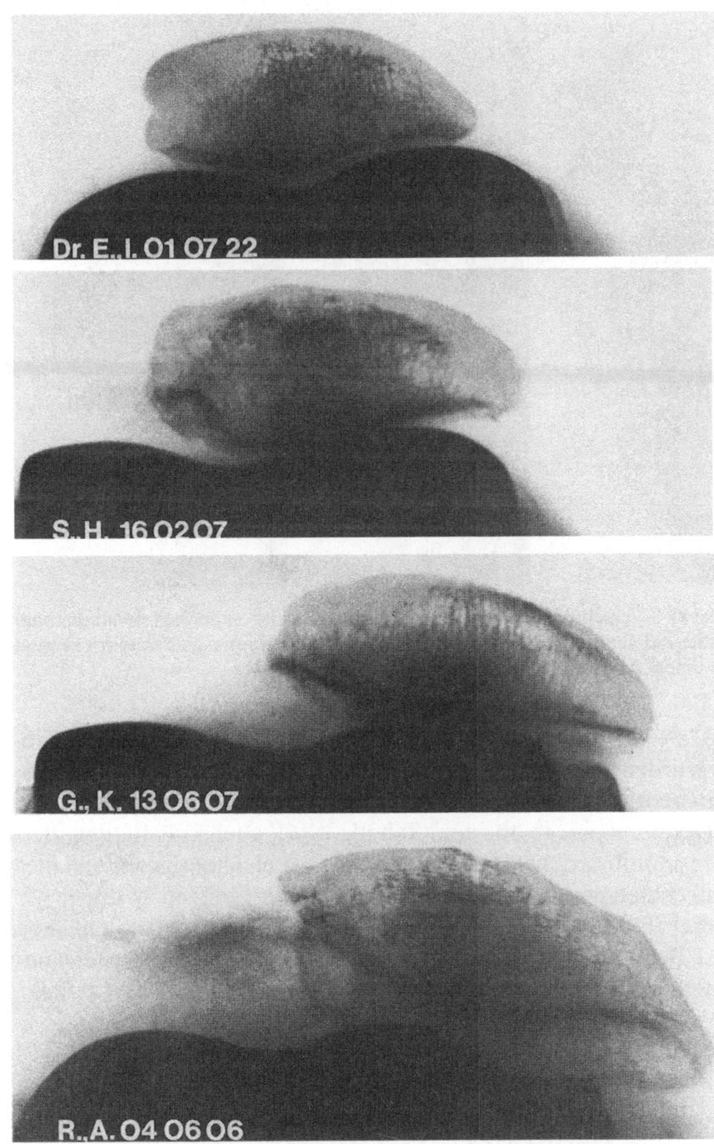

Abb. 42. Einteilung der Patellaposition im axialen Strahlengang von oben nach unten: - zentriert (49%), - mäßig lateralisiert (37%), - subluxiert (13%) und - luxiert (1%)

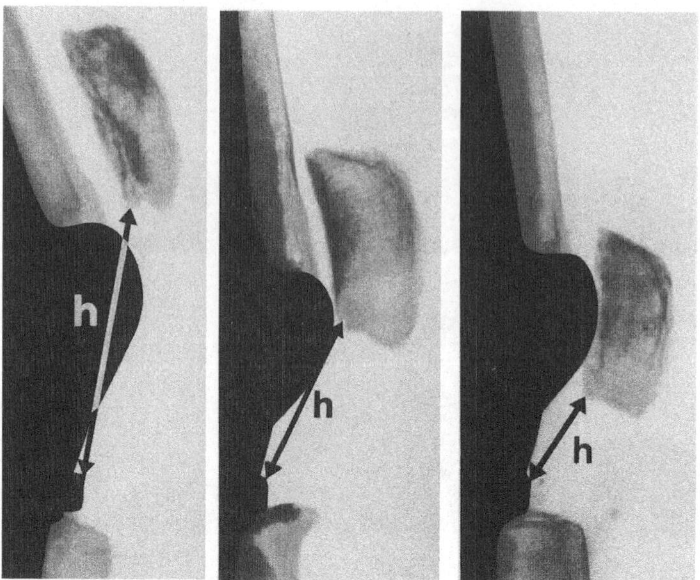

Abb. 43. Verschiedene Patellahöhenpositionen im seitlichen Strahlengang. Die Entfernung der distalen Gelenkflächenkante zur Oberkante des tibialen Plateaus (*h*) zeigt eine Normalverteilung mit einem Mittelwert von 31 mm

31+/−7 mm (Abb. 43). Die Werte sind bei 167 Gelenken, die in Kiel ausgewertet wurden, annähernd normalverteilt, die Extremwerte liegen bei 12 und 55 mm. Patienten mit deutlichen Beschwerden beim Treppensteigen haben eine *tiefere Patellaposition* als die übrigen (Tabelle A46), ebenso Patienten, deren Gelenk in Narkose mobilisiert wurde (Tabelle A47). Bei lateralisierten Kniescheiben sind Anlaufschmerzen und intraartikuläre Ergußbildungen häufiger (Tabellen A48, A49). Ruhe- und Belastungsschmerzen ebenso wie die maximal mögliche Gehleistung und Beschwerden beim Erheben vom Sitz lassen keine Zusammenhänge mit der Patellaposition im seitlichen und axialen Röntgenbild erkennen.

3. Knochenstruktur der Patella

Im axialen Strahlengang ist die Struktur des Patellaknochens bei 52% von 423 Gelenken regelrecht, 35% zeigen unregelmäßige Sklerosierungen, 13% deutliche Osteolysen (Abb. 44). Im seitlichen Strahlengang liegen die entsprechenden Werte bei 49, 30 und 21% von 328 Gelenken. Die Veränderungen im seitlichen und axialen Bild hängen miteinander signifikant zusammen (Tabelle A50). Die Strukturveränderungen sind im Röntgenbild überwiegend in den proximalen und lateralen Patellaabschnitten lokalisiert, seltener distal und medial.

Lateralisierte Kniescheiben weisen häufiger Strukturveränderungen auf (Tabellen A51, A52). Nach intraoperativ ausgedehnten Glättungen und Randresektionen der Kniescheibenrückfläche sind bei 5 von 7 der in Kiel implantierten Gelenke deutliche Strukturveränderungen der Patella im seitlichen Röntgenbild zu erken-

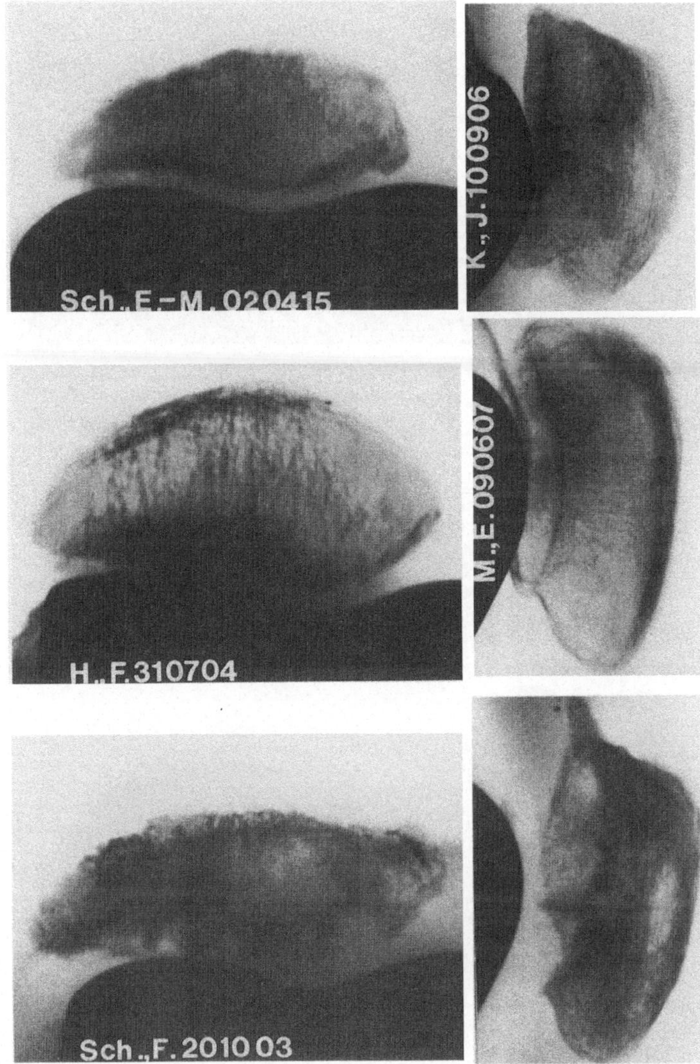

Abb. 44. Schweregrade der Patellastrukturveränderungen im axialen und seitlichen Strahlengang. Die *obere Reihe* zeigt Kniescheiben mit gleichmäßiger Knochenstruktur. In der *mittleren Reihe* ist auf der Axialaufnahme die Sklerosezone ungleichmäßig auf die laterale Patellaseite konzentriert, in der Seitprojektion einer anderen Patella finden sich unruhige Sklerosierungen in der oberen Patellahälfte. In der *unteren Reihe* bestehen auf der Seit- und Axialaufnahme einer Patientin ausgeprägte osteolytische Strukturumbauten

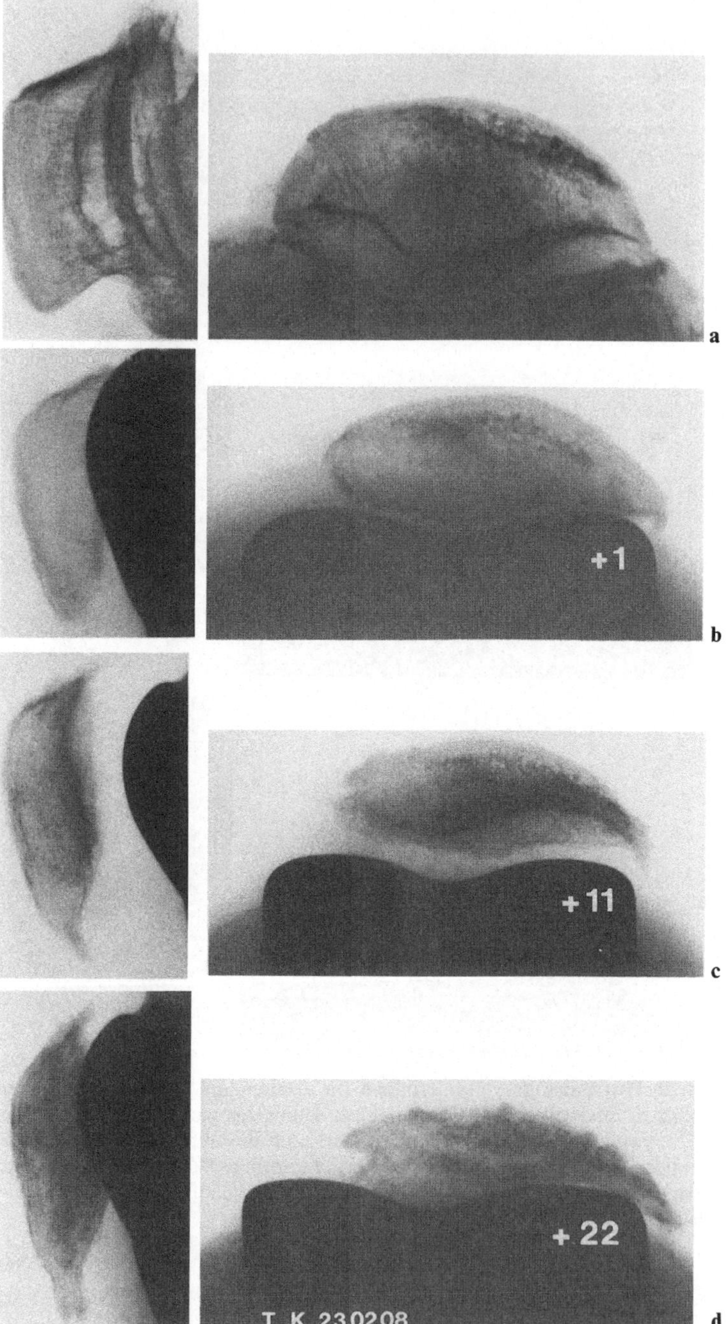

Abb. 45a-d. T. K. Alter bei Protheseneinbau 70 Jahre, chronische Polyarthritis. Die präoperativ vorhandene Sklerose der Patellarückfläche (**a**) wurde bei der Opertion entfernt (**b**). Bereits 11 Monate postoperativ zeigen sich Kantenausziehungen am proximalen und distalen Patellapol und eine verwaschene Knochenstruktur (**c**). 22 Monate postoperativ haben die Veränderungen weiter zugenommen (**d**)

nen (Abb. 45). Wegen der kleinen Zahlen ist eine eindeutige statistische Beurteilung nicht möglich. Eine *Dickenminderung* des Patellaknochens im seitlichen Röntgenbild besteht in dieser Patientengruppe häufiger bei Veränderungen der Knochenstruktur (Tabellen A53, A54), bei Vorliegen eines Streckdefizits (Tabelle A55) und bei längeren Beobachtungszeiten (Tabelle A56). Gleichzeitig mit der Dickenminderung ist fast immer eine konkave Umformung der Patellarückfläche zu beobachten.

Gelenke von Patienten mit *chronischer Polyarthritis* sowie Gelenke, die über einen bogenförmigen Zugang nach *Textor* implantiert wurden, zeigen häufiger Strukturveränderungen im axialen und seitlichen Strahlengang (Tabellen A57–A60). Auch bei gesonderter Betrachtung von Rheumatikern und Patienten mit degenerativen Gelenkerkrankungen hängt die Knochenstruktur im axialen Röntgenbild jeweils mit dem operativen Zugangsweg zusammen (Tabellen A61, A62). Der Bogenschnitt nach Textor wurde allerdings bei den ersten Implantationen fast ausschließlich verwendet, so daß er bei Patienten mit längeren Beobachtungszeiten häufiger ist (Tabelle A63).

Strukturveränderungen im seitlichen *und* axialen Röntgenbild gehen häufiger mit *Anlaufschmerzen, mit Beschwerden beim Treppensteigen und mit eingeschränkten Gehleistungen* einher (Tabellen A64–A69); Veränderungen im seitlichen Bild mit Belastungsschmerzen (Tabelle A70), im axialen Bild mit Beschwerden beim Erheben vom Sitz (Tabelle A71). Auch bei Patienten mit ausgeprägtem *"retropatellaren Schmerzbild"*, also erheblichen Beschwerden beim Treppensteigen, beim Erheben aus dem Sitz oder beim Gehbeginn, liegen deutlichere Strukturveränderungen der Kniescheibe vor als bei den übrigen Patienten (Tabelle 3).

Tabelle 3. Zusammenhang zwischen Knochenstruktur der Patella im axialen *(oben)* sowie seitlichen *(unten)* Strahlengang und „retropatellarem Schmerzbild". Ein leichtes retropatellares Schmerzbild ist gekennzeichnet durch Beschwerden beim Gehbeginn oder beim Erheben aus dem Sitz oder beim Treppensteigen. Beim deutlichen retropatellaren Beschwerdebild sind 2 dieser Tätigkeiten schmerzhaft. In χ^2-Test ist $p < 0{,}05$, CCK = 0,300 *(oben)* und CCK = 0,279 *(unten)*

		Knochenstruktur Patella axial			
		Gleichmäßig	Deutliche Sklerose	Osteolyse	Summe
Retropatellares Schmerzbild	keins	182	102	29	313
	leicht	31	37	18	86
	deutlich	9	8	6	23
	Summe	222	147	53	422

		Knochenstruktur Patella seitlich			
		Gleichmäßig	Deutliche Sklerose	Osteolyse	Summe
Retropatellares Schmerzbild	keins	131	72	38	241
	leicht	25	23	20	68
	deutlich	6	4	8	18
	Summe	162	99	66	327

Tabelle 4. Die Beziehungen zwischen klinischen und röntgenologischen Befunden sind in einer Dreiecksmatrix zusammengestellt. Für Zusammenhänge mit einer Irrtumswahrscheinlichkeit von $p < 0{,}05$ sind die korrigierten Kontingenzkoeffizienten angegeben. Zusammenhänge im Rangtest mit $p < 0{,}05$ sind durch * markiert

	Beobachtungszeit	Gewicht	Alter bei Operation	Beugefähigkeit	Streckdefizit	Patellahöhenstand	Belastungsschmerzen	Ruheschmerzen	Maximale Gehstrecke	Treppensteigen	Erheben vom Sitz	Patellaposition axial	Knochenstruktur axial	Knochenstruktur seitlich	Operativer Zugangsweg	Grunderkrankung	Überwärmung	Intraartikulärer Erguß
Anlaufschmerzen							0,708	0,525	0,346	0,385	0,317	0,220	0,269	0,276		0,164	0,332	0,165
Belastungsschmerzen					*			0,529	0,340	0,337	0,311			0,206			0,337	0,162
Ruheschmerzen									0,261	0,335	0,168						0,234	
Maximale Gehstrecke		*		*	*					0,329	0,584		0,225	0,213		0,263	0,234	
Treppensteigen					*	*					0,366		0,196	0,249		0,294		0,168
Erheben vom Sitz		*		*	*								0,208			0,304		
Patellaposition axial													0,333	0,276				0,153
Knochenstruktur axial														0,765	0,252	0,318		
Knochenstruktur seitlich															0,307	0,267		
Operativer Zugangsweg	*			*														
Grunderkrankung			*															
Überwärmung				*														
Retropatellares Beschwerdebild													0,300	0,279				
Mobilisation in Narkose	*					*												

Zur Übersicht sind die statistisch signifikanten Beziehungen zwischen verschiedenen Einflußgrößen in Tabelle 4 zusammengestellt.

Vor dem Hintergrund der im patellofemoralen Gelenkanteil festgestellten Beschwerden und Veränderungen sollen aus der Vielzahl möglicher Fragen die weiteren Untersuchungen besonders in zwei Richtungen geführt werden: Einerseits gilt es, die *Gefäßversorgung* der Kniescheibe zu überprüfen, weil sich daraus Rückschlüsse auf Schädigungsmöglichkeiten bei der Operation und nachfolgende Veränderungen der knöchernen Patellastruktur ergeben könnten. Zum anderen ist die *Biomechanik* zwischen Metallgleitlager und körpereigener Kniescheibe zu untersuchen, um Aufschlüsse über Belastungsgrößen und mögliche Beschwerdeursachen zu erhalten.

D. Arterielle Gefäßversorgung der Patella, dargestellt durch Injektion und sequentielle Mazeration

I. Material und Methode

1. Injektionstechnik

An menschlichen Oberschenkelamputationspräparaten wird an der Absetzungsstelle eine Kanüle in die A. femoralis eingebunden. Unterhalb des Kniegelenks, etwa am Übergang vom proximalen zum mittleren Drittel des Unterschenkels, wird der Weichteilmantel zusammen mit den Gefäßen durch eine feste Unterbindung komprimiert, um den für die Injektionsmasse erreichbaren Gefäßraum zu begrenzen.

Zur Injektion wird das Epoxidharz Novacote EP 876[1] mit 2% oxidroter Pigmentbeimengung von einem mittleren Partikeldurchmesser von weniger als 10 μm verwendet. Um Luftbeimengungen entweichen zu lassen, liegt zwischen Anrühren und Verarbeitung des Harzes eine Ruhezeit von einigen Minuten. Die Injektion erfolgt mit einer handelsüblichen Spritze über einen Dreiwegehahn durch Handdruck. Der Injektionsdruck wird an einem parallel geschalteten Manometer überprüft und ergibt Maximalwerte von etwa 20 - 30 N/cm^2. Beim Absinken des intravasalen Druckes wird nachinjiziert. Während einer Injektionsdauer von mindestens 30 min werden je Kniegelenk etwa 50 - 70 ml Kunstharz eingebracht.

Mit einem Injektionsdruck von etwa 20 N/cm^2 lassen sich die Hauptversorgungsäste füllen. Ihre Anordnung ist nach der Weichteilkorrosion mit bloßem Auge erkennbar. Durch einen höheren Injektionsdruck von etwa 30 N/cm^2 und mehr sind darüber hinaus Füllungen bis in feinste arterielle Verzweigungen auch im Knocheninneren erreichbar. Teilweise kommt es auch zu einem Übertritt ins venöse System, wobei der aus der V. femoralis austretenden Flüssigkeit Injektionsmedium beigemengt ist. Während des Injektionsvorganges kann die Ausbreitung des Injektionsmediums durch oberflächliche Hautinzisionen überprüft werden. Bei genügender Gefäßfüllung zeigen sich dabei Kunstharzaustritte aus kleinen, direkt unter der Lederhaut gelegenen arteriellen Ästen.

Nach Viskositätszunahme des Epoxidharzes, ca. 2 h später, wird die Unterbindung gelockert und der Unterschenkel im mittleren Drittel abgetragen. In der vorsichtig aufgebohrten tibialen und femoralen Markhöhle werden metaphysär 2 zentrale Markraumschäfte mit PMMA-Zement fixiert. Die Fließfähigkeit des Harzes ist inzwischen soweit herabgesetzt, daß es durch die intraossäre Drucksteigerung

[1] Fa. Höveling, Hamburg.

beim Einzementieren der Schäfte nicht mehr aus den Gefäßen herausgepreßt wird. Die Markraumschäfte werden durch eine Halterung fest miteinander verbunden, so daß Femur- und Tibiateil bei knapp rechtwinkliger Kniebeugung starr zueinander fixiert sind.

2. Schrittweise Mazeration der Weichteile

Nach Aushärten des Kunstharzes werden die Weichteile in 5%iger Kalilauge bei 70° C 3 Tage mazeriert. Die vorderen Präparatanteile werden dabei nur so weit in die Lösung gehängt, daß noch eine hintere Weichteilbrücke über den Flüssigkeitsspiegel herausragt (Abb. 46). Durch Eiweißdenaturierung und Austrocknung des Gewebes verfestigt sich die Weichteilbrücke und bietet den vorne gelegenen Gefäßen, die in die Mazerationslösung hineinragen, ausreichenden Halt. Eine gute me-

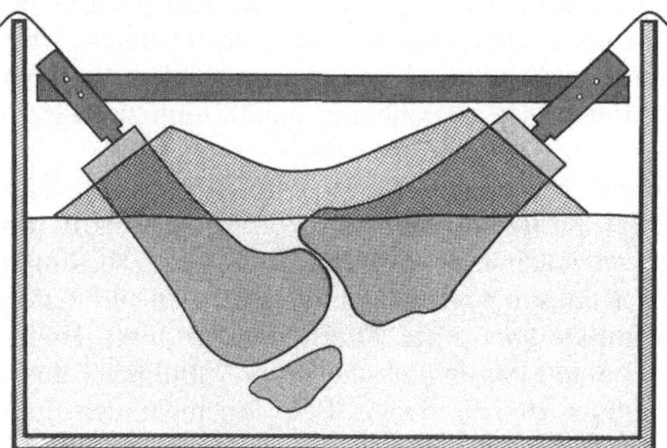

Abb. 46. Zur schrittweisen Mazeration nach der Gefäßinjektion wird das Kniegelenkpräparat an einem Haltegestänge mit der Vorderseite in die Mazerationslösung hineingehängt, so daß dorsal noch eine genügend breite Weichteilbrücke verbleibt, die sich durch Eiweißdenaturierung verfestigt

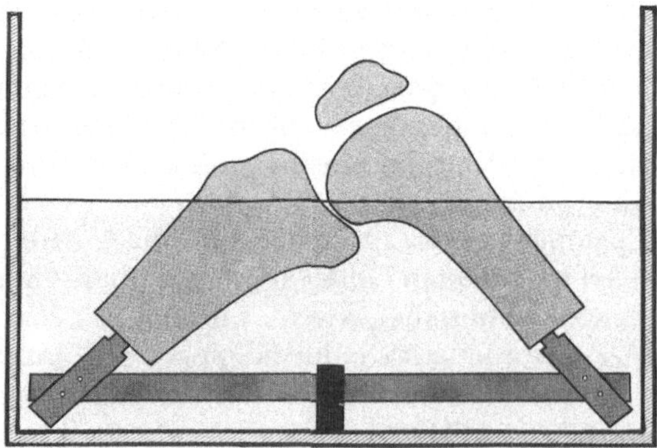

Abb. 47. In einem zweiten Mazerationsschritt werden die dorsalen Weichteile mazeriert, indem das Präparat mit der Rückseite in die Mazerationslösung hineingestellt wird

chanische Stabilität des Gefäßbaumes zeigt sich darin, daß während des Korrosionsvorganges keine Gefäße abbrechen und am Boden des Troges liegen bleiben. Wird abweichend vom beschriebenen Vorgehen in einem Schritt mazeriert, kommt es regelmäßig zu Abbrüchen von Gefäßästen, die sich am Boden des Behälters sammeln. Die Kniescheibe wird durch ein untergelegtes Netz oder Kirschnerdrähte in ihrer Position fixiert, um Gefäßabbrüche durch das Gewicht dieses Knochens zu vermeiden. In einem 2. Mazerationsvorgang wird die verbleibende hintere Weichteilbrücke bei umgekehrter Position des Präparates in der Kalilauge entfernt (Abb. 47). Nach Zwischenwässern und Trocknen ist die arterielle Gefäßverteilung in den Weichteilen sichtbar und kann aus unterschiedlichen Blickwinkeln fotografisch dokumentiert werden. Bei sehr dichter Füllung der Weichteilgefäße bis in kleinste Äste hinein ist es häufig erforderlich, filzartige Gefäßverzweigungen durch mechanische Zupfpräparation vorsichtig zu entfernen, um eine bessere Übersicht über die Hauptversorgungsäste zu gewinnen.

3. Markierung der Knochenoberfläche und Knochenmazeration

Nach Abtragen knochenferner Gefäße und Freilegen der direkt den Knochen versorgenden Arterien wird die Oberfläche des Knochens unter Aussparung der Gelenkflächen mit Akrylharz beschichtet. Dadurch werden die Arterien in ihrer Position fixiert und die Raumform des Knochens bleibt über die nachfolgende Korrosion hinaus erhalten. Die metaphysären Knochenenden werden zusätzlich durch Glasfaserlaminate eingescheidet und verstärkt, um eine Lockerung vom Haltegestänge zu vermeiden.

Der Knochen wird in 10%iger Ameisensäure bei 70° C 3 Tage mazeriert. Der Patellaknochen wird direkt in die Lösung eingelegt, Femur und Tibia an ihren Halterungen in die Mazerationslösung eingehängt. Einzelne kollagenhaltige Bezirke, die durch die Säuremazeration nicht entfernt worden sind, können durch erneute Laugenmazeration und einen anschließenden weiteren Mazerationsgang in Ameisensäure abgebaut werden.

Da an den Korrosionspräparaten die relative Lage der Arterien zu den verschiedenen Weichteilstrukturen nicht mehr erkennbar ist, wird zum Vergleich an anderen Präparaten unter gleichen Bedingungen Latex injiziert. Die Gefäßverläufe werden anschließend im nativen Gewebe oder nach Formalinfixierung in ihrer Zuordnung zu den Weichteilschichten präpariert. Mit den beschriebenen Verfahren werden die Gefäßverläufe an 21 Präparaten dargestellt.

II. Ergebnisse

1. Rete patellae und arterielle Zuflüsse

Das Rete patellae liegt unter den präpatellaren Bursaschichten und der Faszie. Es umgreift die gesamten Patellaumfänge sowie die Patellavorderfläche und wird aus verschiedenen arteriellen Zuflüssen gespeist. Die wesentlichen Gefäßverläufe sind in Abb. 48 dargestellt und werden im folgenden detailliert beschrieben.

a) Lateralseite

Die *A. genus superior lateralis* entspringt der A. poplitea etwas oberhalb des Abganges der A. genus media. Sie zieht mit aufzweigenden Ästen um den lateralen Kondylenschaft herum (s. Abb. 53) und teilt sich vor Erreichen der Patellakante weiter auf (Abb. 49). Vor und hinter der Quadrizepssehne ziehen Arterien nach kranial medial und treten in Verbindung mit dem R. articularis der A. genus descendens. Ein weiterer Ast verläuft parapatellar zwischen Faszie und Retinakulum liegend nach distal lateral und tritt im lateralen Anteil des Hoffa-Fettkörpers in Verbindung zur A. genus inferior lateralis. Nur ein dünnerer 3. Ast tritt bei einigen Kniegelenken auf die Vorderseite der Kniescheibe, um die hier liegenden Weichteile zu versorgen und feine Verbindungen zum diagonalen Hauptversorgungsgefäß des Patellaknochens aufzunehmen.

Als Variante kann ein Zufluß zum Rete articulare sehr früh aus der A. genus superior lateralis abgehen und weiter nach distal verlaufen, um sich dann über dem Kniescheibenrand bogenförmig wieder nach proximal auf die Patellavorderfläche zu legen (Abb. 50). Nach Zusammenschluß mit einem 2., ebenfalls bogenförmigen

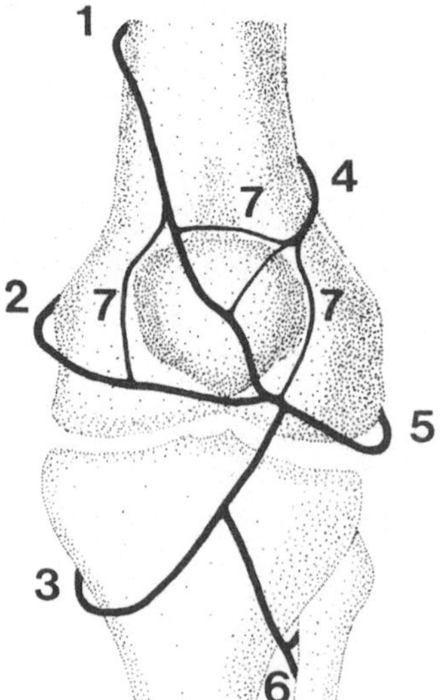

Abb. 48. Schematische Darstellung der Gefäßversorgung der Kniescheibe. *1* R. articularis der A. genus descendens, *2* A. genus superior medialis, *3* A. genus inferior medialis, *4* A. genus superior lateralis, *5* A. genus inferior lateralis und *6* A. recurrens tibialis anterior. *7* peripatellares Ringanastomosensystem

Gefäß aus dem distalen lateralen Hoffa-Fettkörper zweigen über der Facies anterior patellae die Aa. nutriciae in den Knochen ab.

Neben der A. genus superior lateralis stellen sich bei Injektionen mit größerem Druck häufig einzeln oder paarig angelegt parallele, zur Arterie verlaufende Venen dar. Die Gefäßanordnung aus einer zentralen Arterie mit begleitenden Venen kann in histologischen Schnitten bestätigt werden und wird von Staubesand in gleicher Weise beurteilt (persönliche Mitteilung 1986).

Die *A. genus inferior lateralis* entspringt der A. poplitea geringfügig unter dem Gelenkspaltniveau und zieht an der lateralen Tibiaplateaukante im Bereich der lateralen Meniskusbasis um das Gelenk herum (Abb. 53). Im lateralen Anteil des Hoffa-Fettkörpers ist ein „Hauptknotenpunkt" mit Verbindungen zu einer Reihe von anderen Gefäßästen ausgebildet: Von kranial mündet ein Ast der A. genus superior lateralis ein, von distal ein Ast der A. recurrens tibialis anterior (Abb. 51). Das laterale distale Gefäß selbst setzt sich in ein transversales Gefäß im Hoffa-Fettkörper fort. Zuvor wird ein weitlumiger Ast abgegeben, der von distal lateral her bogenförmig um den Rand des Lig. patellae herumzieht. Er verläuft vor den am Knochen ansetzenden Bandfasern zur Vorderfläche der Patella, um hier die zentralen Hauptversorgungsäste in den Knochen abzugeben (Abb. 52, 56). In Höhe des distalen Patellapols besteht eine zusätzliche Verbindung zu einem Endast der A. genus superior medialis (Abb. 55).

Die *A. recurrens tibialis anterior* zweigt von der A. tibialis anterior kurz nach deren Passage zwischen Wadenbeinkopf und Tibia ab (Abb. 54). Ihr Hauptast läuft entweder hinter dem Lig. patellae oberhalb der Tuberositas tibiae schräg nach proximal medial auf die Innenseite des Tibiakopfes und nimmt hier Kontakt mit den Endästen der A. genus inferior medialis auf, oder es können über die Tuberositasvorderfläche hinweg kräftige Verbindungen zwischen medialen und lateralen Gefäßen bestehen.

b) Medialseite

Der *R. articularis der A. genus descendens* zieht, sehr weit von kranial kommend, zum oberen Patellapol und überquert den Patellarand etwas medial der Mittellinie, entsprechend ca. 11.00 oder 13.00 Uhr (Abb. 52). Er setzt sich in das diagonale Hauptgefäß der Patella sowie das parapatellare Anastomosensystem fort, dessen Äste oberhalb der Patellabasis vor der Quadrizepssehne Verbindungen zur Lateralseite herstellen und die an der medialen Patellaseite entlang zum mediodistalen Patellapol verlaufen.

Die *A. genus superior medialis* zweigt sich nach ihrem hohen Abgang aus dem distalen Abschnitt der A. femoralis zur Versorgung der Knieinnenseite fächerförmig in kraniokaudaler Richtung und in übereinanderliegende Schichten auf (Abb. 55). Ein oberflächlicher Ast zieht über das proximale innere Seitenband zur medialen Gelenkinnenhaut und setzt sich nach vorne distal zu den Gefäßen im Hoffa-Fettkörper fort. Ein tiefer Ast zieht bis in Höhe des medialen Tibiakopfplateaus, das er etwas unterhalb des Gelenkspaltniveaus umfährt, um Verbindung mit der A. recurrens tibialis anterior aufzunehmen oder auch an den lateralen Hauptversorgungsast der Patella unter dem distalen Patellapol heranzutreten.

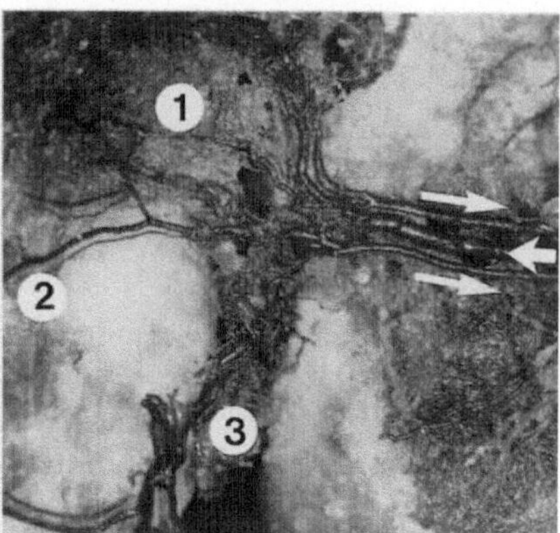

Abb. 49. Die A. genus superior lateralis (*dicker Pfeil*) ist von 2 parallel verlaufenden Venen begleitet (*dünne Pfeile*). Vor Erreichen des lateralen Patellarandes zweigen sie sich in 3 Richtungen auf: 1. Äste, die über die Quadrizepssehne zur Medialseite verlaufen, 2. Gefäße, die in Verlängerung der bisherigen Richtung zu den Weichteilen auf der Patellavorderfläche ziehen, und 3. in eine parapatellare Verbindung nach lateral distal

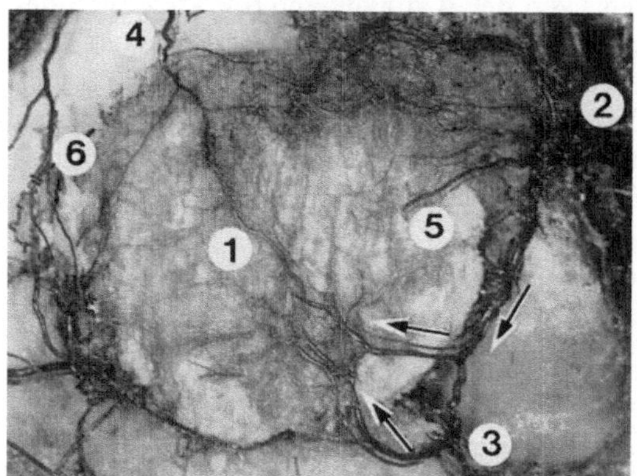

Abb. 50. Patellavorderfläche von vorn mit schräg von distal lateral nach proximal medial ausgerichtetem Gefäßverlauf (*1*), von dem die Aa. nutriciae des Patellaknochens abzweigen. Die distalen Zuflüsse (*Pfeile*) erfolgen durch einen Ast der A. genus superior lateralis (*2*) sowie durch einen zweiten ebenfalls bogenförmigen Zufluß aus der A. genus inferior lateralis (*3*). Der proximale Zufluß erfolgt durch den R. articularis der A. genus descendens (*4*). Zwischen der A. genus superior lateralis und dem Versorgungsgefäß der Patellavorderfläche besteht nur ein sehr dünner Verbindungsast. Das dargestellte kräftige Gefäß (*5*) versorgt die präpatellaren Weichteile. Hinter dem Apex patellae ist die quere Anastomose zwischen A. genus inferior lateralis und den medialen Gefäßen verdeckt. (*6*) mediale, parapatellare Verbindungsgefäße zwischen Aa. genus superior und inferior medialis

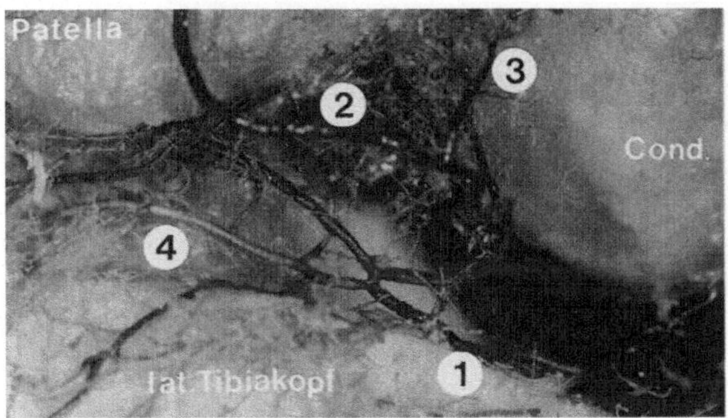

Abb. 51. An der ventrolateralen Seite des Kniegelenks etwas oberhalb des Gelenkspaltniveaus liegt ein arterielles Hauptverzweigungsgebiet: Aus der A. genus inferior lateralis (*1*) entspringend zieht der Hauptversorgungsast der Kniescheibe bogenförmig um den Rand des Lig. patellae herum (*2*) auf die Vorderfläche der Kniescheibe. Auf dem Weg besteht zusätzlich eine parapatellare Anastomose mit der A. genus superior lateralis (*3*). In Verlängerung der A. genus inferior lateralis verläuft eine Arterie (*4*) quer durch den Hoffa-Fettkörper, aus der nach proximal und distal rechtwinklig Gefäße abzweigen. Weiter kranial hinter dem Apex patellae liegt ein zweites Transversalgefäß, das auf der Medialseite in Verbindung mit dem parapatellaren Anastomosensystem steht

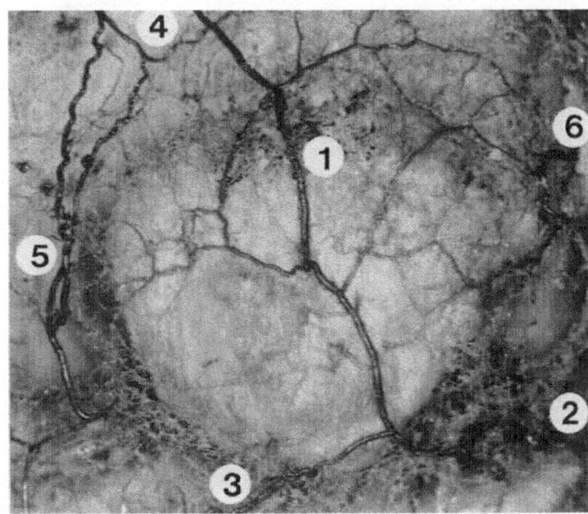

Abb. 52. Patellavorderfläche mit schräg von distal lateral nach proximal medial verlaufendem Hauptgefäß (*1*). Von distal erfolgt die Zufuhr über die A. genus lateralis inferior (*2*) und eine Verbindung zur A. genus medialis inferior (*3*). Der proximale Zufluß stammt aus dem R. articularis der A. genus descendens (*4*). An der Medialseite der Kniescheibe sind parapatellare Verbindungsäste (*5*) zwischen proximaler und distaler Patellaversorgung zu erkennen. Direkte Verbindungen zwischen dem Hauptversorgungsast der Patellavorderfläche und der A. superior lateralis (*6*) sowie den medialen parapatellaren Gefäßen haben nur einen sehr kleinen Querschnitt

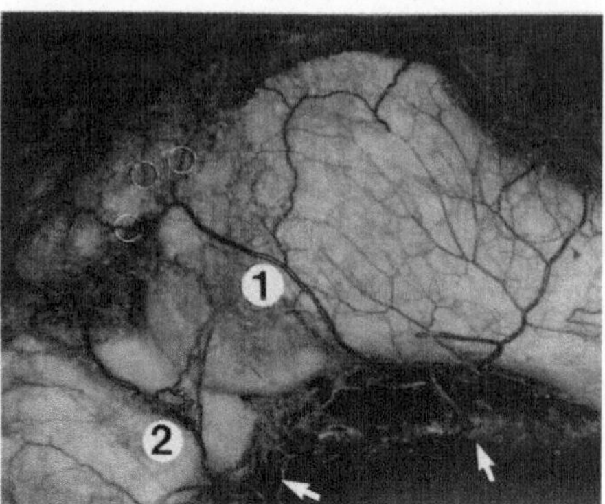

Abb. 53. Blick auf die laterale Kniegelenkseite. Oberhalb des Kondylenschaftüberganges entspringt aus der A. poplitea die A. genus superior lateralis (*1*), zieht, mit einem Hauptast über den Epicondylus lateralis verlaufend, nach vorne zum proximalen, lateralen Patellarand und zweigt sich hier weiter auf (*Ringe*). Die A. genus inferior lateralis (*2*) entspringt etwas unterhalb der tibialen Gelenkfläche und zieht entlang der lateralen Kante des Tibiaplateaus nach vorne

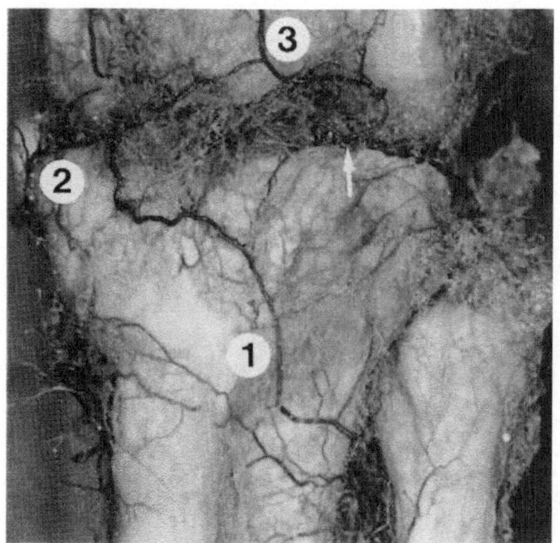

Abb. 54. Blick auf den anterolateralen Tibiakopf. Die A. recurrens tibialis anterior (*1*) zweigt aus der A. tibialis anterior direkt nach deren Durchtritt zwischen Wadenbeinkopf und Tibia ab. Die A. recurrens zieht schräg oberhalb des proximalen Tuberositaspoles nach medial, tritt hier in Kontakt mit der A. genus inferior medialis (*2*), um dann wieder nach lateral zu ziehen und mit dem Hauptversorgungsast der Patellavorderfläche (*3*) in Verbindung zu treten. Dieser Hauptversorgungsast entspringt bogenförmig aus der A. genus inferior lateralis (*Pfeil*) und zieht geschwungen schräg auf die Vorderseite der Kniescheibe

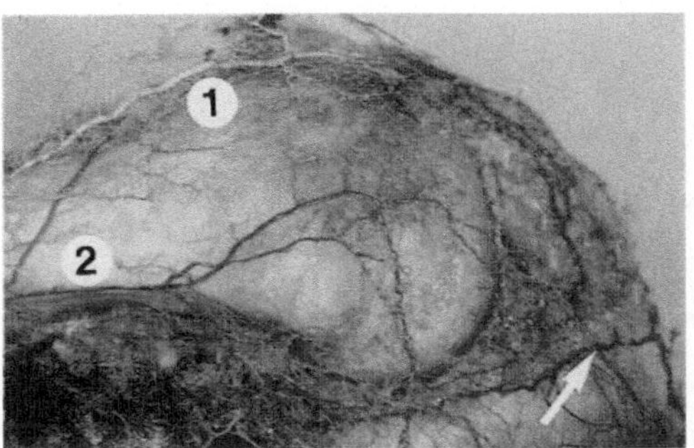

Abb. 55. Medialseite des Kniegelenks. Der R. articularis der A. genus descendens (*1*) erreicht, von sehr weit proximal kommend, die Kniescheibe (in der Abb. *helles* Gefäß). Die A. genus superior medialis (*2*) zieht mit einem ihrer Äste zum medialen Epikondylus, macht einen Knick nach distal, verläuft etwa in Längsachse des Beines und versorgt mit weiteren Ästen die Gelenkinnenhaut. Ein Ast der A. genus superior medialis verläuft in Höhe des medialen Kniegelenkspalts nach vorne um das Gelenk und nimmt hier Verbindung zum distalen Hauptversorgungsast der Patella auf (*Pfeil*)

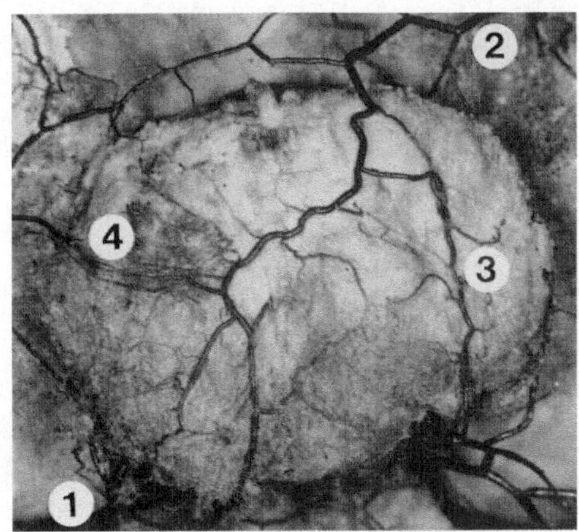

Abb. 56. Patellavorderfläche mit schräg von distal lateral nach proximal medial verlaufendem Hauptgefäß. Zuflüsse aus der A. genus inferior lateralis (*1*) und dem R. articularis der A. genus descendens (*2*). Nach distal medial und proximal lateral bestehen nur dünne Verbindungsäste (*3*, *4*)

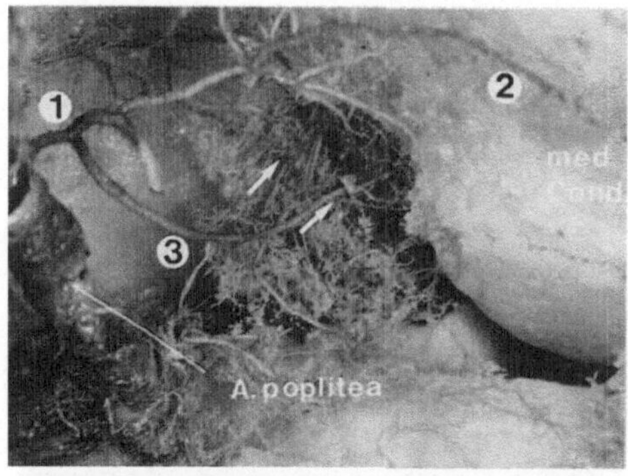

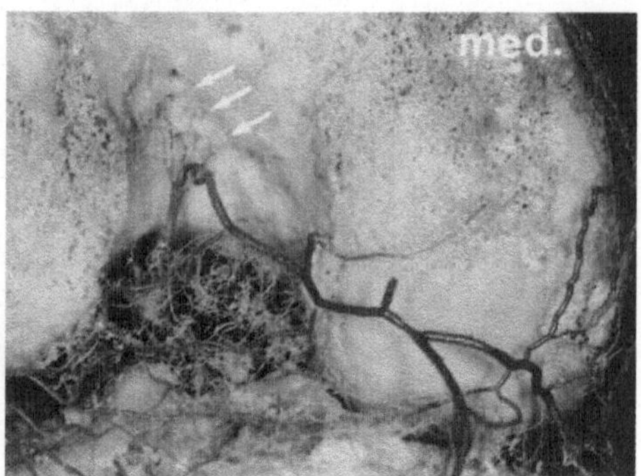

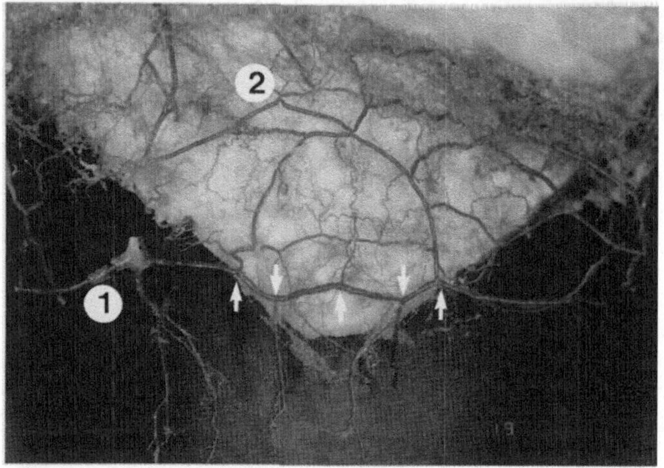

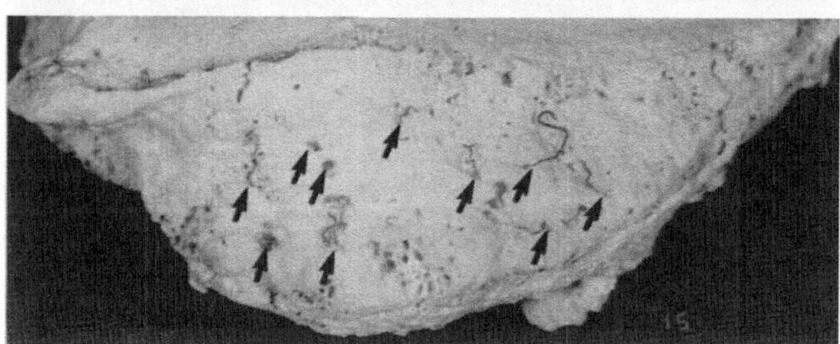

Abb. 57 *(oben links)*. Blick von medial hinten auf die Fossa intercondylaris. Die A. genus media (*1*) zweigt aus der A. poplitea ab und teilt sich kurz nach dem Abgang in mehrere Äste auf, die die dorsale Gelenkkapsel und Kondylenrückfläche versorgen (*2*). Weitere Äste ziehen von hinten in die Fossa intercondylaris (*3, Pfeile*)

Abb. 58 *(oben rechts)*. Blick von vorne in die Fossa intercondylaris. Ein kräftiger Ast der A. genus media gibt Äste zum Dach der Fossa intercondylaris ab (*Pfeile*) und setzt sich nach vorne medial fort, um hier Verbindung mit den Ästen der A. genus superior medialis aufzunehmen

Abb. 59 *(unten)*. In Höhe der Spitze des Apex patellae verläuft in Zickzacklinien ein Transversalgefäß (*1*), von dem an den Knickbildungen jeweils senkrecht nach proximal und distal Gefäße abzweigen (*Pfeile*). Eine weitere Querverbindung liegt etwas unterhalb des distalen Randes der Patellagelenkfläche und versorgt mit feineren Aufzweigungen den Hoffa-Fettkörper (*2*). Das *untere Bild* zeigt die feinen Gefäßeintritte an der Rückseite des Apex patellae. Hier treten insgesamt etwa 10-15 kleinere arterielle Äste in den Knochen ein (*Pfeile*)

Die medialseitigen parapatellaren Verbindungsgefäße zwischen den medial proximalen und medial distalen Gefäßen sind von Faszie und Retinakulum bedeckt und in eine zipfelförmige, proximal mediale Ausziehung des Hoffa-Fettkörpers eingebettet.

Die *A. genus inferior medialis* entspringt aus der A. poplitea distal in Höhe des Gelenkspaltes oder etwas darunter. Sie verläuft zunächst absteigend nach distal und medial um den Tibiakopf herum und tritt vorne in unterschiedlicher Höhe mit der A. recurrens tibialis anterior in Verbindung (Abb. 54).

Die *A. genus media* entspringt in Höhe der Fossa intercondylaris direkt aus der A. poplitea und gibt kurze Äste in die hintere Gelenkkapsel ab (Abb. 57). Kräftige Gefäße treten auf kurzem Wege von hinten in die Fossa intercondylaris ein, versorgen die hier gelegenen Bandstrukturen sowie die Meniskushinterhörner und treten durch eine „Area cribrosa“ (Rogers u. Gladstone 1950) ins Dach der Fossa intercondylaris ein. Bei 2 Gelenken konnte ein kräftiger Ast beobachtet werden, der sich durch die Fossa intercondylaris nach vorne fortsetzt und Verbindung zu den Gefäßzusammenschlüssen am distalen medialen Patellapol aufnimmt (Abb. 58). In diesen Fällen erscheint der mediale Femurkondylus von Endästen der A. genus media zirkulär umschlossen.

2. Hoffa-Fettkörper

Hinter dem Lig. patellae liegen mehrere Querverbindungen zwischen den Arterien der Knieinnen- und -außenseite. Die Gefäße können direkt auf der festen Periostunterlage des Schienbeinkopfes verlaufen, sich der Meniskusbasis anlegen oder in den weichen, verschieblichen Hoffa-Fettkörper eingeschlossen sein.

Eine Anastomose zwischen der A. recurrens tibialis anterior und der A. genus medialis inferior liegt meistens oberhalb des proximalen Tuberositaspoles, z. T. aber auch distal davon. Aufgrund der festen Anheftung am Periost ist diese Querverbindung ohne wesentliche Reservekrümmungen weitgehend gestreckt. Ein 2., relativ geradlinig verlaufendes Quergefäß findet man an der Basis vom Innen- und Außenmeniskusvorderhorn im Bereich des Lig. transversum genus. Eine 3. Querverbindung liegt in Höhe der distalen Begrenzung der Patellagelenkfläche und gibt kurze Seitenäste ab, die an der Rückfläche des Apex patellae in den Knochen eintreten (Abb. 59). Auch die nach dorsal spitz zulaufende Hinterkante des Hoffa-Fettkörpers, die sich zwischen Kondylen und Tibiaplateau einschmiegt, wird besonders von Abgängen dieser Querverbindung versorgt.

Ein weiteres kräftiges Transversalgefäß verläuft häufig mit deutlichen Zick-Zack-Knicken etwa in Höhe des Apex patellae und verbindet die Gefäßzusammenflüsse am medialen und lateralen distalen Patellapol. An den Knickbildungen dieses Transversalgefäßes gehen nach proximal und distal kleine Gefäße in das Gewebe des Hoffa-Fettkörpers ab. Die distalen Gefäße legen sich schürzenartig über den vorderen Schienbeinkopf oberhalb der Tuberositas tibiae, ohne mit den hier verlaufenden Periostgefäßen in Verbindung zu treten.

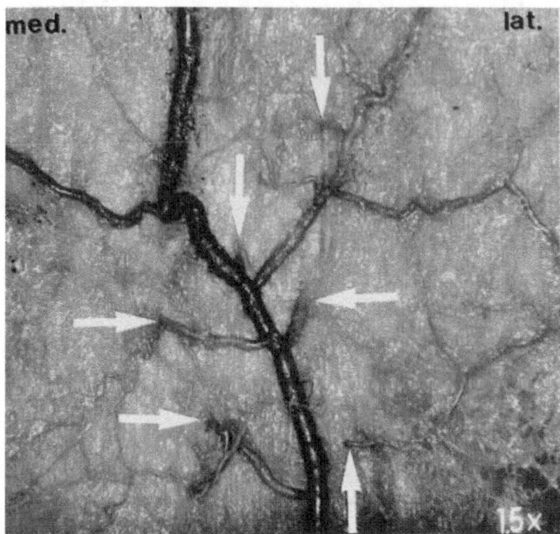

Abb. 60. Vergrößerter Ausschnitt der Gefäßeintrittspunkte in den Patellaknochen (gleiches Präparat wie Abb. 52, S. 65). Die *Pfeile* markieren Eintrittsstellen der Aa. nutriciae, die zum größten Teil direkt vom diagonalen Hauptgefäß schräg nach proximal abgehen. Ein weiterer kräftiger Gefäßeintritt über der medialen Patellavorderfläche ist nicht mit dargestellt

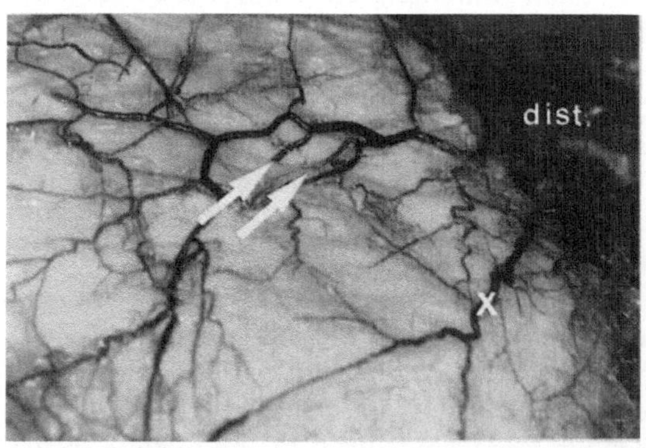

Abb. 61 *(links).* Blick auf die Patellavorderfläche schräg von medial. Die beiden Pfeile markieren Aa. nutriciae, die vom diagonalen Hauptgefäß schräg von vorne unten nach hinten oben abzweigen. Das distal schräg nach medial verlaufende Gefäß (*X*) trägt nicht zur Versorgung des Knochens bei

Abb. 62 *(rechts).* Facies anterior patellae im Korrosionspräparat. Die Foramina nutricia sind lateral vom Zentrum der Patellavorderfläche sowie nahe des medialen Patellarandes angeordnet

3. Arteriae nutriciae des Patellaknochens

Trotz der Vielzahl von Gefäßen, die in das Rete articulare patellae einmünden, wird der Patellaknochen selbst in weitgehend konstanter Weise versorgt: Die kräftigsten Gefäße treten an der Vorderseite der Kniescheibe in den Knochen ein. Die Versorgungsäste zweigen aus einem Hauptgefäß ab, das in schräger Richtung vor den Ansätzen von Lig. patellae und Quadrizepssehne von distal lateral nach proximal medial verläuft. Die Haupteintrittsstellen in den Knochen verteilen sich auf den zentralen Bereich der Patellavorderfläche (Abb. 60). Die kurzen Aa. nutriciae gehen dabei meist spitzwinklig nach kranial hinten von dem Diagonalgefäß ab (Abb. 61). Etwas abseits der übrigen Gefäßeintrittsorte findet man häufig kranial und medial einen zusätzlichen Versorgungsast, der teilweise seine Zufuhr aus einem Seitenast, aber auch direkt vom Hauptdiagonalgefäß erhält. Zusätzliche Gefäßeintrittsstellen kranial und lateral werden demgegenüber nicht beobachtet.

Die Eintrittsorte von Gefäßen in den Knochen sind am gefäßfreien Korrosionspräparat als Foramina nutriciae auf der Facies anterior patellae zu erkennen (Abb. 62). Ihre Anordnung zeigt bei einigen Präparaten eine Trennung von zentraler und medialer Eintrittsregion, bei anderen liegen beide Bereiche dichter zusammen.

An den Patellarändern tritt eine Vielzahl von dünnen arteriellen Ästen in den Knochen ein. Die Patellarandgefäße sind besonders zahlreich am Apex patellae, wo etwa 10–15 kleinere Ästchen unterschiedlichen Kalibers zu finden sind (Abb. 59). An den übrigen Randabschnitten sind Gefäßeintritte seltener zu beobachten. Ein kleiner Ast wird häufig zentral an der Patellabasis sichtbar, vereinzelte Gefäße auch basisnah am medialen und lateralen Patellarand.

4. Intraossäre Gefäßverteilung

Die arteriellen Hauptversorgungsäste der Kniescheibe treten an der Vorderseite in den Knochen ein und setzen intraossär ihre schräge Verlaufsrichtung von vorne distal nach hinten kranial fort (Abb. 63). Fast vom geometrischen Zentrum des Patellaknochens ausgehend, divergieren die 4–5 Äste dann in zentrifugaler Richtung unter baumartiger Verzweigung zum subchondralen Knochen und zu den Patellarandbezirken. An der medialen Facette besteht häufig eine gesonderte arterielle Versorgung über einen eigenen Gefäßeintritt durch die Patellavorderfläche, in Einzelfällen auch über ein kräftiges Gefäß am medialen distalen Patellarand (Abb. 64). Zwischen dem medialen Hauptgefäß der Patellavorderfläche und dem medial distalen Randgefäß können kräftige Anastomosen vorhanden sein (Abb. 65). Verbindungsäste mit äußerst feinem Querschnitt findet man z. T. auch zwischen dem zentralen Gefäßbaum und den übrigen Patellarandgefäßen.

In der subchondralen Zone bildet der zentrale Gefäßbaum arkadenförmige Schlingen aus, von denen kleinere radiäre Gefäße in Richtung auf die Gelenkfläche abzweigen (Abb. 66). Die Patellarandgefäße, die an der Rückseite in den Apex patellae eintreten, erreichen in ihrem Verlauf nicht den subchondralen Knochen, sondern beschränken sich in ihrem Ausbreitungsgebiet auf das Knochengewebe der Patellaspitze (Abb. 67). Der subchondrale Knochen in den distalen Patellaanteilen wird durch rückläufige Äste der zentralen Kniescheibengefäße mitversorgt.

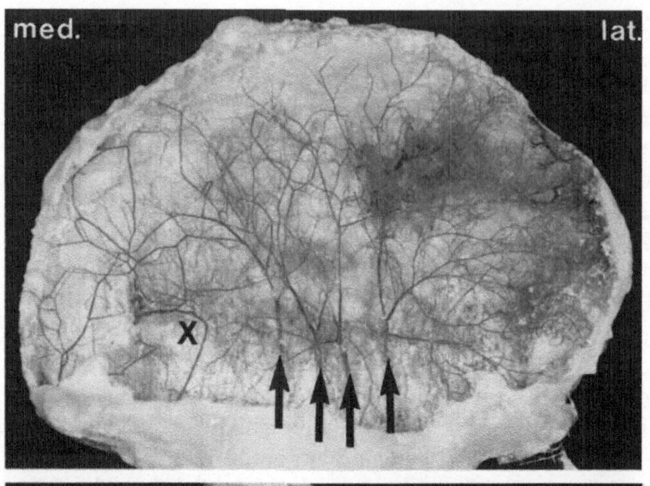

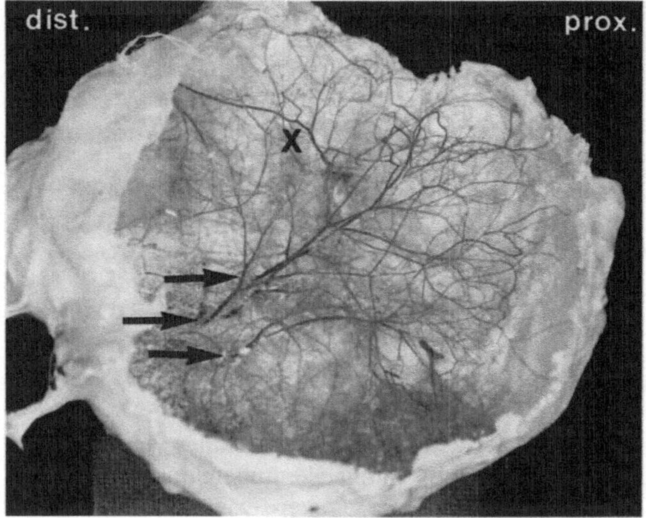

Abb. 63 *(oben).* Blick von der Rückseite ins Innere der Kniescheibe nach Oberflächenbeschichtung und Knochenmazeration. Die zentral eintretenden Gefäße (*Pfeile*) breiten sich in die gesamte Patellaperipherie aus. Einen gesonderten Gefäßeintritt findet man über der medialen Patellafacette. Von hier besteht eine kräftige Anastomose (*x*) zu einem distal medialen Patellarandgefäß

Abb. 64. Blick ins Patellainnere. Nach Gefäßinjektion mit geringerem Druck sind Hauptversorgungsäste dargestellt, die überwiegend auf der Lateralseite eintreten (*Pfeile*), zusätzlich findet man einen kräftigen Ast, der von der distal medialen Patellakante einstrahlt (*1*). Darüber hinaus zieht eine feine Anastomose zum Zentrum der Basis patellae (*2*). *3*=medial parapatellare Gefäße

Abb. 65. Blick ins Knocheninnere der medialen Patellafacette. Zwischen dem medial in die Patellavorderfläche eintretenden Versorgungsast (*1*) und einem Gefäßeintritt am Apex patellae (*2*) sind kräftige Anastomosen vorhanden. Außerdem bestehen feinste Verbindungen zwischen Patellarandgefäßen und zentralem Gefäßbaum am proximalen lateralen Patellarand (*rechts*)

Abb. 66. Schlingenbildung mit radiären Gefäßabgängen im Bereich des subchondralen Knochens der Kniescheibenrückfläche, rechts bei stärkerer Vergrößerung

Abb. 67. Intraossäre Ausbreitung der kleinen Gefäßäste, die an der Rückfläche des Apex patellae (*Pfeile*) in den Knochen eintreten. Der von diesen Gefäßen versorgte Knochenanteil beschränkt sich auf die Patellaspitze

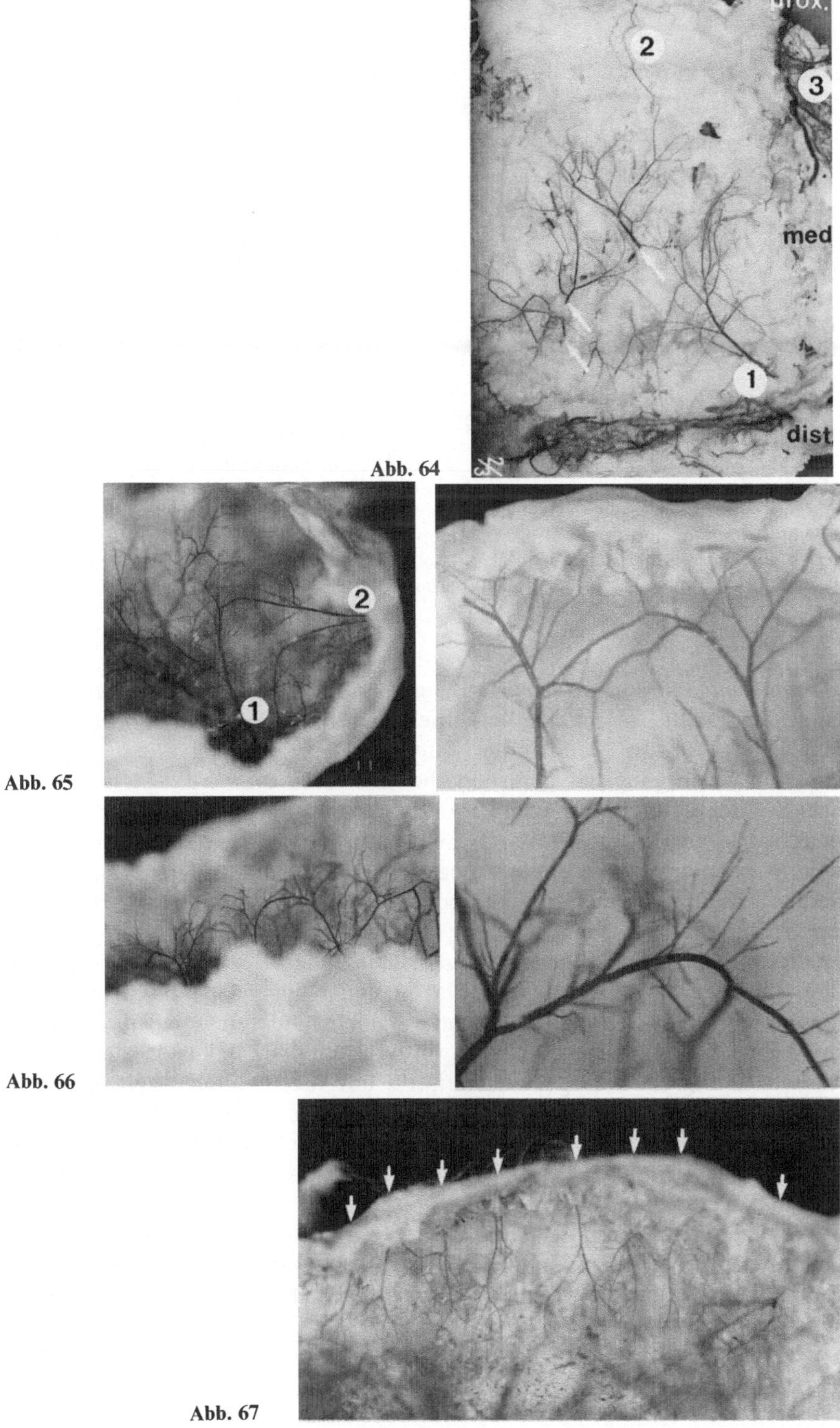

Abb. 64

Abb. 65

Abb. 66

Abb. 67

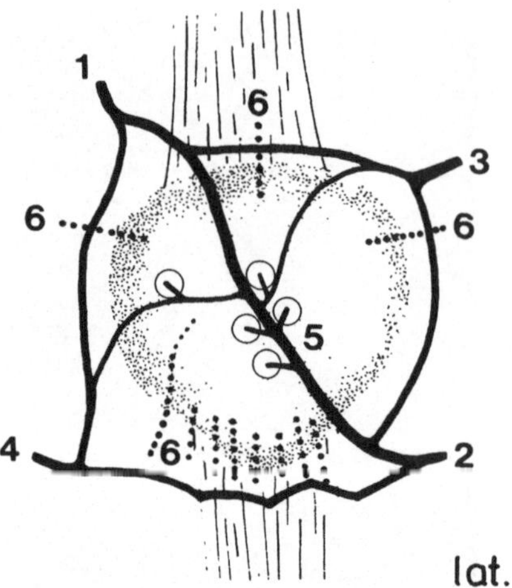

Abb. 68. Schematische Darstellung der arteriellen Blutzufuhr zur Patella: *1* = *R. articularis der A. genus descendens*, 2 = A. genus inferior lateralis, *3* = *A. genus superior lateralis*, 4 Endast der A. genus superior medialis, *5* diagonaler Hauptversorgungsast der Patellavorderfläche. Die Gefäßeintrittspunkte sind durch Kreise markiert. Patellarandgefäße sind am Apex patellae besonders zahlreich (*6*). Am distalen medialen Patellarand findet man bei einigen Präparaten ein kräftiges Gefäß, das mit dem zentralen Gefäßbaum Anastomosen ausbildet

Zusammenfassung der Ergebnisse: Der räumliche Aufbau der arteriellen Versorgung der Patella ist mit der beschriebenen Injektions-Korrosionstechnik direkt darstellbar. Von den Gefäßen des Rete patellae tragen nicht alle in gleichem Ausmaß zur Versorgung des Knochens bei. Der Hauptversorgungsast verläuft überwiegend schräg über die Patellavorderfläche und ist von distal lateral nach proximal medial ausgerichtet (Abb. 68). Seine direkten Zuflüsse stammen proximal aus dem R. articularis der A. genus descendens und distal aus der A. genus inferior lateralis. Varianten können in einer bogenförmigen Verbindung des distalen lateralen Zuflusses zur A. genus superior lateralis und in einer Verbindung nach distal medial bestehen. Die Blutversorgung der Patella selbst erfolgt fast gleichförmig über Gefäße, die an der Vorderseite in den Knochen eintreten und sich unter baumartiger Verzweigung im gesamten Knocheninneren verteilen. Das Haupteintrittsgebiet liegt geringfügig lateral vom Zentrum der Patellavorderseite. Zusätzlich besteht häufig ein kräftiger Gefäßeintritt über der medialen Patellavorderfläche. Die Patellarandgefäße sind demgegenüber dünner. Sie sind besonders an der Rückseite des Apex patellae zu finden und beschränken sich in ihrer Ausbreitung im Knocheninneren fast ausschließlich auf den distalen Patellaabschnitt, der keine Gelenkfläche trägt.

Vor einer Diskussion der Schlußfolgerungen, die sich für den künstlichen Kniegelenkersatz ergeben, sollen im folgenden Abschnitt zunächst die *biomechanischen* Bedingungen untersucht werden, denen das Patellofemoralgelenk bei Knieprothesen unterliegt.

E. Untersuchungen patellofemoraler Belastungen bei verschiedenen Prothesenmodellen

I. Material und Methode

1. Entwicklung eines Simulationsmodells

Zur Simulation statischer retropatellarer Belastungsgrößen wird ein Modellaufbau entwickelt, der gestattet, die relative Position der Gelenkpartner zueinander bei verschiedenen Kniebeugewinkeln reproduzierbar einzustellen (Abb. 69): Die femoralen Prothesenkomponenten werden durch eine Achse geführt und auf einem Tibiaplateau beweglich gelagert. Die Höhe des Tibiaplateaus ist stufenweise verstellbar. Der Femurschaft wird durch eine Hülse nachgebildet, die am Prothesenschaft oder bei kondylären Prothesen an dem zum Einbau verwendeten Kunstharzknochen befestigt ist.

Die Kniescheibe wird in verschiedenen Oberflächenformen aus Kunstharz gegossen. Zur Nachbildung des Knorpel- und Weichteilbelags wird ihre Rückfläche bei den Kontaktflächenbestimmungen mit einer Silikonkautschukschicht von 0,5 mm Dicke überzogen. Die Kniescheibe ist dreh- und schwenkbar mit Metallstäben an der Tuberositas tibiae und an einer feststellbaren Haltevorrichtung am Ende der femoralen Hülse befestigt. Eine Drehspindel gestattet, die Länge des Streckapparats zu ändern, so daß die Patella bei verschiedenen Beugepositionen – in der Regel in 10°-Schritten zwischen 0° und 120° Flexion – dem Gleitlager gegenübergestellt werden kann. In die Quadrizepssehne und das Lig. patellae des Modells ist jeweils ein Miniaturkraftaufnehmer 717-DZ[1] frei drehbar eingebaut. Die Registrierung erfolgt simultan über DMS-Verstärker SKF-7024[2], einen Mehrkanal-YT-Schreiber W+W 306[3] und zusätzliche Zeigerinstrumente[4]. Die Kraftentwicklung wird durch manuellen Druck auf das Femurmodell oder durch ein angehängtes Gewicht simuliert. Das Eigengewicht der femoralen Metallhülse wird dabei durch ein verstellbares Gegengewicht an der Vorderseite der Drehachse ausgeglichen. Die Gelenkbeugung ist an einem fest eingebauten Winkelmesser ablesbar. Zur Bestimmung der eingeschlossenen Winkel zwischen Lig. patellae, Patellalängsachse und Quadrizepssehne wird der Modellaufbau mit einer Lichtquelle aus ca. 5 m Entfernung auf einem Schirm 10 cm hinter dem Modell als orthograde Schattenprojektion abgebildet.

---

[1] Fa. Erichsen, Wuppertal.
[2] Fa. SKF, Schweinfurt.
[3] Fa. W+W Elektronik, Basel, Schweiz.
[4] Fa. Goertz Metrawatt, Nürnberg.

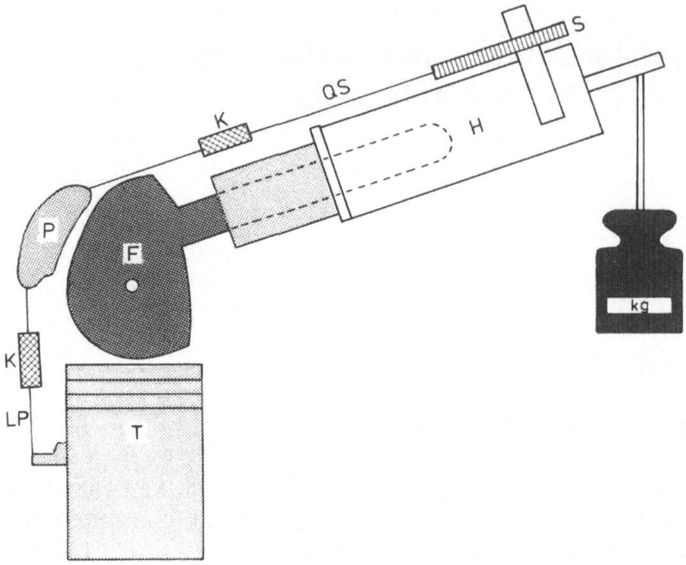

Abb. 69. Schematische Darstellung des Modellaufbaus zur Messung patellofemoraler Belastungsgrößen. Der femorale Prothesenteil (F) ist auf einem Tibiaplateau (T) unterschiedlicher Höhe drehbar gelagert. Der Femurknochen ist durch eine Hülse (H) über den Prothesenschaft nachgebildet. Der Streckapparat aus Quadrizepssehne (QS), Patella (P) und Lig. patellae (LP) ist am Ende der femoralen Hülse befestigt und über eine Spindel (S) verstellbar. In die aus Metallstäben gefertigte Quadrizepssehne und das Ligamentum patellae sind elektronische Kraftaufnehmer (K) eingearbeitet

Da bei kondylären Prothesen keine starre Lagebeziehung zwischen Femur- und Tibiateil besteht, wird das Tibiaplateau zur Vermessung dieser Modelle auf Kugellagern verschieblich montiert und so eine reibungsarme Einstellung der Relativposition der Gelenkpartner in belastetem Zustand in jeder Beugestellung gewährleistet.

2. Anatomische und geometrische Voraussetzungen

a) Bandansätze an der Kniescheibe

Als größtes Sesambein des menschlichen Körpers ist die Kniescheibe in den Bandverlauf des Streckapparats aus Quadrizepssehne und Lig. patellae großflächig eingewoben. Die Ansätze von Quadrizepssehne und Lig. patellae reichen sehr weit auf den Patellarücken. Auf der Fazies anterior patellae besteht eine direkte Kontinuität zwischen den proximal und distal einstrahlenden Fasern (Peters u. Tillmann 1986). Die Ansatzbezirke von Quadrizepssehne und Lig. patellae an Basis und Apex patellae haben unterschiedliche Abstände von der retropatellaren Gelenkfläche.

Im Simulationsmodell sind Quadrizepssehne und Lig. patellae durch Drähte oder Metallstäbe dargestellt, die frei drehbar an der Patella verankert sind. Um die Insertionsorte festzulegen, müssen die breitflächigen Ansatzbezirke im menschli-

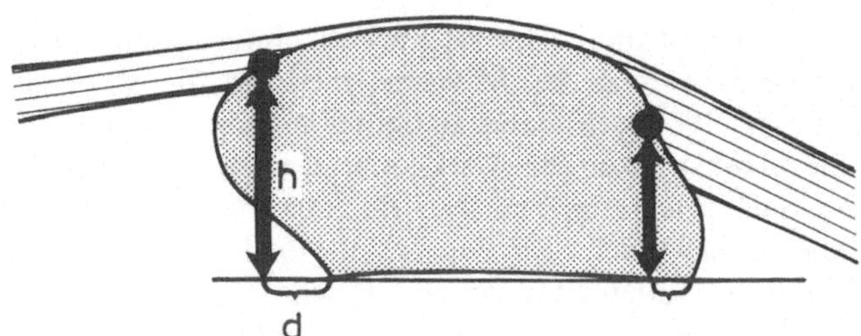

Abb. 70. Die Lage der Ansätze von Lig. patellae und Quadrizepssehne wird an sagittal geschnittenen Knochen-Band-Präparaten vermessen. Aus der anteroposterioren Ausdehnung der Bandansätze wird ein zentraler Ansatzpunkt ermittelt und seine Position relativ zur Patellagelenkfläche bestimmt (*h*, *d*)

chen Körper auf einen idealisierten Ansatzpunkt reduziert werden. Dieser soll, wie auch von Maquet (1976) angenommen, dem Zentrum der jeweiligen Sehnenansätze entsprechen.

Zur Ermittlung von Anhaltszahlen für den Modellaufbau wird die relative Lage der Bandansätze an sagittalen Sägeschnitten der Patella vermessen. Durch die laterale Facette, im Bereich des Patellafirstes und durch die mediale Patellafacette werden an 8 Leichenkniegelenken mittlerer Größe Sägeschnitte gelegt, so daß insgesamt die Geometrie von 24 Profilen überprüft werden kann. Die Auswertung erfolgt über eine maßstabgerechte fotographische Dokumentation. Die Begrenzungen der Bandansätze in der Sagittalebene werden markiert. Die zentralen Ansatzpunkte werden in ihrer relativen Höhe zur retropatellaren Gelenkfläche und in ihren Entfernungen von den Gelenkflächengrenzen nach proximal und distal bestimmt (Abb. 70).

Zwischen proximalem und distalem Bandansatz besteht eine mittlere Höhendifferenz von 3,4 mm entsprechend 7% der größten Länge der Patellagelenkfläche. Der distale Ansatz liegt jeweils weiter vorn als der proximale. Das proximale Ansatzzentrum ist im Mittel um 2 mm oder 4% der Gelenkflächenlänge nach distal gegenüber der oberen Gelenkflächenkante verschoben. Das distale Ansatzzentrum ist gegenüber der unteren Gelenkflächenkante um 3 mm oder 6% der Gelenkflächenlänge nach distal verlagert.

b) Zugrichtung des M. quadrizeps

In der Literatur liegen nur wenige Mitteilungen über die Verlaufsrichtung der resultierenden Zugkraft des M. quadrizeps vor. Kiesselbach (1954, 1955) beschreibt ein Wandern der resultierenden Gesamtzugrichtung des M. quadrizeps in der Frontalebene in Abhängigkeit vom Beugewinkel: In der Nähe der Streckstellung überwiegen die nach lateral gerichteten Kräfte, bei stärkeren Beugegraden seien die nach medial gerichteten Zugkomponenten größer; Winkelmaße werden jedoch nicht im einzelnen angegeben.

Aufgrund elektromyographischer Untersuchungen und Berücksichtigung der anatomischen Verlaufsrichtung der Muskelfasern beschreibt Shinno (1961 c) die Gesamtzugrichtung des M. quadrizeps mit 2° Valgusabweichung von der Sagittalebene. Bei Atrophie der Oberschenkelmuskulatur werde durch eine überproportionale Schwäche des M. vastus medialis die Valgusabweichung verstärkt. Lieb u. Perry (1968) schließen aus einer anatomisch-mechanischen Untersuchung der kniegelenkstreckenden Wirkkomponenten einzelner Quadrizepsanteile auf eine Gesamtzugrichtung, die etwa mit der Femurlängsachse übereinstimme. Als sog. Quadrizepswinkel wird von Insall (1984) die Achsabweichung zwischen Verbindungslinie Tuberositas tibiae - Patella - Spina iliaca anterior superior beschrieben. Normalerweise betrage der Q-Winkel etwa 10-15° (W. Müller 1982, 1985), er variiere mit dem Kniebeugewinkel (Olerud u. Berg 1984). Eine Lagebeziehung zur Sagittalebene läßt sich aus diesen Angaben jedoch nicht ableiten.

Orientierende eigene Messungen an 11 Becken-Bein-Ganzaufnahmen mit physiologischen Achsverhältnissen ergeben für die Verbindungslinie Spina iliaca anterior inferior - Mitte Kniebasislinie eine Valgusabweichung von 3,6° zur Senkrechten auf der Kniebasislinie. Grood et al. (1984) bemerken bei ihren biomechanischen Untersuchungen der Kniegelenkstreckung, daß Änderungen der Quadrizepszugrichtung sich nicht wesentlich auf Meßergebnisse in der Sagittalebene auswirken. Unter Abwägung der aufgeführten Befunde wird in Übereinstimmung mit Hehne (1983) und den graphischen Darstellungen von Seireg u. Arvikar (1975) für den Modellaufbau eine idealisierte Quadrizepszugrichtung gewählt, die um 2° nach lateral vom Lot auf der Kniebasislinie abweicht. In der Seitprojektion wird die Quadrizepszugrichtung parallel zur Femurschaftachse ausgerichtet.

c) Mathematische Modellbeschreibung

Das femorale Prothesenteil dreht sich um die Achse Z. Im Streckapparat des Kniegelenks werden die Quadrizepskräfte (F_Q) über den starren Körper der Kniescheibe (Strecke $\overline{QL}$) auf das Lig. patellae (F_L) und seinen Ansatz an der Tuberositas tibiae T übertragen. Dadurch wirkt im Kontaktpunkt P die patellofemorale Anpreßkraft F_R (Abb. 71). Zwischen F_Q und F_L wird der Winkel α eingeschlossen, zwischen der Längsrichtung der Patella (entsprechend der Verbindungslinie der zentralen Bandansatzpunkte) und der Quadrizepssehne besteht der Außenwinkel β, zum Lig. patellae der Außenwinkel γ, zwischen Tuberositas tibiae und Lig. patellae der Winkel δ. Die Schwerelinie des *Teilkörpergewichts* F_G verläuft bei gebeugtem Knie hinter der Prothesenachse Z und bewirkt über den gedachten Hebelarm g_1 ein beugendes Drehmoment am Kniegelenk. Dies kann durch die Kraftentfaltung im Streckapparat ausgeglichen werden (Abb. 72). Unter Gleichgewichtsbedingungen gilt im Stand mit gebeugtem Knie: Das beugende Drehmoment des Teilkörpergewichts ist gleichzusetzen mit dem streckenden Moment des Lig. patellae.

$$M_{Gew} = M_{Lig} \tag{1}$$

Für die Berechnung der Drehmomente wird Orthogonalität zwischen Hebelarm und Kraft vorausgesetzt. Unter Berücksichtigung des Drehsinns ergibt sich

$$F_G \cdot g_1 = F_L \cdot l_1 \tag{2}$$

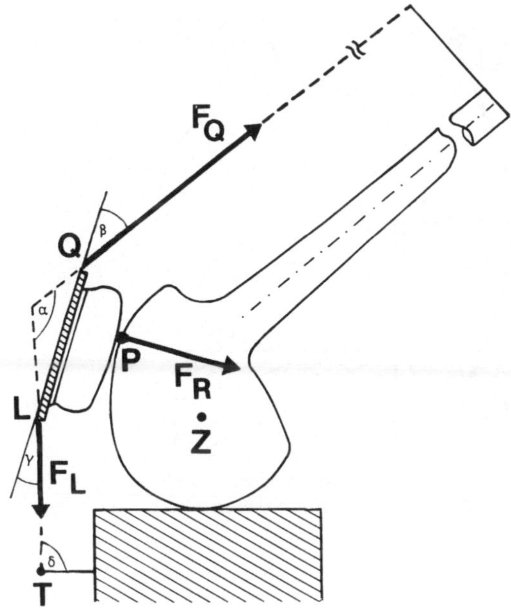

Abb. 71. Lageplan der Kräfte und Winkel im Modellaufbau. Einzelheiten s. Text

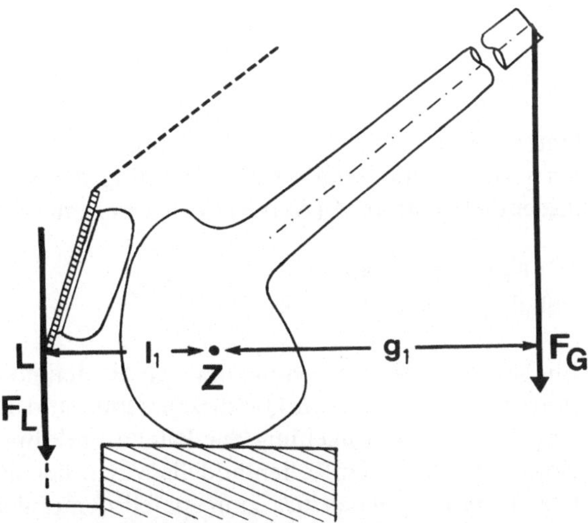

Abb. 72. Gleichgewicht von beugenden und streckenden Momenten im Modellaufbau. Das beugende Moment des Körpergewichtes $F_G \cdot g_1$ wird durch das streckende Moment $F_L \cdot l_1$ im Lig. patellae ausgeglichen

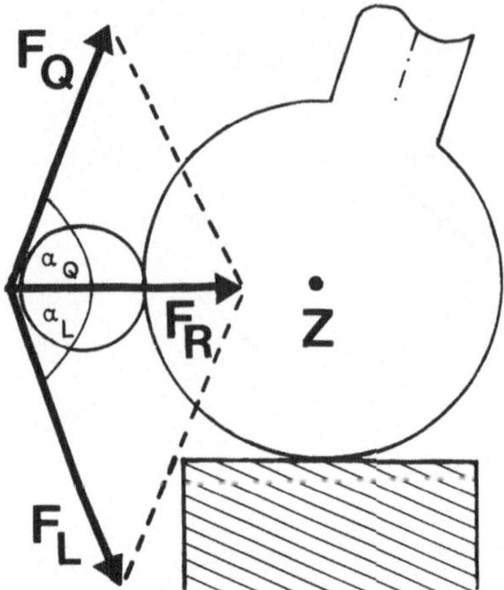

Abb. 73. Modellvorstellung des Patellofemoralgelenks als symmetrisches Rollenlager. Die Resultierende $\overrightarrow{F_R}$ verläuft durch das Prothesendrehzentrum *Z*

Die Hebelarme g_1 und l_1 sind als rechnerische Modellgrößen eingeführt. Je kleiner z.B. l_1 ist, desto größer wird F_L.

Da die streckenden Kräfte in der Quadrizepsmuskulatur am Oberschenkel und nicht direkt an der Tuberositas tibiae entstehen, ist bei gebeugtem Knie eine Umlenkung der Kraftrichtung über Kniescheibe und Gleitlager erforderlich. In einem vereinfachten Modell wird das Patellofemoralgelenk in der Literatur vielfach als reibungsfreies *Rollenlager* angenommen und die Kraft in der Quadrizepssehne der Kraft im Lig. patellae gleichgesetzt (Abb. 73) (Hoffmann-Daimler 1968; Shinno 1961a, b, c, Smidt 1973; Reilly u. Martens 1972; Matthews 1977). Es sei

$$|F_Q| = |F_L| \qquad (3)$$

Unter dieser speziellen Voraussetzung des symmetrischen Rollenmodells verläuft der resultierende Vektor $\overrightarrow{F_R}$ in Richtung der Winkelhalbierenden durch das Prothesendrehzentrum Z (Abb. 72) Er ist in seiner Größe bestimmt durch

$$|F_R| = 2\,F_Q \cdot \cos \alpha/2 \qquad (4)$$

wobei $\alpha_Q = \alpha_L$ und $\alpha_Q + \alpha_L = \alpha$.

Im Unterschied zum symmetrischen Rollenmodell ist die Kniescheibe aber als starrer Körper zwischen Quadrizepssehne und Lig. patellae in den Streckapparat eingefügt. Die Formgebung der Patella und ihres Gleitlagers weicht vom Aufbau eines symmetrischen Rollenmodells wesentlich ab. Die Bandansätze an der Patella liegen *nicht symmetrisch* zum patellofemoralen Kontaktpunkt (Abb. 70). Die Krümmungsmittelpunkte des Patellofemoralgelenks, wie sie durch die jeweilige Prothesenform vorgegeben sind, stimmen nicht mit den Krümmungszentren der Kondylenrollen überein (s. Abb. 84, S. 91). Auch die freie Beweglichkeit der Patella ist durch ihre Fixation am Lig. patellae eingeschränkt. Es entsteht eine *Zwangsführung*, bei der sich der distale Patellapol in der Sagittalebene nur auf einem Kreisbogen mit konstantem Abstand zur Tuberositas tibiae T verlagern kann. Das Patellofemoralgelenk entspricht damit einem *asymmetrischen Scheibenlager* (Abb. 74). Für diesen allgemeinen Fall ergibt sich im Gleichgewicht der resultierende Vektor $\vec{F_R}$ durch Addition von $\vec{F_Q}$ und $\vec{F_L}$ als

$$\vec{F_R} = \vec{F_Q} + \vec{F_L} \tag{5}$$

Bei bekannten Werten von $\vec{F_Q}$ und $\vec{F_L}$ sowie dem Winkel α, den sie einschließen, kann die resultierende Patellaanpreßkraft $\vec{F_R}$ im Vektordiagramm zeichnerisch oder rechnerisch bestimmt werden: Der *Betrag* der resultiernden Kraft $|F_R|$ ergibt sich mit dem Kosinussatz als:

$$|F_R| = \sqrt{F_Q^2 + F_L^2 + 2\,F_Q\,F_L \cos\alpha} \tag{6}$$

Ihre *Richtung* gegenüber den Vektoren $\vec{F_Q}$ und $\vec{F_L}$ ist unter Anwendung des Sinussatzes bestimmt durch die Winkel α_Q und α_L:

$$\vec{F_R} = \vec{F_L} \cdot \frac{\sin(\alpha_L + \alpha_Q)}{\sin \alpha_Q} \tag{7}$$

wobei wie in Abb. 74 $\alpha_L + \alpha_Q = \alpha$

Im asymmetrischen Scheibenmodell verfehlt die Resultierende $\vec{F_R}$ wegen der oben beschriebenen geometrischen und kinematischen Besonderheiten in der Regel das Prothesendrehzentrum Z. Liegt die Resultierende - wie in Abb. 74 - oberhalb des Drehzentrums Z, entsteht ein Versatzmoment M_{R1} mit dem Hebelarm h_1. Da die Summe der Momente der Ausgangskräfte dem Moment der resultierenden Kraft entspricht, gilt im Gleichgewicht:

$$M_{Quadr} + M_{Lig} = M_{R1} \tag{8}$$

und unter Berücksichtigung des Drehsinns

$$F_Q \cdot q_1 - F_L \cdot l_1 = F_R \cdot h_1 \tag{9}$$

Das Versatzmoment $F_R \cdot h_1$ entspricht der Differenz zwischen den Momenten von M. quadrizeps und Lig. patellae. Das Versatzmoment muß - anders als im symmetrischen Rollenmodell, in dem die Resultierende durch das Prothesendrehzentrum verläuft - vom M. quadrizeps zusätzlich zum Moment des Lig. patellae aufgebracht werden. Je größer dieses Versatzmoment, z. B. durch Entfernung der Resultierenden vom Drehzentrum nach proximal, desto größer ist das Moment des M. quadrizeps.

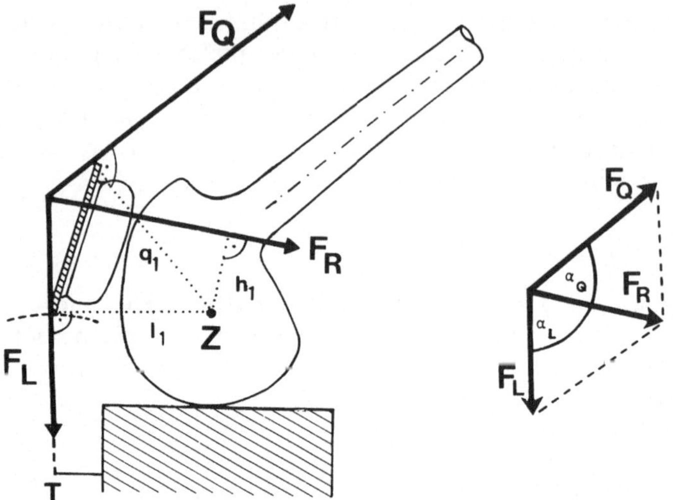

Abb. 74. Kräfte im Patellofemoralgelenk. Im asymmetrischen Scheibenlager ist die Resultierende $\vec{F_R}$ nicht durch das Prothesendrehzentrum Z gerichtet. Die Hebelarme sind als Punktlinien gezeichnet. Die geometrische Vektoraddition (*rechts*) ergibt: $\vec{F_R} = \vec{F_Q} + \vec{F_L}$

Durch Auflösen von Gleichung (8) nach dem Moment des Lig. patellae ergibt sich:

$$F_L \cdot l_1 = F_Q \cdot q_1 - F_R \cdot h_1 \tag{10}$$

und unter Verknüpfung mit Gleichung (2)

$$F_Q \cdot q_1 = F_G \cdot g_1 + F_R \cdot h_1 \tag{11}$$

Der M. quadrizeps muß also, ähnlich wie in Gleichung (9), ein größeres Moment aufbringen, als dem Moment des Teilkörpergewichts im symmetrischen Rollenmodell entspricht.

Die Analyse der am Kniegelenk wirkenden Kräfte muß sich nicht - wie bisher durchgeführt - auf deren Beziehungen zum Prothesendrehzentrum beschränken. Sie läßt sich auch bezüglich des patellofemoralen Kontaktpunktes durchführen. Die Betrachtung der Lagebeziehung der Kräfte im Streckapparat zum patellofemoralen Kontaktpunkt zeigt: Die starre Kniescheibe ist als Hebel (Strecke $\overline{QL}$) anzusehen, der Kippbewegungen um den patellofemoralen Kontaktpunkt P ausführt (Abb. 75). Die Patella ist durch ihre Anbindung am Lig. patellae einer Zwangsführung unterworfen, so daß *keine freie Kippbewegung* auf der Prothesenoberfläche möglich ist.

Im Gleichgewicht ist die Summe der Kräfte und die Summe der Momente auf die Kniescheibe gleich null.

$$M_{Quadr} + M_{Lig} = 0 \tag{12}$$

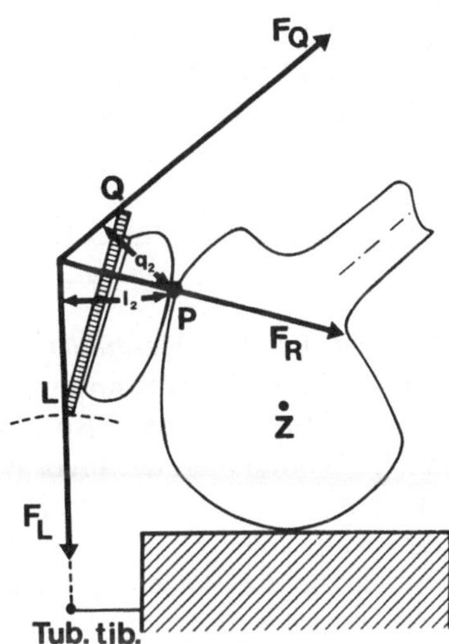

Abb. 75. Die Resultierende $\vec{F_R}$ aus Quadrizepszug $\vec{F_Q}$ und Kraft im Lig. patellae $\vec{F_L}$ verläuft durch den patellofemoralen Kontaktpunkt P. Das Verhältnis zwischen beiden Kräften F_Q/F_L wird durch die Länge der Hebelarme q_2 und l_2 bestimmt

Die Resultierende $\vec{F_R}$ aus Quadrizepskraft $\vec{F_Q}$ und Kraft im Lig. patellae $\vec{F_L}$ verläuft im Gleichgewicht durch den patellofemoralen Kontaktpunkt P und steht unter Vernachlässigung von Reibungs- und Scherkräften senkrecht auf den Oberflächen der Gelenkpartner. Das Kippmoment auf die Kniescheibe ist relativ zum patellofemoralen Kontaktpunkt oberhalb und unterhalb der Kniescheibe gleich groß, so daß unter Berücksichtigung des Drehsinns gilt:

$$F_Q \cdot q_2 - F_L \cdot l_2 = 0 \tag{13}$$

Damit ergibt sich für das Verhältnis der Kräfte in Quadrizepssehne und Lig. patellae:

$$\frac{F_Q}{F_L} = \frac{l_2}{q_2} \tag{14}$$

Die Größe der Kräfte wird bestimmt durch das umgekehrte Verhältnis der Hebelarme zum Kontaktpunkt. Je weiter sich der Kontaktpunkt P aus der Mitte der retropatellaren Gelenkfläche in Richtung auf Q oder L verschiebt und je unterschiedlicher dabei die Hebelarme q_2 und l_2 werden, um so größer wird der Unterschied zwischen $|F_Q|$ und $|F_L|$. Änderungen von q_2 und l_2 entstehen auch durch Differenzen zwischen den Anstellwinkeln α und β.

Die Kräfte, die im Streckapparat implantierter Prothesen wirken, können durch Ermittlung der Differenzen zwischen den Hebelarmen im Modell (g_1, Abb. 72) und bei der physiologischen Kniebeugung (g_{phys}) sowie aus dem Verhältnis zwischen der Gewichtsbelastung im Modellversuch ($F_{G\,mod}$) und dem Körpergewicht

($F_{G\,phys}$) bestimmt werden. Die patellofemorale Belastung am implantierten Gelenk ($F_{P\,phys}$) ergibt sich aus der retropatellaren Anpreßkraft im Versuch ($F_{P\,mod}$) und dem Verhältnis der Drehmomente zwischen physiologischer und Modellsituation:

$$F_{P\,phys} = F_{P\,mod} \cdot \frac{F_{G\,phys} \cdot g_{phys}}{F_{G\,mod} \cdot g_1} \tag{15}$$

Die *elektronischen Meßfühler* stehen senkrecht auf der Verankerungsplatte, die im Sagittalschnitt der Verbindungslinie $\overline{QL}$ zwischen den Bandansätzen entspricht. Die Meßfühler erfassen also „Normalkräfte" auf $\overline{QL}$. Liegt der Gelenkflächenverlauf im Kontaktbereich nicht parallel zu $\overline{QL}$, weicht die Normalkomponente $\overrightarrow{F_N}$ der patellofemoralen Anpreßkraft von der Meßrichtung der Fühler ab und wird damit nur anteilsweise erfaßt (Abb. 76). Größere Fehler können bei bekannter Kontaktzonenlokalisation und Gelenkflächenneigung vektoriell korrigiert werden.

Zusammengefaßt ergibt sich folgendes: Abweichend vom idealisierten Rollenmodell, das zwangsläufig zu einer Gleichheit der Kräfte in Quadrizepssehne und Lig. patellae führt, zeigt eine differenziertere Betrachtungsweise, daß beide Kräfte in der Regel nicht als gleich groß angenommen werden dürfen. Der geometrische Aufbau des Patellofemoralgelenks als asymmetrisches Scheibenlager erfordert die Einführung eines Versatzmomentes und bedingt eine Änderung des Drehmoments des M. quadriceps relativ zum Prothesendrehzentrum.

Die mechanischen Belastungsgrößen im Patellofemoralgelenk sind damit wesentlich bestimmt durch:

- die Lage des Teilkörperschwerpunktes und das angreifende Gewicht,
- die Lage des patellofemoralen Kontaktpunktes und
- den geometrischen Aufbau des femoralen Prothesenteils.

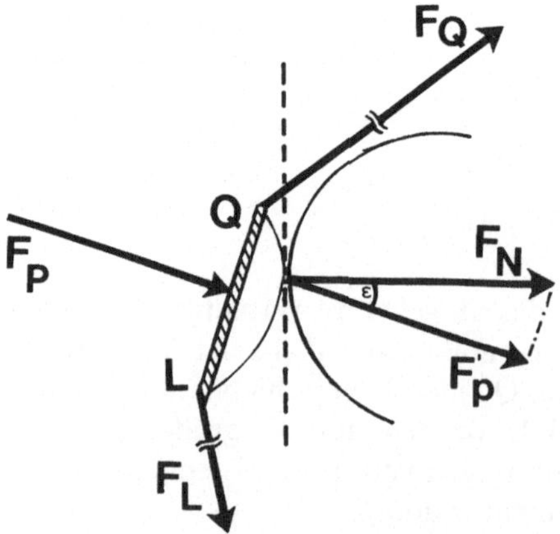

Abb. 76. Die Meßfühler stehen senkrecht auf $\overrightarrow{QL}$. Von Anpreßkräften mit abweichender Richtung ($\overrightarrow{F_N}$, jeweils senkrecht zur Tangente im Berührungspunkt) wird nur eine Teilkomponente $\overrightarrow{F'_P}$ erfaßt, so daß bei größeren Abweichungen, Kenntnis der Oberflächenform und der Lage der Kontaktzonen eine Korrektur der Meßwerte möglich ist ($\overrightarrow{F'_P} = \overrightarrow{F_N} \cdot \cos \varepsilon$)

Diese theoretischen Zusammenhänge der mathematischen Modellbeschreibung sollen anhand der Meßergebnisse überprüft und in der abschließenden Diskussion übergreifend eingeordnet werden.

3. Kontaktflächenbestimmung mit druckempfindlichen Folien

Zur Lokalisation der patellofemoralen Kraftübertragungsflächen wird die zweilagige Druckmeßfolie der Firma Fuji verwendet. Das Meßsystem besteht aus zwei Folien von ca. 0,1 mm Dicke, die aufeinander zwischen die Gelenkpartner gelegt werden (Abb. 80, Ficker et al. 1982). Bei Druckbelastung wird aus der einen Folie ein chemisches Substrat freigesetzt, das in der zweiten Folie mit einem Indikator reagiert. Es entsteht eine druckproportionale Farbreaktion, die über videooptische Auswertungssysteme (Schöpf et al. 1980) analysierbar ist. Von den vier Meßbereichen der Folie wird die Low-pressure-Folie verwendet.

a) Densitometrische Auswertung

Die Auswertung erfolgt über Videoaufnahmen und rechnergesteuerte Analyse der einzelnen Fernsehbildpunkte, wie in Abb. 77 dargestellt. Die Abdrücke werden innerhalb der ersten Woche nach ihrer Herstellung unter konstanter Beleuchtung

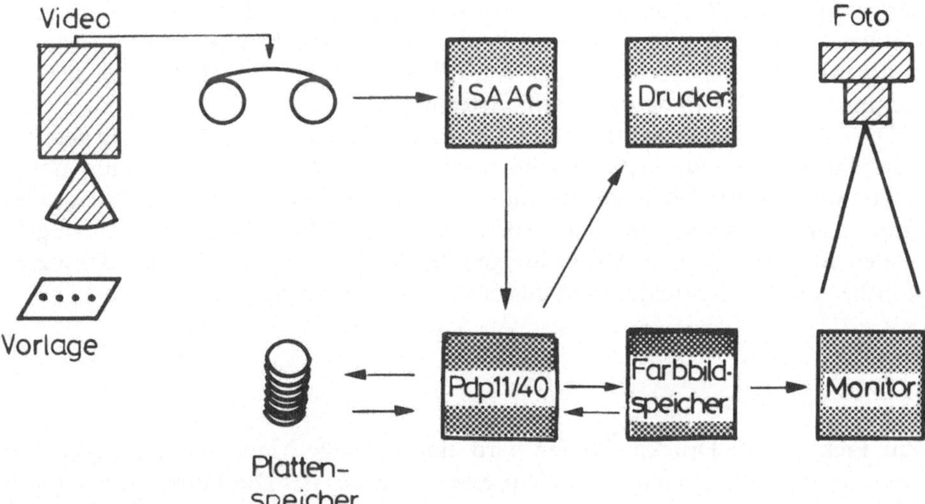

Abb. 77. Flußdiagramm der densitometrischen Auswertung der Druckmeßfolien. Unter konstanten Beleuchtungsbedingungen werden Eichpunkte und Kontaktflächenabdrücke auf Videoband gespeichert und über einen Image Sequence Aquisition and Analysis Computer (ISAAC) digital umgewandelt. Die Meßwerte werden in einem Rechner und Farbbildspeicher ausgewertet und auf einem Monitor und über Druckereinheiten ausgegeben

mit einer Kameramonitoreinheit MC-436[1] und einem U-Matic-Recorder auf Videoband aufgezeichnet.

Zur densitometrischen Auswertung werden in einem Image Sequence Aquisition and Analysis Computer (ISAAC) jeweils 10 aufeinanderfolgende Videobilder je Einstellung in Echtzeit analog-digital umgewandelt und gespeichert (Brennecke et al. 1979). Die Auflösung beträgt 256×256 Bildpunkte bei 256 Helligkeitsstufen (8 BIT)[2].

Die weitere Verarbeitung zur Erfassung von Drucklokalisation und -intensität wird mit einem speziell erstellten Programm auf einem Rechner PDP 11/40[3] und einem Graphiksystem RM-9050[4] durchgeführt. Das Bildrauschen wird durch Mittelwertbildung aus 10 aufeinander folgenden Einzelbildern verringert. Unregelmäßige Helligkeitsverteilungen auf der Bildfläche werden ermittelt und ausgeglichen.

b) Versuchsablauf

Die patellofemoralen Kontaktabdrücke sind zur Auswertung an Referenzpunkten am proximalen und distalen Ende des Patellafirstes ausgerichtet (Abb. 78). Die Berührungsflächen werden auf der medialen und lateralen Gelenkfläche vermessen. Der minimale Grenzdruck zum Hintergrund, der gerade noch eine optische Abgrenzung von der Umgebung gewährt, liegt bei 0,9 N/mm^2. Aus der gesamten Kontaktfläche wird der mittlere sowie der maximale Druck ermittelt.

Die Meßflächen werden entsprechend ihrer Helligkeit in 4 Druckklassen unterteilt und verschiedenfarbig dargestellt. Die Zahl der Bildpunkte einer Kontaktzone wird auf die Flächeneinheit mm^2 umgerechnet sowie als prozentualer Anteil der gesamten Patellagelenkfläche angegeben. Die Lage der Belastungszentren und Flächenschwerpunkte der Kontaktzonen wird als lotrechter Abstand (horizontal und vertikal) zu den Achsen eines Koordinatensystems festgehalten, dessen Ursprung am basalen Ende des Patellafirstes liegt.

Die einzelnen Meßpunkte werden für die mediale und laterale Facette getrennt sowie für die gesamte Gelenkfläche zusammengefaßt auf einem Monitor dargestellt (Abb. 79). Bei jedem Auswertungsvorgang werden 4 Eichabdrücke mit dem gespeicherten Verlauf einer Standardeichkurve verglichen. Falls bei der analog-digitalen Bildumwandlung Abweichungen entstanden sind, werden durch Regressionsberechnung Korrekturen in der Gradation vorgenommen.

c) Folieneichung

Zur Eichung der Druckmeßfolien wird eine spezielle Meßapparatur angefertigt, die nach dem Prinzip einer Spindelpresse aufgebaut ist: Die Folien liegen auf ei-

[1] Fa. Lemke, Gröbenzell.

[2] Die Bildverarbeitung erfolgte in der Abteilung Kindercardiologie und Biomedizinische Technik der Univ.-Kinderklinik Kiel, Direktor Prof. Dr. Heintzen.

[3] Digital Equipment Corp., USA.

[4] Ramtek Corp., USA.

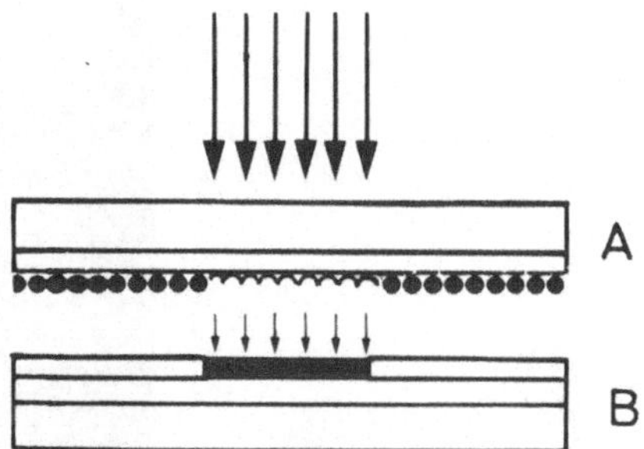

Abb. 80. Druckmeßfolie (Fa. Fuji). In Folie *A* werden durch die einwirkende Belastung mikroverkapselte Substratkugeln unterschiedlicher Größe und Wandstärke eröffnet. Das Substrat ruft eine druckproportionale Farbreaktion der Indikatorfolie *B* hervor

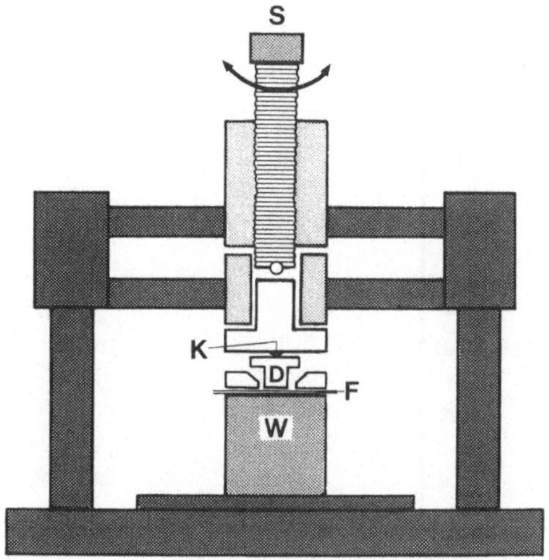

Abb. 81. Die Eichvorrichtung für die Druckmeßfolie ist als Spindelpresse aufgebaut. Durch Drehung an der zentralen Spindel (*S*) wird über einen elektronischen Kraftaufnehmer (*K*) die Folie (*F*) zwischen einem Druckstempel (*D*) und einem planen Widerlager (*W*) in reproduzierbarer Weise belastet

nem plan geschliffenen Metallwiderlager und werden über einen Stempel von 8 mm Durchmesser in reproduzierbarer Weise belastet (Abb. 81). Der Stempel ist durch eine Zentrierscheibe geführt. Der durch Spindeldrehung erzeugte Druck wird über einen elektronischen Kraftaufnehmer an einem Spannungsmeßgerät dargestellt. Der elektronische Kraftaufnehmer wurde zuvor durch Belastung eines Ringkraftaufnehmers[1] für den verwendeten Meßbereich auf seine Linearität hin überprüft.

Zur Herstellung der Eichkurven werden für 9 unterschiedliche Belastungen von 5, 10, 15, 20, 25, 30, 35, 40, 45 daN jeweils 5 Farbabdrücke angefertigt, aus denen visuell der homogenste ausgewählt und in eine Eichreihe eingegliedert wird. Der-

[1] Fa. Tiedemann, Garmisch-Partenkirchen.

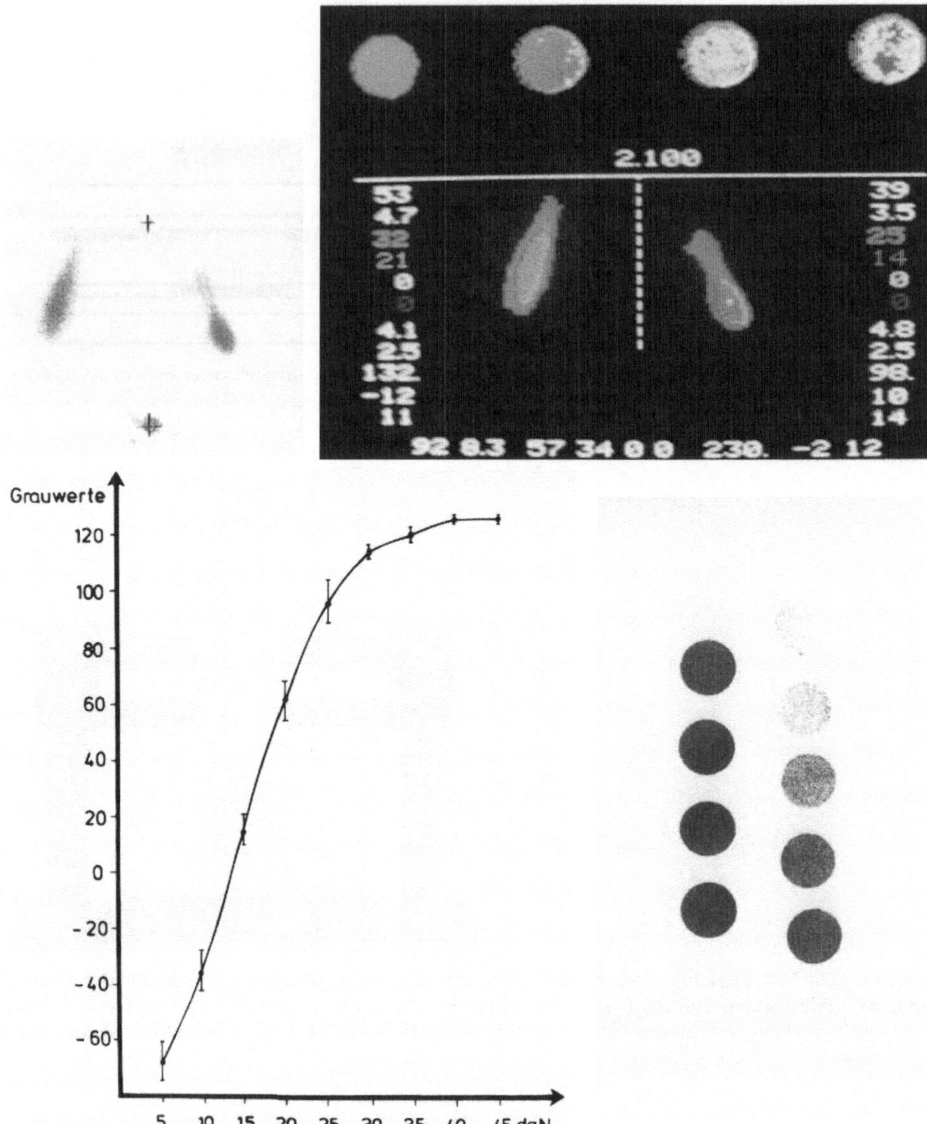

Abb. 78 *(oben links).* Originalabdruck der patellofemoralen Kontaktflächen bei 100° Kniebeugung (Blauth-Prothese, TK39). Die markierten Referenzpunkte (+) liegen am proximalen und distalen Ende des Patellafirstes

Abb. 79 *(oben rechts).* Densitometrische Auswertung der gleichen patellofemoralen Kontaktflächen wie in Abb. 78. Die Druckintensität ist in Farbstufen übertragen. Die Patellagelenkfläche ist vom Hintergrund farblich abgesetzt. Die *Zahlenreihen* auf beiden Seiten geben die Meßwerte getrennt für mediale und laterale Facette an. Von oben nach unten: Kontaktzonenfläche in mm^2 und als prozentualer Anteil der Patellarückfläche, Fläche der 4 Druckstufen in mm^2 (blau, grün, gelb, rot), Maximaldruck, Mitteldruck, Anpreßkraft, Abstand des Kontaktzonenschwerpunktes vom proximalen Referenzpunkt horizontal, vertikal. In der *unteren* Zahlenreihe sind von links nach rechts angeführt: Gesamte Kontaktfläche in mm^2 und prozentual, Gesamtfläche der 4 Druckstufen, Gesamtanpreßkraft, Kontaktzonenkoordinaten horizontal, vertikal

Abb. 82 *(unten).* Eichkurve der verwendeten Druckmeßfolie zwischen 5 und 45 daN. Die Kurve zeigt einen S-förmigen Verlauf mit annähernd linearem Anstieg im zentralen Hauptmeßbereich. Rechts ist die druckproportionale Zunahme der Farbintensität der Eichabdrücke erkennbar

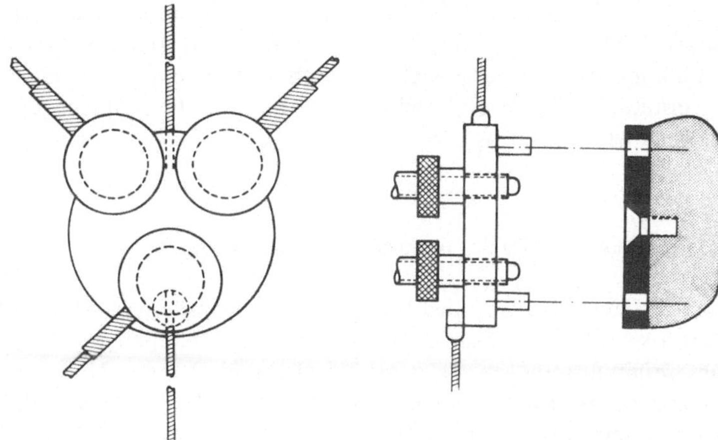

Abb. 83. Meßplattform zur Ermittlung der patellofemoralen Anpreßkräfte. Durch die Dreipunktanordnug der Kraftaufnehmer können auch exzentrische Belastungen der Patellarückfläche erfaßt werden. Die Ansätze von Quadrizepssehne und Lig. patellae sind entsprechend den Vorversuchen asymmetrisch angeordnet

artige Eichskalen werden für jede Folienart 12 mal angefertigt und densitometrisch aufgearbeitet. Aus der optischen Dichte der einzelnen Farbpunkte werden für jede Druckintensität Mittelwert und Standardabweichung zu einer Eichkurve zusammengestellt (Abb. 82).

4. Elektronische Meßanordnung zur Ermittlung patellofemoraler Kräfte

Zur direkten Ermittlung der im patellofemoralen Gelenk wirkenden Kräfte werden die Patellaabgüsse in der Frontalebene durchtrennt und der vordere Patellaabschnitt durch eine Meßplattform ersetzt (Abb. 83). Die Meßplattform ist aus zwei parallelen Messingplatten aufgebaut, deren vordere als Trägerplatte für drei Kraftaufnehmer LFH-71[1] dient. Als günstigste Fühlerposition wurde in Vorversuchen eine Dreipunktanordnung ermittelt, bei der zwei Meßfühler am kranialen Patellarand jeweils hinter der medialen und lateralen Facette und ein Meßfühler zentral am distalen Patellapol liegen. Die patellofemoralen Gesamtanpreßkräfte ergeben sich für jeden Meßvorgang als Addition der drei Einzelmeßwerte, die simultan auf dem Mehrkanal-YT- Schreiber dargestellt werden.

In einer 1. Versuchsserie werden die retropatellaren Kräfte in 10°-Schritten zwischen 0° und 120° Gelenkbeugung bei *konstanter Sehnenzuglast* von 13,5 daN bestimmt. Die Sehnenzugkraft wird durch Druck auf das femorale Hülsenende erzeugt und über den eingebauten Meßfühler anhand eines Zeigerinstrumentes eingestellt. Die wirkenden Sehnenkräfte und deren Zeitverlauf werden gleichzeitig mit den retropatellaren Belastungsgrößen auf einem YT-Schreiber aufgezeichnet.

[1] Fa. Sensotec, Burster Präzisionsmeßtechnik, Gernsbach.

In einer 2. Versuchsserie wird das Patellofemoralgelenk durch ein konstantes Gewicht von 2 kg belastet, das am Femurschaft angreift. Das Gewicht dient zur Simulation des Körpergewichtes durch eine *normierte lotrechte Belastung*, so daß die ermittelten Meßwerte rechnerisch auf statische Belastungen mit dem Gesamtkörpergewicht übertragbar sind.

5. Näherungsmodelle des femoralen Protheseteils

Um die Zuverlässigkeit des Meßaufbaus überprüfen zu können und verschiedene Einflüsse auf die wirksamen Kräfte zu veranschaulichen, werden die Belastungen der Originalprothesen an geometrisch vereinfachten Näherungsmodellen nachvollzogen. Dazu wird die Oberflächenform und die Achslage des Femurteils systematisch verändert (s. Abb. 150, S. 142).

Im 1. Näherungsmodell ist das femorale Prothesenteil als Ausschnitt eines Achtecks mit 50 mm Zentrum-Ecken-Abstand geformt. Ein Drehzentrum liegt im Mittelpunkt des Achtecks, ein zweites ist nach distal und vorne exzentrisch verlagert, so daß der Abstand zwischen Gleitlageroberfläche und Drehzentrum bei zunehmender Beugung kleiner wird.

In einem weiteren Näherungsmodell ist die Gleitlageroberfläche als Rolle mit kreisförmigem Querschnitt ausgebildet, dessen Radius von 50 mm dem Zentrum-Ecken-Abstand des Achtecks entspricht. Auch hier ist eine nach vorne und distal verlagerte exzentrische 2. Achse vorgesehen. Ein 3. Näherungsmodell ist als Rolle mit kreisförmigem Querschnitt von 35 mm Radius aufgebaut.

6. Einschleifversuche der Patellarückfläche

Die Form der Kniescheibenrückfläche wird in den Modellversuchen entsprechend einer „mittleren“ Form gewählt, die beim Protheseneinbau durch Abtragen von Randosteophyten, Glätten und Zurichten der Gelenkflächen entsteht. Um die Auswirkungen von Formveränderungen nachzuvollziehen, wie sie nach längeren Verläufen auf den Röntgenaufnahmen und an entfernten Kniescheiben zu beobachten sind, wird die Kniescheibenrückfläche zusätzlich in Einschleifversuchen verändert. Die Prothese wird dazu gewissermaßen wie eine Raspel benutzt, um die Oberfläche der retropatellaren Gelenkfläche beim Bewegen umzuformen: Die Prothese wird mit einem Zweikomponentenkleber überzogen und mit Schleifmittelkörnern der Körnung 80 bedeckt. Als Kniescheibenmodell wird ein firstförmig zugerichteter Hartschaumblock gegenübergestellt, der an der Rückseite in einem Metallrahmen gelagert und durch Bänder entsprechend dem Verlauf von Lig. patellae und Quadrizepssehne geführt ist. Unter Gelenkbewegung zwischen vollständiger Streckung und rechtwinkliger Beugung - entsprechend den bei Alltagsbelastungen am häufigsten durchlaufenen Bewegungssektoren (Swanson 1980; Rittman et al. 1981; Andriacchi et al. 1982; Murray et al. 1983) - wird die Kniescheibe durch Zug an der Quadrizepssehne gleichmäßig in das schleifmittelüberzogene Prothesengleitlager gepreßt. Größe und Lokalisation der patellofemoralen Druckbelastungen überlagern und summieren sich zu einer Umformung der Patellarückfläche.

II. Ergebnisse

1. Prothesen ohne Patellarückflächenersatz

a) Blauth-Prothese

Das Patellagleitlager der Kniegelenkprothese nach Blauth zeigt in der Seitansicht einen proximalen Kreisabschnitt, der nach distal in eine Ebene und schließlich in eine kreisförmige Kondylenkrümmung übergeht (Abb. 84). In der Frontalebene divergieren die Gleitlagerflanken und setzen sich nach distal in die parallel ausgerichteten Kondylenkrümmungen fort.

Die patellofemoralen Kontaktzonen verlagern sich in den Abdruckversuchen in Abhängigkeit vom Kniebeugewinkel (Abb. 85, S. 115). Bei gestrecktem Gelenk liegen die Berührungszonen zunächst in den distalen Patellaabschnitten und wandern bei Kniebeugung ähnlich wie beim körpereigenen Patellofemoralgelenk nach proximal. Nach dem Erreichen eines Umkehrpunktes verlagern sich die Berührungsflächen bei stärkerer Kniebeugung dann wieder nach distal. Das Ausmaß der Kontaktzonenwanderung zeigt sich anschaulich bei Überlagerung der in 10°-Schritten ermittelten Einzelkontaktflächen. Die Distanz zwischen Schwerpunkt

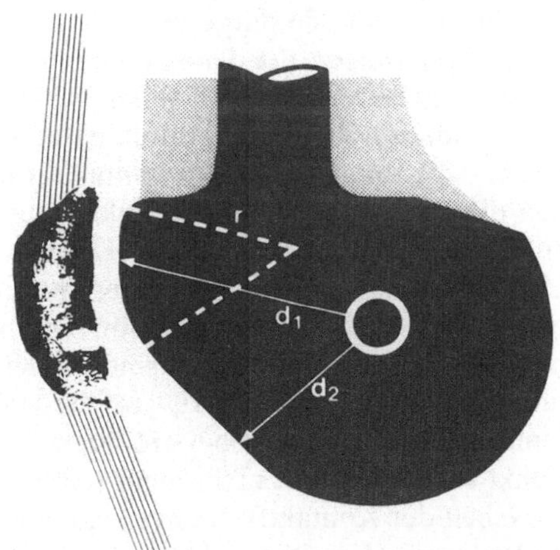

Abb. 84. Schematische Umrißdarstellung des femoralen Prothesenteils, dem die Röntgenprojektion eines Patellasägeschnittes gegenüber gestellt ist. Das Kniescheibengleitlager zeigt im proximalen Anteil im *gestrichelten* Sektor einen konstanten Krümmungsradius (*r*), der nach distal in eine in der Seitprojektion ebene Fläche übergeht. Die Lage des Prothesendrehzentrums ist durch einen *Kreis* markiert. Der Abstand des proximalen, gekrümmten Gleitlagerabschnitts vom Drehzentrum (d_1) ist größer als der des distalen, ebenen Gleitlageranteiles (d_2). Der Patellasägeschnitt zeigt eine verstärkte subchondrale Sklerose und distal zystische Aufhellungen

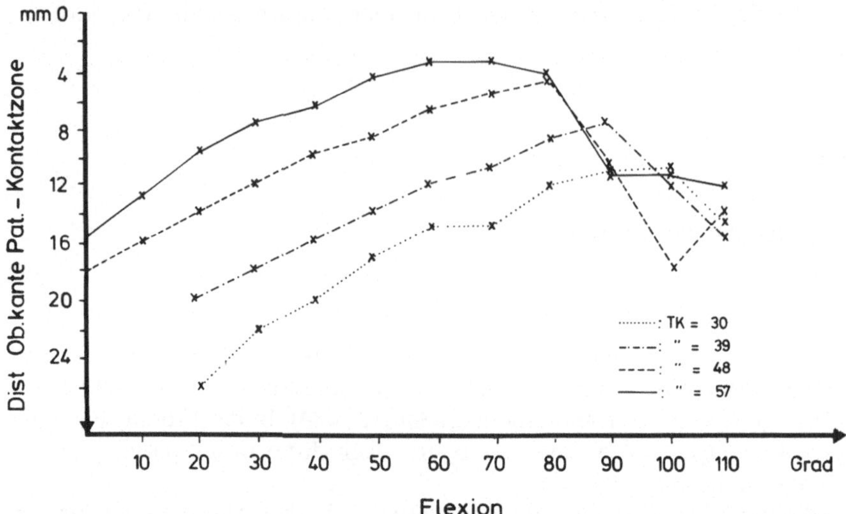

Abb. 86. Wanderungsbewegung der patellofemoralen Kontaktflächen auf der Patellarückfläche in Abhängigkeit vom Kniebeugewinkel. Der Abstand des Kontaktflächenschwerpunktes von einem Referenzpunkt am proximalen Ende des Patellafirstes ist für verschiedene Kniescheibenhöhenpositionen aufgetragen. Mit zunehmend tieferer Patellaposition (TK 57) verschieben sich die gesamten Kontaktbereiche auf der retropatellaren Gelenkfläche nach proximal. Die Umkehrpunkte der Kurve werden jeweils bei kleineren Beugewinkeln erreicht

der jeweiligen Kontaktfläche und dem Referenzpunkt am kranialen Firstende der Patella ist in Abb. 86 dargestellt.

Bei Änderungen der Patellahöhenposition bleiben die Verlagerungsmuster der Kontaktflächen weitgehend gleich. Allerdings werden z.T. nur einzelne Abschnitte der Wanderungsbewegung durchlaufen: Je niedriger die Patella steht, desto weiter liegen die Kontaktbezirke proximal auf der Patellarückfläche und desto eher werden die proximalen Umkehrpunkte durchlaufen. Bei weiterer Kniebeugung wird auch die Distalverlagerung der Kontaktzonen beendet und nach einem zweiten Umkehrpunkt sogar eine erneute, kranial gerichtete Bewegung oder eine gleichbleibende Kontaktflächenposition erkennbar (Abb. 86, Vers. TK57, TK48). Bei hochstehenden Kniescheiben sind die Kurven insgesamt parallel in schräger Richtung nach proximal und zu größeren Kniebeugewinkeln verschoben. Der erste Umkehrpunkt wird erst bei größeren Beugewinkeln erreicht, der zweite Umkehrpunkt z.T. überhaupt nicht mehr (Abb. 86, Vers. TK30).

Neben der Kontaktflächenverschiebung in kraniokaudaler Richtung ist auch eine Verlagerung in Querrichtung zu beobachten. Bei gestrecktem Gelenk liegen die Kontaktflächen zunächst nahe dem Patellafirst, entfernen sich bis zum Erreichen des ersten Umkehrpunktes geringfügig vom First, um dann schräg auf die firstfernen Gelenkflächenanteile auszuwandern (Abb. 85, S. 115). Die Divergenz ist lateralseitig ausgeprägter als medial. Nach Erreichen des zweiten Umkehrpunktes ist die Seitverlagerung abgeschlossen, und die Kontaktzonen verschieben sich bei weiterer Beugung firstparallel.

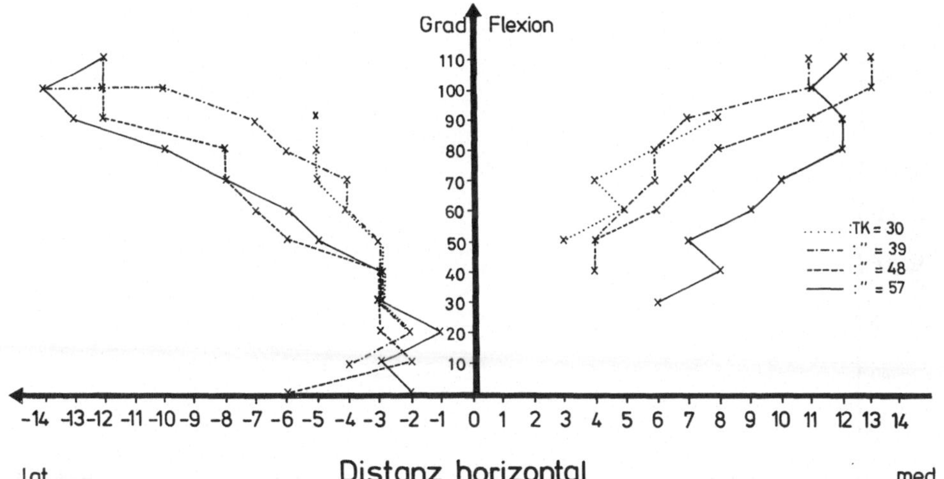

Abb. 87. Die Verlagerungen der Kontaktzonen in Querrichtung sind in Abhängigkeit vom Kniebeugewinkel aufgetragen. Mit zunehmender Flexion zeigt sich eine Divergenz der Kontaktflächen vom First

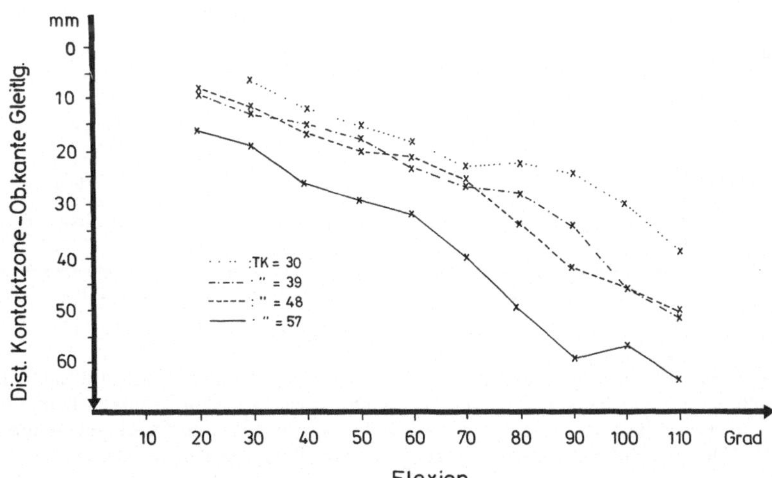

Abb. 88. Blauth-Prothese. Verlagerung der patellofemoralen Kontaktzonen auf dem femoralen Gleitlager: Mit zunehmender Gelenkbeugung wandern die Kontaktzonen nach distal. Bei tiefer Patellaposition (TK 57) liegen die Kontaktzonen weiter distal auf dem Gleitlager als bei höherer Patellaposition (TK 30)

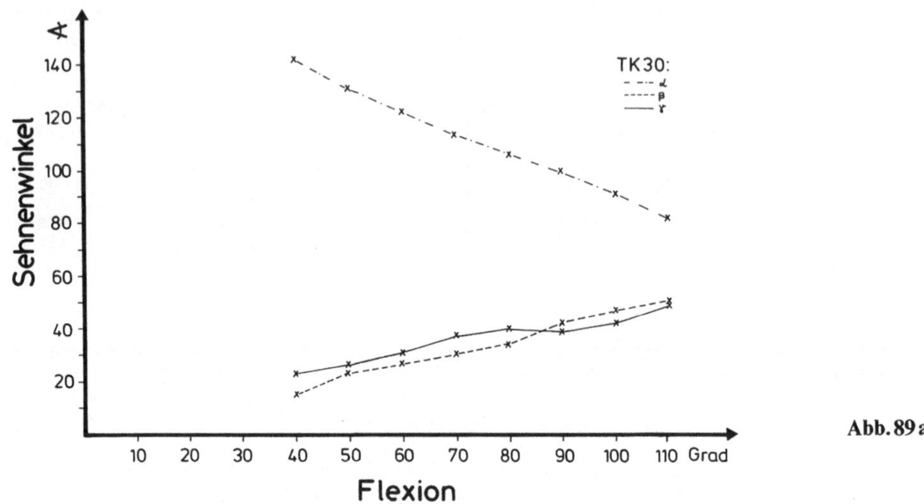

Abb. 89 a

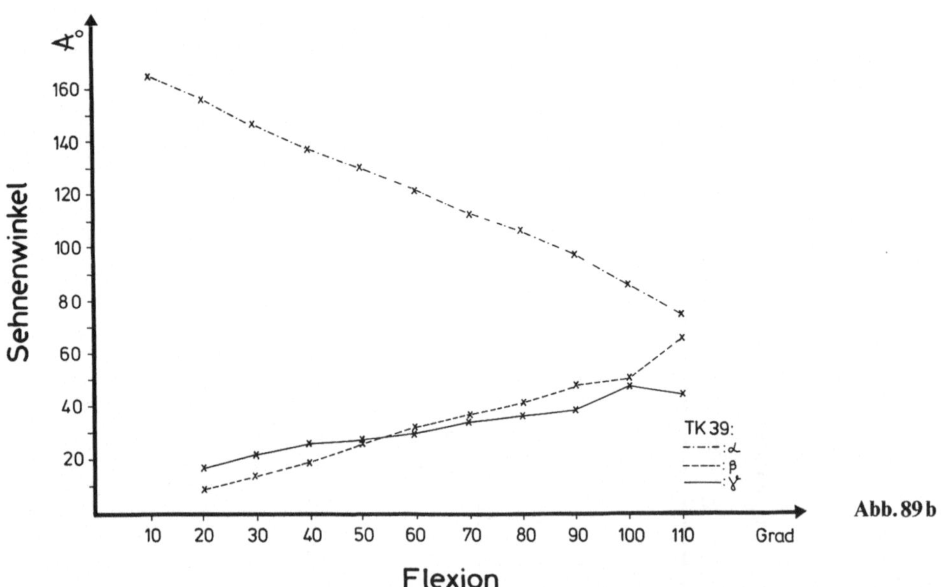

Abb. 89 b

Abb. 89 a-d. Eingeschlossener Winkel α zwischen Quadrizepssehne und Lig. patellae, der bei zunehmender Kniebeugung gleichmäßig kleiner wird. Die beiden unteren Kurven entsprechen den Außenwinkeln β und γ zwischen Längsachse von Patella und Quadrizepssehne sowie Lig. patellae. Die Anstellwinkel steigen mit zunehmender Beugung gleichmäßig an

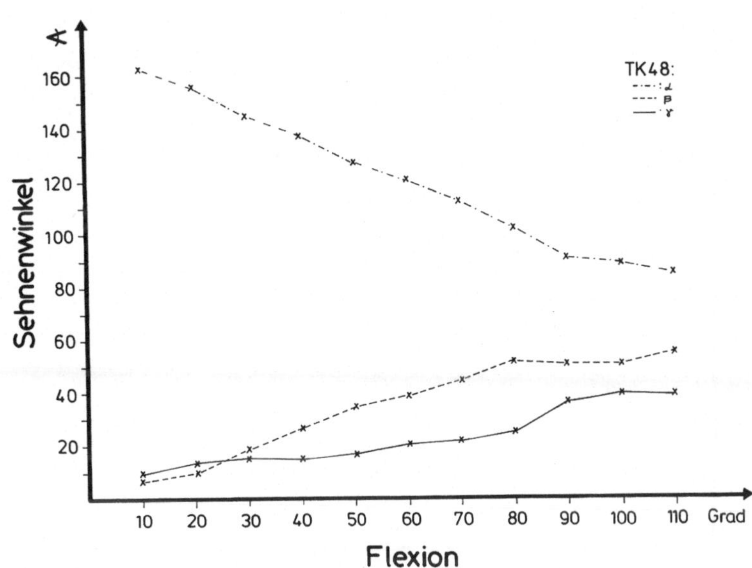

Abb. 89 c

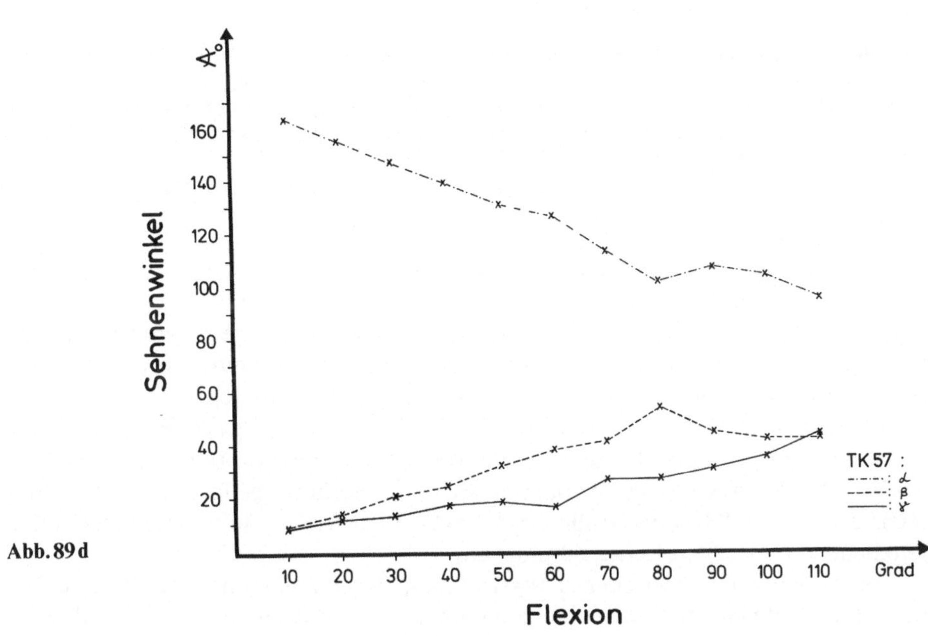

Abb. 89 d

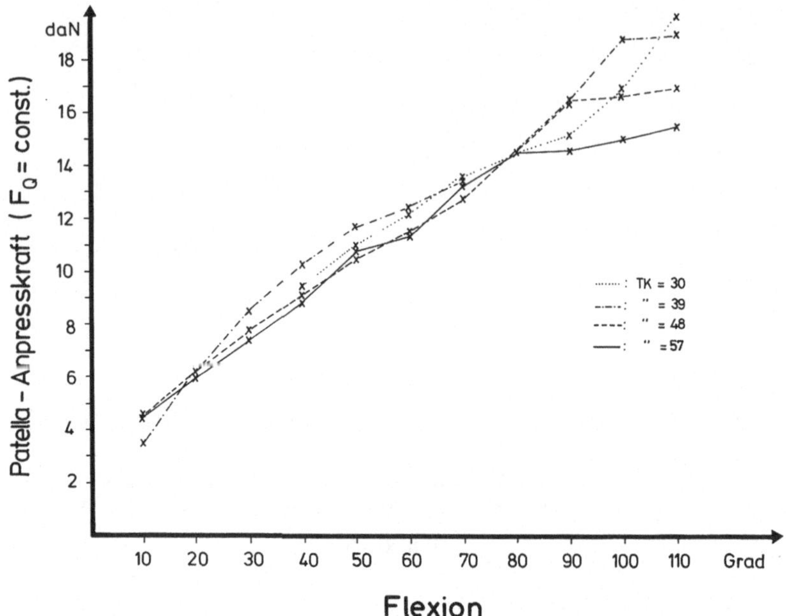

Abb. 90. Retropatellare Kräfte bei konstanter Sehnenzugkraft von 13,5 daN. Mit den elektronischen Meßfühlern läßt sich bei konstanter Quadrizepszugkraft ein gleichförmiger Anstieg der patellofemoralen Anpreßkräfte mit zunehmender Beugung feststellen. Bei tiefstehenden Kniescheiben (TK 57) knicken die Kurven eher zu einem horizontalen Verlauf ab als bei hochstehenden (TK 39) (Umwicklungseffekt!)

Abhängig vom Patellahöhenstand entstehen im Diagramm schräge, annähernd gleichsinnig verlaufende Bewegungskurven der Kontaktflächenschwerpunkte. Bei tieferem Patellastand werden die Umkehrpunkte bereits bei geringeren Beugewinkeln erreicht. Die Divergenz der Kontaktflächen setzt eher ein und erreicht firstfernere Anteile (Abb. 87, Vers. TK 57). Bei Kniescheibenhochstand bleiben die Kontaktzonen näher am Patellafirst. Sie erreichen unter ausschließlicher Proximalverlagerung bei 100° Flexion gerade den ersten Umkehrpunkt (Abb. 87, Vers. TK30). Auf dem Geitlager verlagern sich die Berührungsflächen gleichförmig nach distal (Abb. 88). Die Größe der Kontaktflächen steigt mit zunehmender Gelenkbeugung von 20 auf etwa 60 mm^2 an.

Die Außenwinkel zwischen Längsrichtung der Patella und Quadrizepssehne und Lig. patellae nehmen mit zunehmender Kniebeugung gleichmäßig zu (Abb. 89).

Bei einer konstanten Zugkraft von 13,5 daN in der Quadrizepssehne steigen die patellofemoralen Anpreßkräfte mit zunehmender Kniebeugung gleichmäßig an (Abb. 90). Dies zeigt sich in den Messungen mit elektronischen Kraftaufnehmern in gleicher Weise wie in den Folienversuchen (s. Abb. 97, S. 103). Die Streubreite der mit Druckmeßfolien ermittelten Werte ist jedoch größer, so daß sich keine eindeutigen Unterschiede zwischen den verschiedenen Patellahöhenpositionen ergeben. Systematische Unterschiede in Abhängigkeit vom Patellahöhenstand zeigen

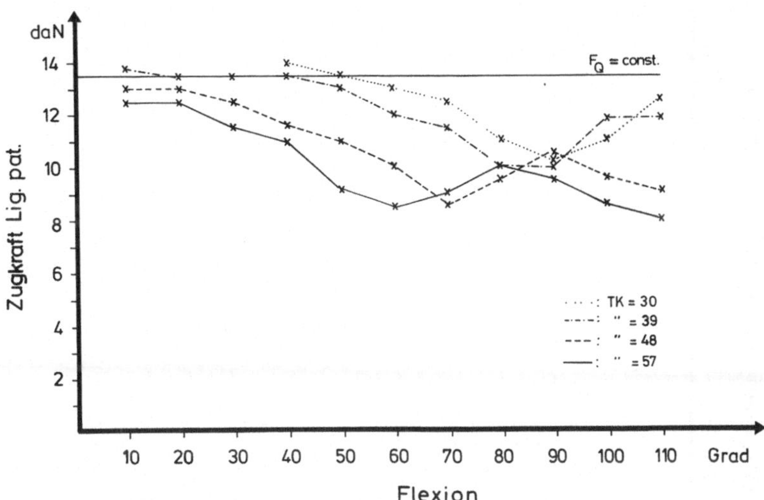

Abb. 91. Gegenüber der konstanten Quadrizepszugkraft F_Q zeigt die Kraft im Lig. patellae einen abweichenden Verlauf. Mit zunehmender Beugung wird sie zunächst geringer, um dann wieder anzusteigen. Die Umkehrpunkte hängen von der Höhenposition der Kniescheibe ab und liegen bei den gleichen Beugewinkeln wie die Umkehrpunkte der Kontaktzonenwanderung (s. Abb. 86, S. 92). Jeweils an den Umkehrpunkten ergeben sich durch die exzentrische Kontaktflächenlage die größten Differenzen zwischen den Kräften in der Quadrizepssehne und im Lig. patellae (s. Abb. 96, S. 101).

sich dagegen in den Kurvenverläufen der elektronischen Meßfühler. Der retropatellare Kraftanstieg wird bei höheren Patellapositionen bis zu größeren Beugewinkeln fortgesetzt, während bei tieferem Patellastand bei etwa rechtwinkliger Kniebeugung eine Abflachung der Kurve einsetzt.

Gegenüber der konstanten Zugkraft von 13,5 daN in der Quadrizepssehne liegt die Belastung im Lig. patellae niedriger. Abhängig von Patellahöhenposition und Kniebeugewinkel sind die Kurvenverläufe unterschiedlich (Abb. 91). Die Zugkraft im Lig. patellae in Nähe der Streckstellung ist etwa gleich groß wie in der Quadrizepssehne, nimmt dann bei zunehmender Beugung ab, um nach Erreichen des Umkehrpunktes wieder anzusteigen und bei sehr tief stehenden Kniescheiben und höheren Kniebeugewinkeln erneut abzufallen. Das Verhältnis zwischen den Zugkräften in der Quadrizepssehne und im Lig. patellae ist in Abb. 96 und Abb. 97 (S. 101 und 103) dargestellt. Die Belastungsminima verlagern sich – entsprechend den Umkehrpunkten der Kontaktflächenwanderung – bei tieferen Patellapositionen zu niedrigeren Kniebeugewinkeln.

Die Belastung des Modells mit einem an den Femurschaft angehängten konstanten Gewicht von 2 kg führt zu einem beugenden Drehmoment, dessen Hebelarm bis etwa zur rechtwinkligen Beugestellung größer wird (s. Abb. 155, S. 147). Bei leichter Kniebeugung entstehen geringere retropatellare Belastungen als bei konstantem Quadrizepszug von 13,5 daN. Bei stärkerer Gelenkbeugung steigen die retropatellaren Kräfte durch zunehmende Hebelarmvergrößerung dagegen auf höhere Werte an.

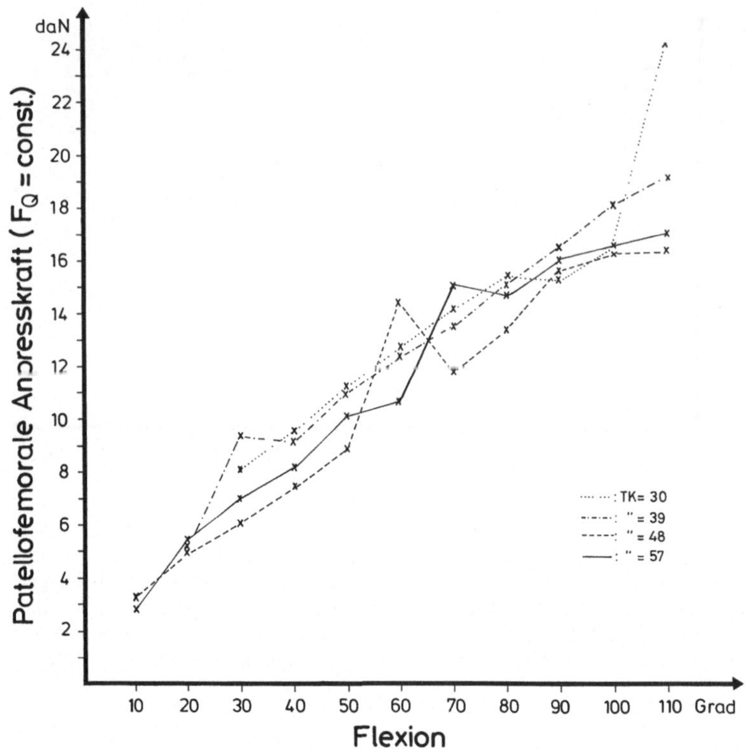

Abb. 92. Patellofemorale Anpreßkräfte bei der Blauth-Prothese, ermittelt mit druckempfindlicher Folie bei konstantem Quadrizepszug von 13,5 daN. Der gleichmäßige Anstieg der retropatellaren Kräfte liegt in der gleichen Größenordnung wie die mit elektronischen Meßfühlern ermittelten Werte (s. Abb. 90)

Nach fast gleichförmigem Anstieg der *retropatellaren Kräfte* bei geringer Kniebeugung knicken die Belastungskurven bei stärkerer Flexion zu einem annähernd horizontalen Verlauf ab (Abb. 93). Die retropatellaren Belastungen werden systematisch durch die relative Höhenposition der Patella im Gleitlager mitbestimmt: Der anfänglich lineare Anstieg ist für tiefstehende Kniescheiben bis ca. 60° steiler als für höhere Patellapositionen. Oberhalb von 60° knickt die Kurve ab und verläuft mit geringerer Steigung unterhalb der anderen Kraft-Beugewinkel-Graphen. Bei hochstehenden Kniescheiben ist der Kraftanstieg dagegen zunächst geringer, d. h. in Beugepositionen unterhalb von 60° liegen die retropatellaren Belastungen niedriger als bei tiefer Patellaposition. Der Kurvenanstieg setzt sich jedoch bis zu größeren Beugegraden fort, so daß die maximal erreichte Spitzenbelastung größer ist als bei niedrigeren Patellapositionen. Die Belastungsdiagramme bei Patellahochstand sind gegenüber einem Patellatiefstand schräg zu größeren Beugewinkeln und größeren Kräften verschoben.

Die *Quadrizepszugkraft* steigt bei zunehmender Kniebeugung bis zum Erreichen eines Maximums gleichmäßig an, um dann etwas abzufallen und schließlich bei höheren Beugewinkeln annähernd konstant zu bleiben (Abb. 94). Der initiale

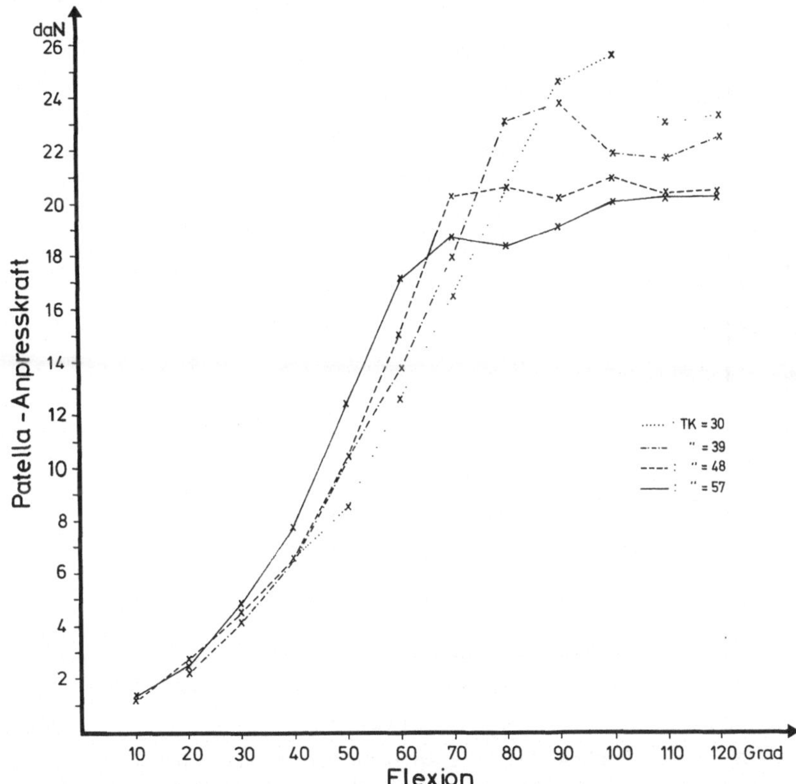

Abb. 93. Blauth-Prothese. Retropatellare Gesamtanpreßkraft in Abhängigkeit vom Kniebeugewinkel bei normierter Belastung durch ein angehängtes Gewicht von 2 kg und verschiedenen Patellahöhenpositionen. Bei Patellatiefstand ergibt sich zunächst ein steilerer Kurvenanstieg (TK 57) als bei Patellahochstand (TK 30). Für tiefe Kniescheibenpositionen flachen die Kurven jedoch früher ab, so daß insgesamt nicht so hohe Spitzenwerte erreicht werden wie bei Patellahochstand

Kraftanstieg ist bei Patellahochstand niedriger als bei Patellatiefstand. Die Spitzenkräfte sind etwa gleich groß und werden von tiefstehenden Kniescheiben bereits bei 60°, von hochstehenden erst bei 90° erreicht. Die Spitzenwerte liegen bei den gleichen Beugewinkeln wie die höchsten Punkte der Kontaktflächenwanderung auf der Patellarückfläche. Gleiches gilt für die *Belastung des Lig. patellae* (Abb. 95). Die Maximalkraft im Lig. patellae ist bei hochstehenden Kniescheiben größer als bei niedriger Patellaposition.

Mit zunehmender Beugung nimmt der Hebelarm der Quadrizepssehne stärker ab als der Hebelarm des Lig. patellae, so daß er nach Durchlaufen des Umkehrpunktes kleiner ist als dieser. Das Versatzmoment ist in der Nähe des Umkehrpunktes am größten, entsprechend hat hier der M. quadrizeps sein größtes Drehmoment (Tabellen 5, 6).

Das Verhältnis zwischen den Kräften im Lig. patellae und in der Quadrizepssehne ist in den Versuchsanordnungen mit konstanter Zuglast und bei normierter

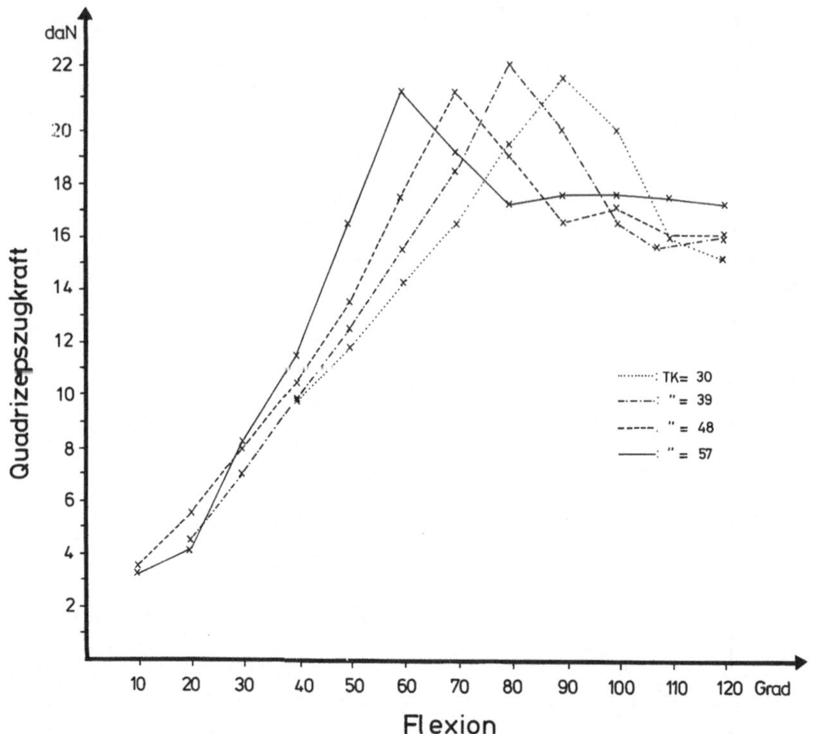

Abb. 94. Blauth-Prothese. Quadrizepszugkraft bei normierter Belastung mit angehängtem Gewicht von 2 kg. Die Quadrizepszugkraft steigt für niedrige Patellapositionen (TK 57) steiler an und erreicht bei kleineren Beugewinkeln einen Umkehrpunkt als bei höherer Patellaposition. Die Lage der Kurvenmaxima entsprechen den Umkehrpunkten der Kontaktzonenverlagerung auf der Patellarückfläche (s. Abb. 86, S. 92). Die maximal erreichten Quadrizepskräfte weichen für die verschiedenen Patellahöhenpositionen nicht wesentlich voneinander ab

Gewichtsbelastung für gleiche Patellahöhenpositionen gleich (Abb. 96, 97). Die größte Differenz zwischen den Kräften ober- und unterhalb der Patella besteht an den Umkehrpunkten, bei denen die retropatellaren Kontaktzonen am weitesten vom Zentrum zwischen den Bandansätzen an der Patella entfernt sind. Bei hochstehenden Kniescheiben sind die Spitzenwerte der Kraftrelation kleiner als bei niedrigeren Patellapositionen. Durch Vorverlagerung der Tuberositas tibiae um 10 mm ergeben sich Verringerungen der retropatellaren Belastungen um ca. 10%. Bei gleichartiger Kurvenform ist der gesamte Kurvenverlauf zu niedrigeren Kräften verlagert. Insgesamt stimmen die ermittelten Meßwerte mit der mathematischen Modellbeschreibung überein (Tabellen 5, 6).

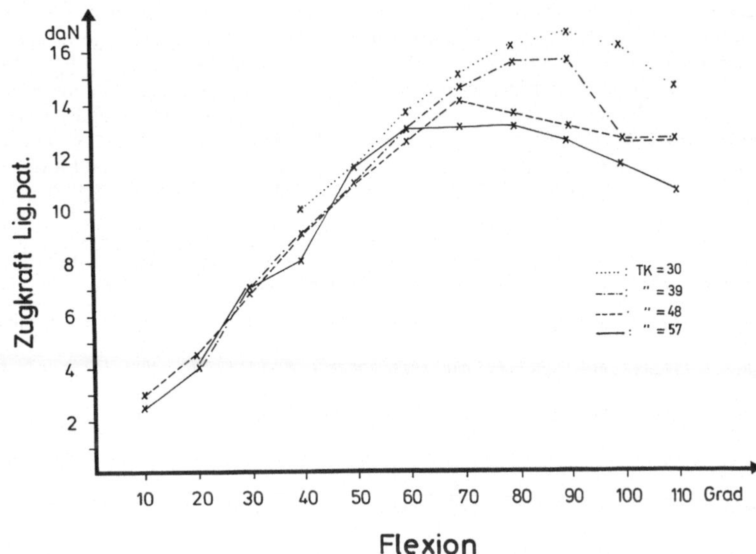

Abb. 95. Blauth-Prothese. Kräfte im Lig. patellae bei normierter Belastung durch ein angehängtes Gewicht: Mit zunehmender Beugung steigt die Kraft im Lig. patellae gleichförmig an und erreicht bei hochstehenden Kniescheiben (TK 30) größere Spitzenwerte als bei tiefstehenden (TK 57). Die Kurvenmaxima liegen an den Umkehrpunkten der Kontaktzonenverlagerung (s. Abb. 86, S. 92)

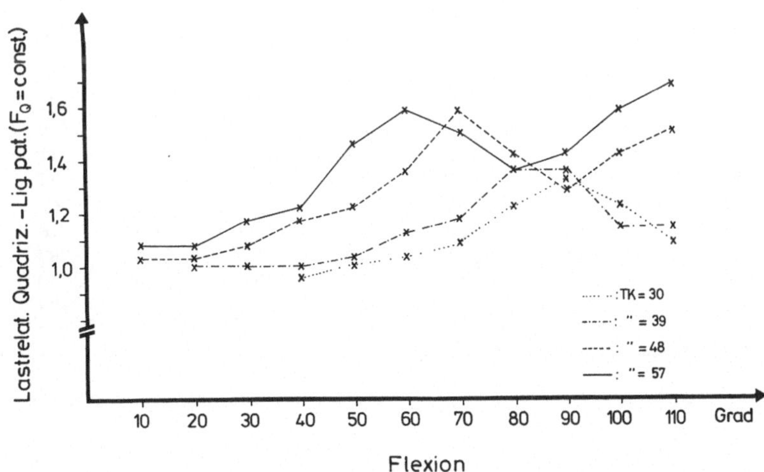

Abb. 96. Blauth-Prothese: Verhältnis der Kräfte in Quadrizepssehne und Lig. patellae bei konstanter Zugbelastung von 13,5 daN. Bei großen Kraftunterschieden ist das Verhältnis am größten, z. B. für TK 57 bei 60° Kniebeugung. In Abhängigkeit vom Patellahöhenstand verlagern sich die größten relativen Differenzen bei tiefen Kniescheibenpositionen zu kleineren Kniebeugewinkeln. Die Lage der Kurvenmaxima entspricht jeweils den Umkehrpunkten der Kontaktzonenverlagerung

Tabelle 5. Die gemessenen Kräfte, Hebelarme und Drehmomente am Kniegelenkmodell (Blauth-Prothese, Version TK48, normierte Belastung) sind abhängig vom Beugewinkel aufgeführt. Hebelarme und Momente sind auf das Prothesendrehzentrum bezogen. F_Q = Quadrizepszugkraft, q_1 = Hebelarm der Quadrizepssehne, M_{Q1} = Moment der Quadrizepssehne, F_L = Zugkraft im Lig. patellae, l_1 = Hebelarm des Lig. patellae, M_{L1} = Moment des Lig. patellae, F_R = resultierende Anpreßkraft aus F_Q und F_L, zeichnerisch und rechnerisch bestimmt, h_1 = Hebelarm der Resultierenden, M_{R1} = Moment der Resultierenden, F_G = Gewichtskraft im Schwerelot des Teilkörperschwerpunktes, g_1 = Hebelarm des Teilkörpergewichts, M_G = Moment des Teilkörpergewichts, F_p = gemessene patellofemorale Anpreßkraft

Flexion in Grad	F_Q daN	q_1 mm	M_{Q1} daNmm	F_L daN	l_1 mm	M_{L1} daNmm	F_R daN	h_1 mm	M_{R1} daNmm	F_G daN	g_1 mm	M_{G1} daNmm	F_p daN
20	5,5	49	270	4,5	50	225	2,4	26	63	2	106	212	2,6
30	7,8	51	397	7,0	44	308	4,5	30	135	2	155	310	4,5
40	10,5	50	525	9,0	43	387	7,2	17	122	2	200	400	6,5
50	13,5	49	661	11,0	42	462	11,2	17	190	2	237	474	10,5
60	17,5	46	805	12,5	40	500	15,9	21	336	2	268	536	15,0
70	21,5	41	881	14,0	38	532	21,2	16	342	2	290	580	20,3
80	19,0	35	665	13,5	42	567	21,2	5	105	2	305	610	20,5
90	16,5	35	577	13,0	42	546	21,3	1	22	2	310	620	20,2
100	17,0	32	544	12,5	43	537	20,8	1	21	2	305	610	21,0

Tabelle 6. Bezogen auf den patellofemoralen Kontaktpunkt P sind die gemessenen Kräfte, Hebelarme und Drehmomente am Kniegelenkmodell (Guepar-Prothese, Version TK39, konstanter Quadrizepszug) aufgeführt. F_Q = Quadrizepszugkraft, q_2 = Hebelarm der Quadrizepssehne, M_{Q2} = Moment der Quadrizepssehne, F_L = Zugkraft im Lig. patellae, l_2 = Hebelarm des Lig. patellae, M_{L2} = Moment des Lig. patellae, F_R = resultierende Anpreßkraft aus F_Q und F_L, zeichnerisch und rechnerisch bestimmt, Sehnenwinkel = eingeschlossener Winkel α zwischen Quadrizepssehne und Lig. patellae

Flexion in Grad	F_Q daN	q_2 mm	M_{Q2} daNmm	F_L daN	l_2 mm	M_{L2} daNmm	Sehnenwinkel in Grad
20	13,5	14,0	189	14,0	13,0	182	162
30	13,5	15,5	209	14,0	15,0	210	151
40	13,5	17,0	229	14,0	16,5	231	145
50	13,5	19,0	256	14,0	18,0	252	134
60	13,5	21,0	283	12,5	21,0	262	123
70	13,5	21,0	203	12,0	23,0	276	112
80	13,5	22,0	297	11,5	25,0	287	108
90	13,5	20,0	270	10,0	25,0	250	101
100	13,5	18,0	243	8,5	22,0	187	95
110	13,5	16,0	216	7,5	22,0	165	88

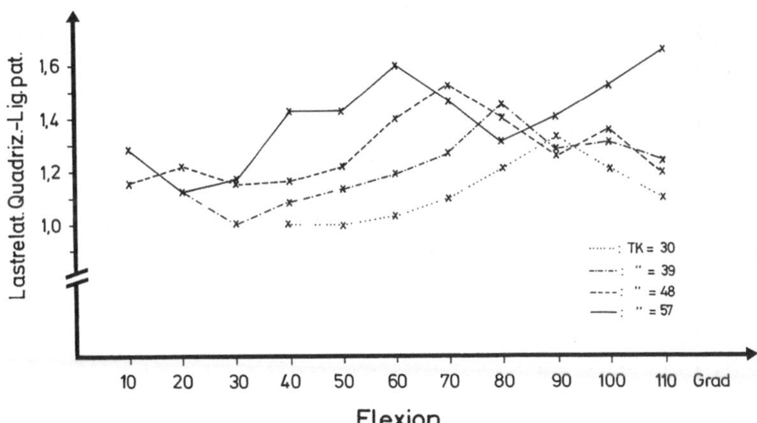

Abb. 97. Blauth-Prothese. Verhältnis der Kräfte in Quadrizepssehne und Lig. patellae bei normierter Belastung durch ein angehängtes Gewicht: Wie bei konstanter Zugbelastung bestehen unterschiedliche Differenzen zwischen den Kräften in Quadrizepssehne und Lig. patellae. Die Kurvenverläufe und die systematische Verlagerung der Kurvenmaxima entsprechen weitgehend Abb. 96

b) Guepar-Prothese

Die Guepar-Prothese ist durch eine gleichförmige Krümmung des Patellagleitlagers gekennzeichnet. Die Gleitlagerflanken gehen parallel verlaufend in die Kondylenrollen über. Die Gleitlagertiefe beträgt konstant 4 mm (Abb. 98).

Die Ausdehnung der *patellofemoralen Kontaktzonen* wird durch die Höhe des zentralen Patellafirstes und die Tiefe der Gleitlagerrinne bestimmt. Bei Kniescheiben mit hohem First liegt die Kontaktzone in einem einzigen Berührungspunkt zentral in der Gleitlagerrinne. Bei einer flachen Kniescheibenform dehnt sich die Kontaktzone nach medial und lateral über die Gleitlagerkufen aus (Abb. 99a, b, S. 115).

Bei gestrecktem Gelenk liegen die patellofemoralen Kontaktzonen distal auf der Patellarückfläche und verlagern sich bis zur endgradigen Beugung ohne Richtungsänderung gleichförmig nach proximal. Abhängig vom Patellahöhenstand sind die Kontaktzonendiagramme parallel verschoben: Bei tiefer Kniescheibenposition liegen die Kontaktbezirke auf der Patellagelenkfläche weiter proximal als bei Patellahochstand (Abb. 100).

Abb. 98. Umrisse des femoralen Prothesenteils der Guepar-Prothese. Die Prothesendrehachse liegt exzentrisch zum Krümmungsmittelpunkt des Patellagleitlagers, so daß die proximalen Gleitlageranteile weiter vom Drehzentrum entfernt sind als die distalen

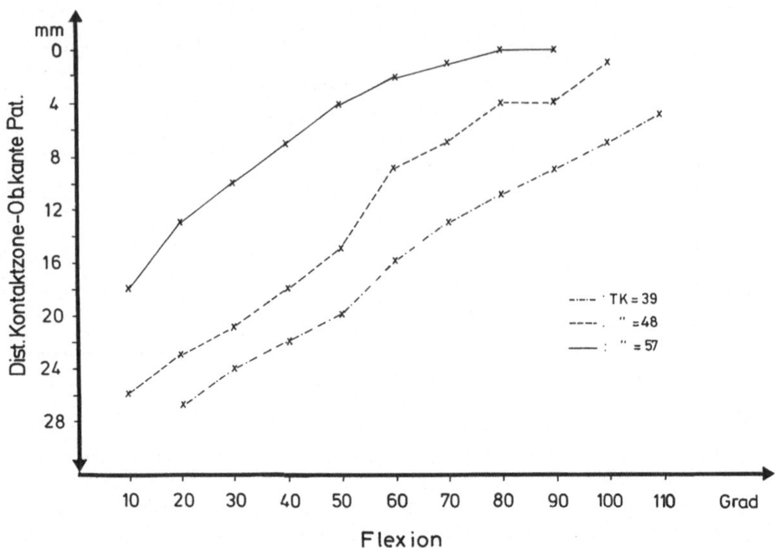

Abb. 100. Guepar-Prothese. Verlagerung der patellofemoralen Kontaktzonen auf der Patellarückfläche. Mit zunehmender Gelenkbeugung wandern die Kontaktzonen bei allen Patellahöhenpositionen gleichförmig nach proximal. Bei tiefer Patellaposition (TK 37) liegen die Kontaktzonen weiter proximal als bei hohem Patellastand (TK 39)

Eine Verlagerung der Kontaktflächen in Querrichtung ist nur bei flachen Patellaöffnungswinkeln zu beobachten. Ausgehend von einer medialen und lateralen Berührungszone in Streckstellung kommt es bei zunehmender Beugung zu einer Konvergenz, durch die bei ca. 80° - 90° Kniebeugung eine einzige zentrale Berührungszone am proximalen Patellafirst entsteht (Abb. 99, 101, 102).

Bei *konstanter Quadrizepszugkraft* von 13,5 daN steigen die retropatellaren Anpreßkräfte bis ca. 70° Gelenkbeugung gleichmäßig an. Bei tiefstehenden Kniescheiben setzt dann eine leichte Abnahme der patellofemoralen Belastung ein, während bei hochstehenden Kniescheiben die Anpreßkräfte langsam weiter steigen (Abb. 103, 104). Gegenüber der konstant bleibenden Quadrizepskraft nimmt die Kraft im Lig. patellae in Abhängigkeit vom Kniebeugewinkel ab, besonders ausgeprägt bei tiefstehenden Patellen (Abb. 105). Das Lastverhältnis zwischen Quadrizepssehne und Lig. patellae nimmt entsprechend der kranialwärts gerichteten Verlagerung der Berührungszonen mit zunehmender Gelenkbeugung stetig zu. Der Außenwinkel zwischen Längsrichtung der Patella und Quadrizepssehne steigt ebenfalls kontinuierlich, während der Außenwinkel zum Lig. patellae annähernd konstant bleibt (Abb. 106).

Die patellofemoralen Anpreßkräfte, die durch *normierte Belastung* mit einem angehängten Gewicht entstehen, liegen bei geringen Beugewinkeln zunächst niedriger als die Werte bei konstanter Quadrizepszugkraft, um dann auf mehr als das Doppelte der Vergleichswerte anzusteigen (Abb. 107). Die initiale Kurvensteigung ist für tiefstehende Kniescheiben am größten, flacht dann jedoch bei geringeren

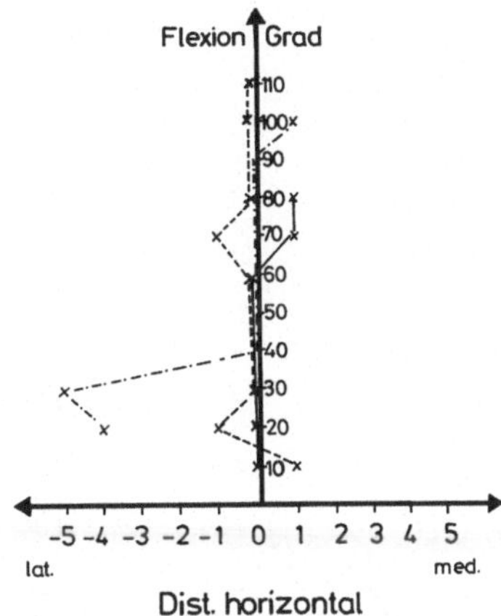

Abb. 101. Guepar-Prothese. Verlagerung der Kontaktzonen auf der Patellarückfläche in Querrichtung. Bei spitzem Patellaöffnungswinkel liegen die Kontaktzonen firstnah

Beugestellungen stärker ab als bei höheren Patellapositionen. Die erreichten Spitzenbelastungen sind größer als bei der Blauth-Prothese.

Die Quadrizepszugkraft zeigt abhängig vom Beugewinkel einen ähnlichen Verlauf: Die Kraftzunahme ist bei tiefstehenden Kniescheiben steiler als bei hochstehenden (Abb. 108). Im Lig. patellae weichen die Kräfte bei unterschiedlichen Patellahöhenpositionen nicht wesentlich voneinander ab (Abb. 109). Das Verhältnis zwischen Zugkraft in Quadrizepssehne und Lig. patellae steigt mit zunehmender Kniebeugung in gleicher Weise stetig an wie bei den Versuchen mit konstanter Sehnenzuglast (Abb. 110, 111). Entsprechend der unidirektionalen Kontaktzonenverlagerung und der gleichzeitigen Vergrößerung des Versatzmoments nimmt auch das Drehmoment des M. quadriceps bis 110° Flexion ständig zu (Tabellen 7, 8).

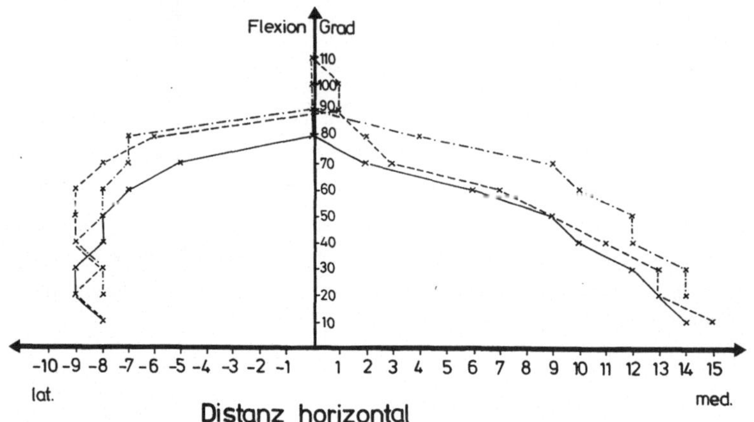

Abb. 102. Guepar-Prothese. Bei flachem Patellaöffnungswinkel konvergieren die patellofemoralen Kontaktzonen mit zunehmender Beugung von firstfernen Abschnitten zum proximalen Patellafirst

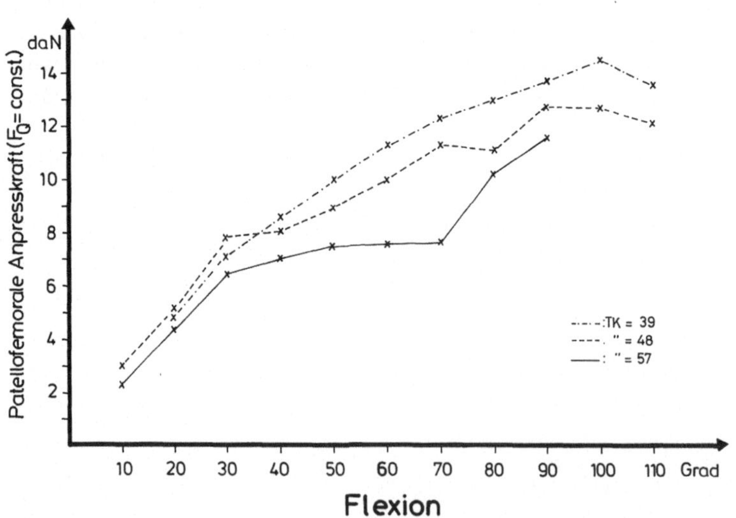

Abb. 103. Anpreßkräfte bei der Guepar-Prothese, ermittelt mit druckempfindlicher Folie bei konstantem Quadrizepszug von 13,5 daN. Die Meßergebnisse liegen in der gleichen Größenordnung wie bei Bestimmung mit elektronischen Meßfühlern (s. Abb. 104)

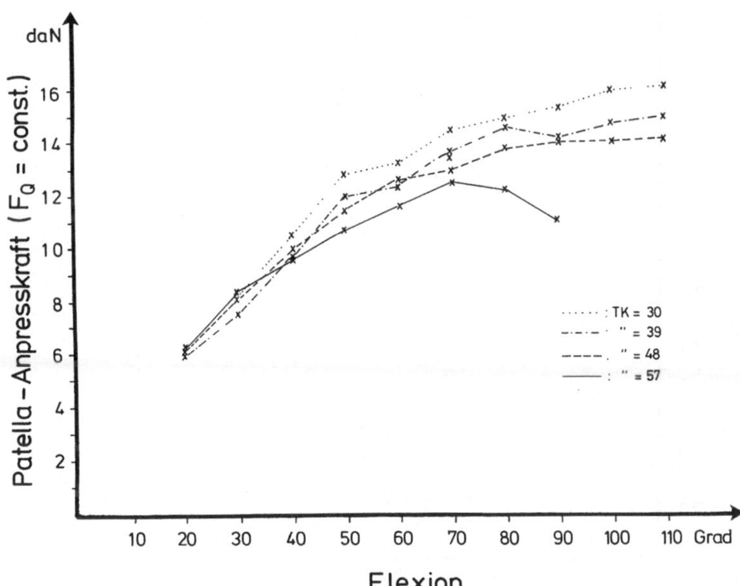

Abb. 104. Guepar-Prothese. Zunahme der patellofemoralen Anpreßkräfte bei Gelenkbeugung und konstanter Quadrizepszugkraft, bestimmt mit elektronischen Kraftaufnehmern. Bei niedriger Patellaposition (TK57) nehmen die Anpreßkräfte zwischen 70 und 90° Gelenkbeugung etwas ab (Umwicklungseffekt)

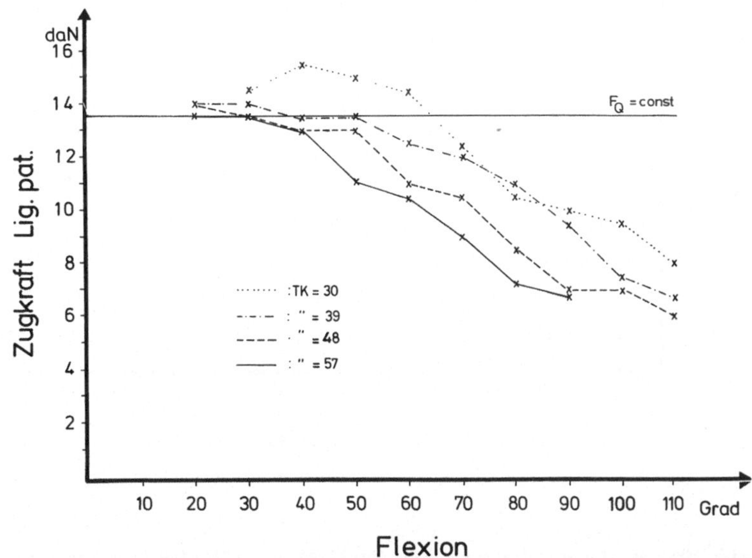

Abb. 105. Guepar-Prothese. Die Kraft im Lig. patellae nimmt bei konstantem Quadrizepszug mit zunehmender Beugung gleichförmig ab. Bei hochstehenden Kniescheiben (TK30) ist die Zugkraft im Lig. patellae zunächst größer als in der Quadrizepssehne

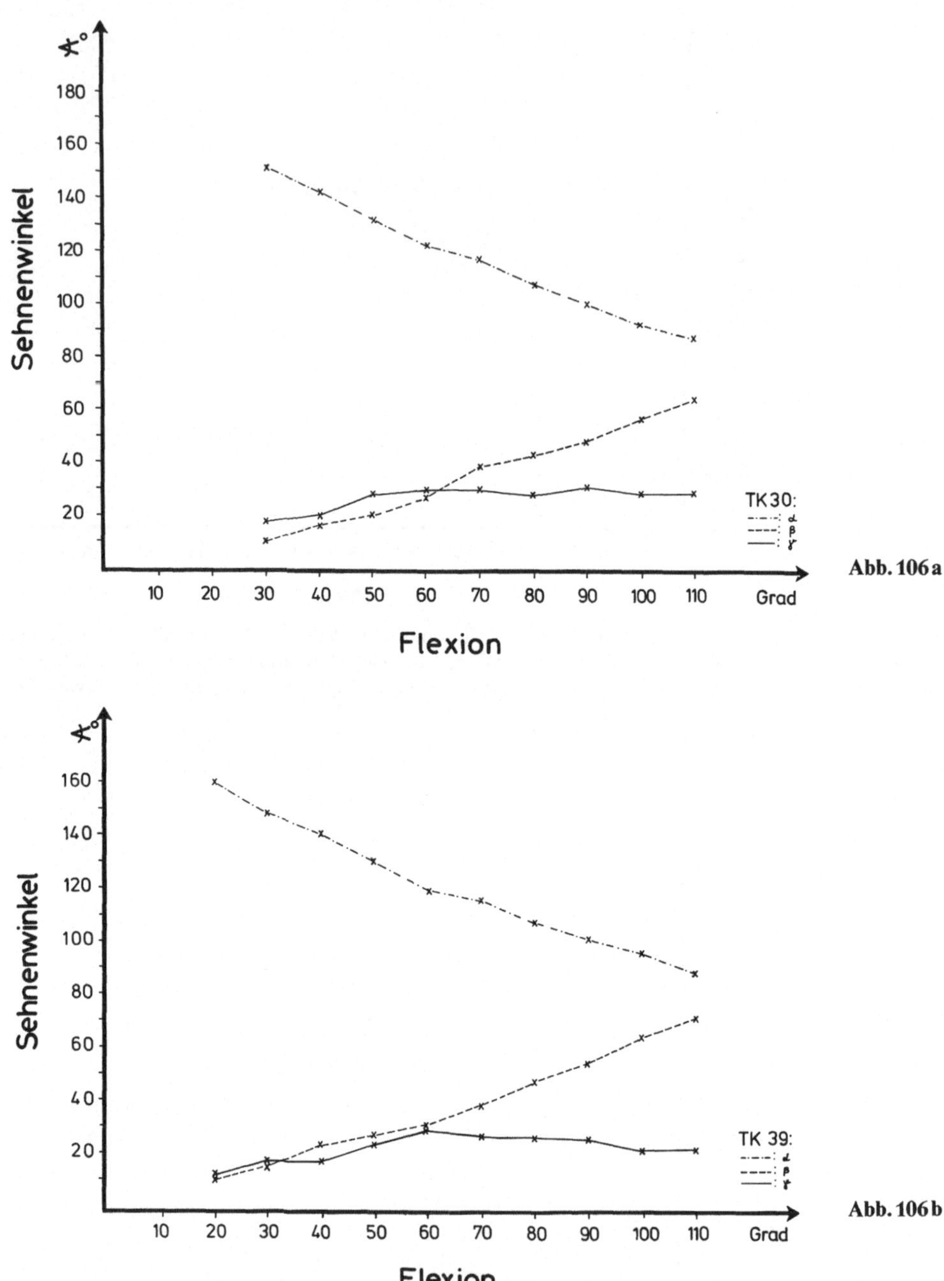

Abb. 106a

Abb. 106b

Abb. 106a–d. Guepar-Prothese. Der eingeschlossene Winkel α zwischen Quadrizepssehne und Lig. patellae nimmt mit der Kniebeugung stetig ab. Bei tiefstehenden Kniescheiben (TK 30) findet sich bei stärkerer Gelenkbeugung keine weitere Verkleinerung des eingeschlossenen Winkels, da die Quadrizepssehne dem proximalen Gleitlager anliegt (Umwicklungseffekt). Bei Gelenkbeu-

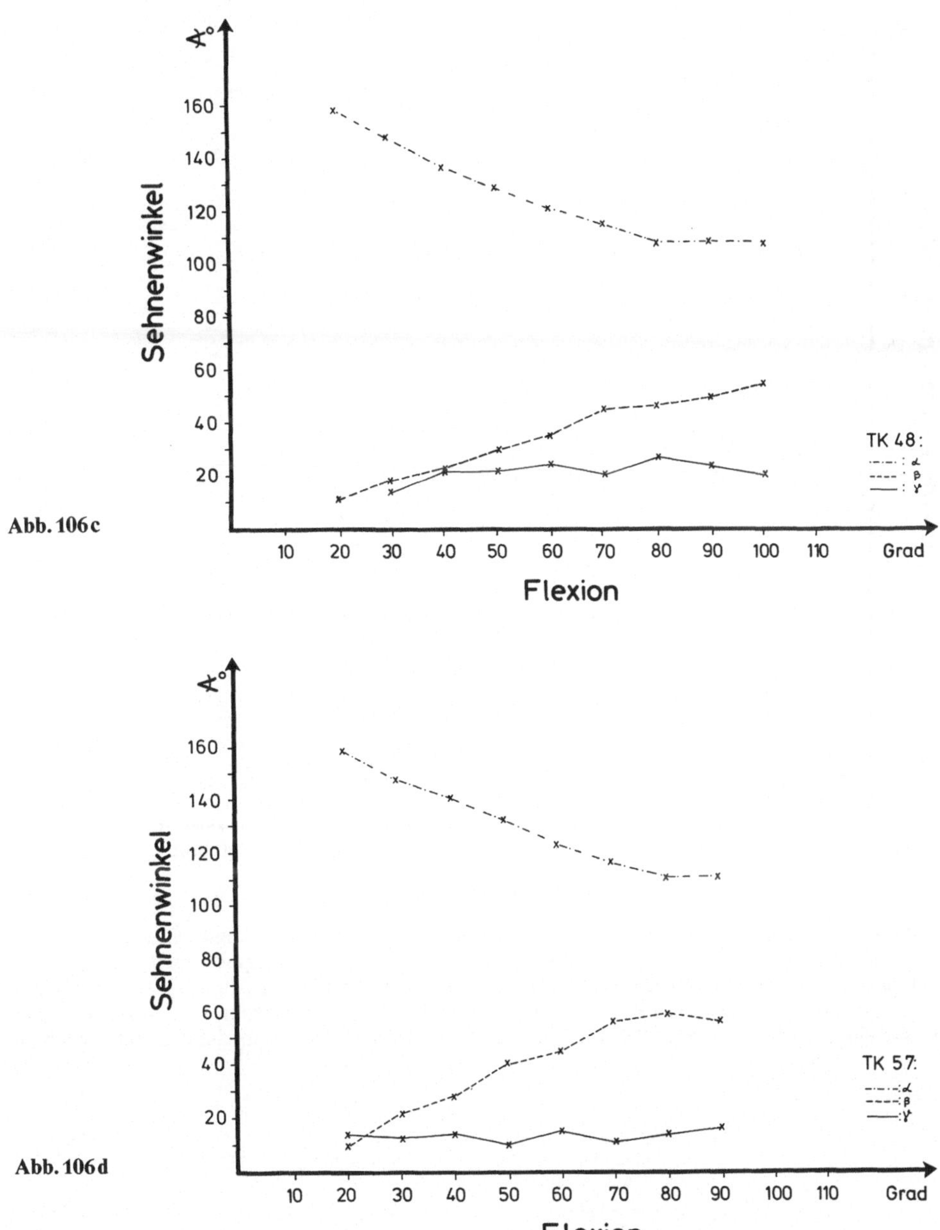

Abb. 106c

Abb. 106d

gung bleibt der Anstellwinkel γ zwischen Lig. patellae und Patellalängsachse weitgehend identisch, während der Anstellwinkel β zwischen Quadrizepssehne und Patellalängsachse gleichförmig ansteigt

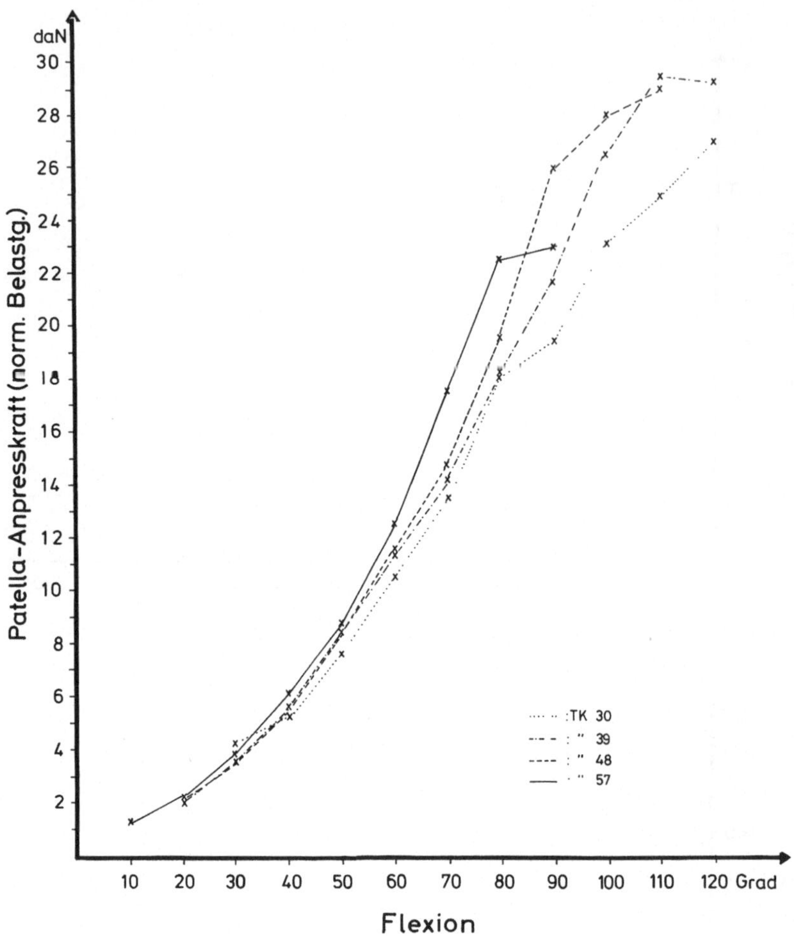

Abb. 107. Guepar-Prothese. Patellofemorale Belastung durch ein angehängtes Gewicht von 2 kg in Abhängigkeit vom Kniebeugewinkel bei verschiedenen Patellahöhenpositionen. Für tiefe Patellapositionen (Vers. TK57) zeigt sich anfangs ein steilerer Anstieg der Anpresskräfte als für höhere Patellapositionen (Vers. TK30). Für TK 57 setzt bereits bei 80° Flexion eine Abflachung der Kurve ein, für TK 39 erst bei 110°, für TK 30 ist im Meßbereich keine Abflachung zu beobachten

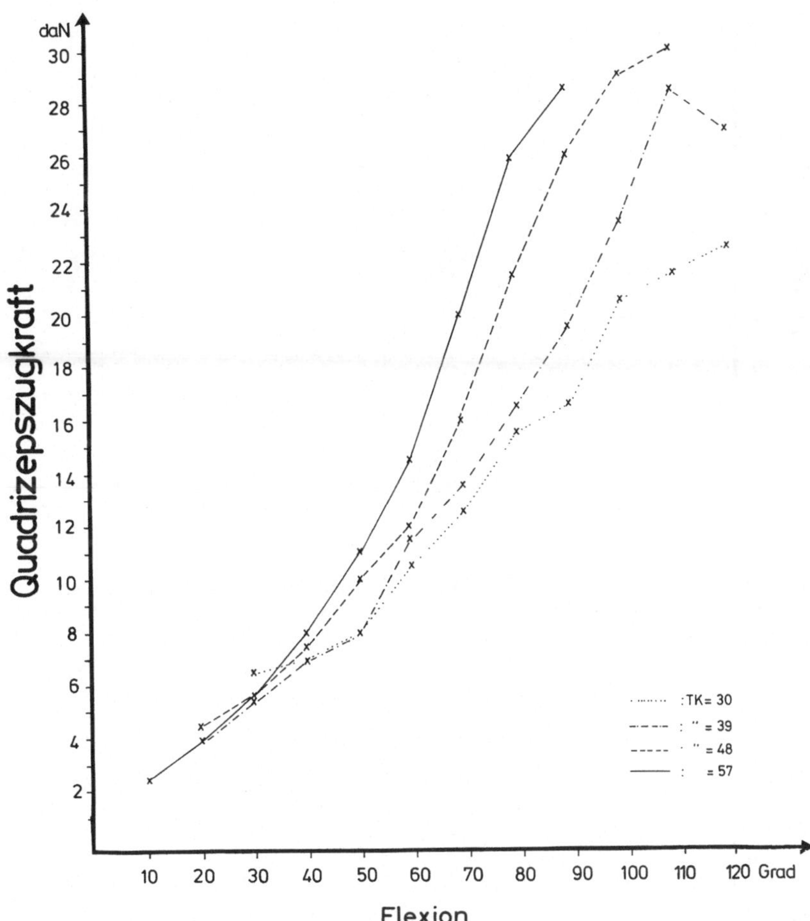

Abb. 108. Guepar-Prothese. Dargestellt ist die Quadrizepskraft bei normierter Belastung durch ein angehängtes Gewicht von 2 kg. Bei tiefer Patellposition (TK 57) ist der Kraftanstieg am steilsten

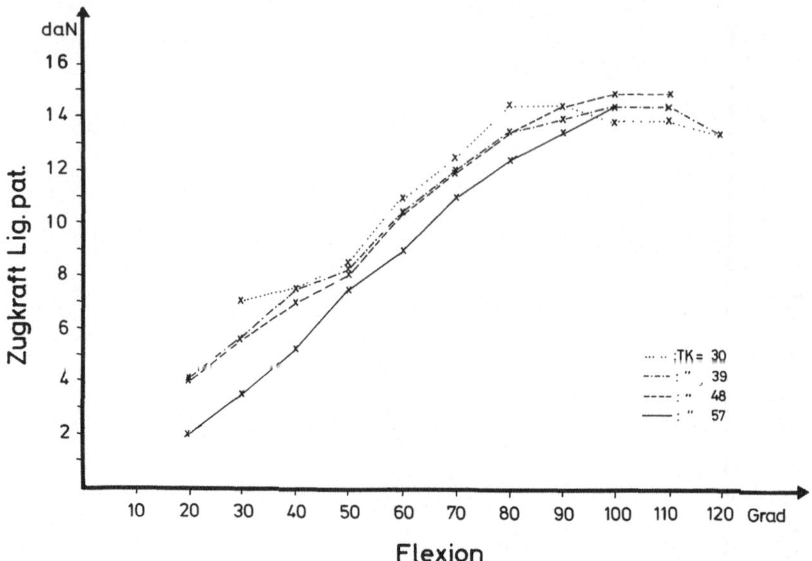

Abb. 109. Guepar-Prothese. Die Kräfte im Lig. patellae bei normierter Belastung steigen mit zunehmender Gelenkbeugung an. Bei tiefer Patellaposition (TK 57) sind die Kräfte im Lig. patellae am geringsten

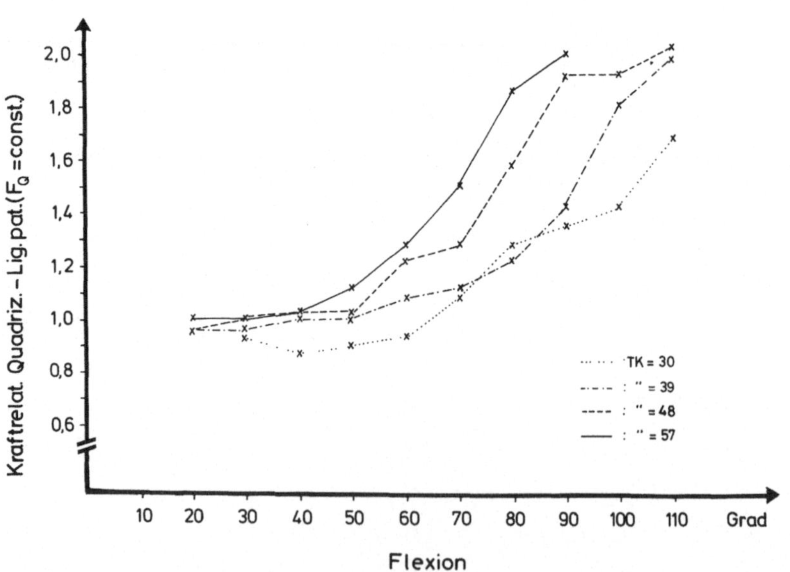

Abb. 110. Guepar-Prothese. Bei konstantem Quadrizepszug steigt das Verhältnis zwischen den Kräften in Quadrizepssehne und Lig. patellae mit zunehmender Beugung an. Der Anstieg erfolgt für tiefstehende Patellen (TK 57) bei niedrigeren Beugewinkeln als für hochstehende

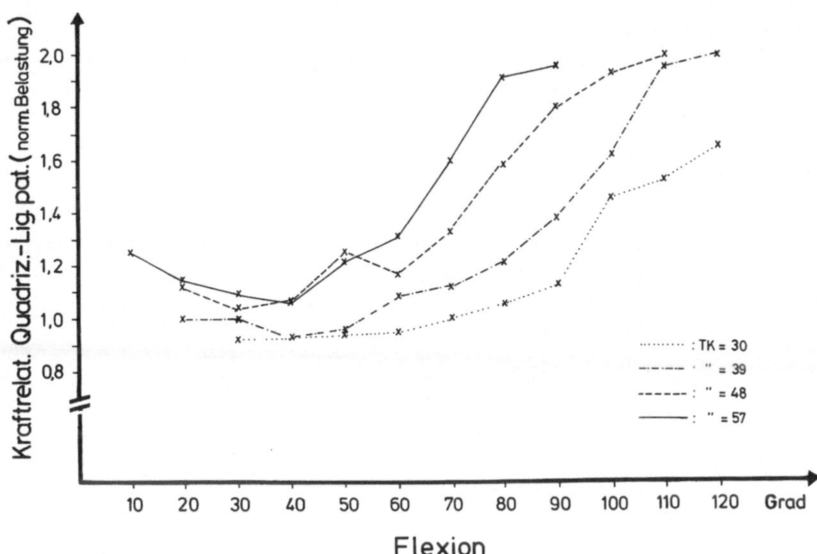

Abb. 111. Guepar-Prothese. Bei normierter Belastung zeigt das Verhältnis zwischen den Kräften in Quadrizepssehne und Lig. patellae einen weitgehend gleichartigen Kurvenverlauf wie bei konstanter Quadrizepszugkraft. Das Verhältnis ist damit unabhängig von der absoluten Größe der jeweils wirkenden Quadrizepskräfte

Tabelle 7. Die gemessenen Kräfte, Hebelarme und Drehmomente am Kniegelenkmodell (Guepar-Prothese, Version TK39, normierte Belastung) sind abhängig vom Beugewinkel relativ zum Prothesendrehzentrum aufgeführt. F_Q = Quadrizepszugkraft, q_1 = Hebelarm der Quadrizepssehne, M_{Q1} = Moment der Quadrizepssehne, F_L = Zugkraft im Lig. patellae, l_1 = Hebelarm des Lig. patellae, M_{L1} = Moment des Lig. patellae, F_R = resultierende Anpreßkraft aus F_Q und F_L, zeichnerisch und rechnerisch bestimmt, h_1 = Hebelarm der Resultierenden, M_{R1} = Moment der Resultierenden, F_G = Gewichtskraft im Schwerelot des Teilkörperschwerpunktes, g_1 = Hebelarm des Teilkörpergewichts, M_G = Moment des Teilkörpergewichts, F_p = gemessene patellofemorale Anpreßkraft

Flexion in Grad	F_Q daN	q_1 mm	M_{Q1} daNmm	F_L daN	l_1 mm	M_{L1} daNmm	F_R daN	h_1 mm	M_{R1} daNmm	F_G daN	g_1 mm	M_{G1} daNmm	F_p daN
20	5,0	61	305	5,0	49	215	2,0	32	64	2	95	190	2,5
30	5,5	64	352	5,5	48	264	3,2	28	90	2	145	290	3,7
40	7,5	66	495	7,5	47	352	5,3	27	143	2	190	380	5,9
50	8,0	65	520	8,5	46	391	7,1	19	135	2	230	460	8,6
60	11,0	62	682	10,5	46	482	11,0	18	198	2	262	524	11,2
70	14,0	63	882	12,0	43	516	14,0	25	350	2	287	574	14,3
80	16,5	55	907	13,5	43	580	18,4	18	338	2	303	606	18,3
90	20,0	53	1060	14,0	41	574	22,0	22	484	2	309	618	21,6
100	23,5	50	1175	14,0	37	518	26,4	24	633	2	305	610	25,0
110	28,5	48	1368	13,5	36	486	32,0	26	832	2	295	590	30,1

Tabelle 8. Bezogen auf den patellofemoralen Kontaktpunkt P sind die ermittelten Kräfte, Hebelarme und Drehmomente am Kniegelenkmodell (Blauth-Prothese, Version TK48, konstanter Quadrizepszug) aufgeführt. F_Q = Quadrizepszugkraft, q_2 = Hebelarm der Quadrizepssehne, M_{Q2} = Moment der Quadrizepssehne, F_L = Zugkraft Lig. patellae, l_2 = Hebelarm des Lig. patellae, M_{L2} = Moment des Lig. patellae, Sehnenwinkel = eingeschlossener Winkel α zwischen Quadrizepssehne und Lig. patellae

Flexion in Grad	F_Q daN	q_2 mm	M_{Q2} daNmm	F_L daN	l_2 mm	M_{L2} daNmm	Sehnenwinkel in Grad
10	14,0	15,0	210	14,0	14,0	203	165
20	14,5	16,0	232	14,0	18,0	252	154
30	14,0	18,0	252	13,5	19,0	256	146
40	14,5	18,5	268	13,0	20,0	260	132
50	14,5	18,5	268	12,0	22,0	264	130
60	14,5	17,0	246	10,5	23,5	247	123
70	14,5	16,5	246	9,0	26,0	243	112
80	14,5	19,5	282	10,0	25,0	250	106
90	14,5	22,0	320	12,5	25,0	312	93

c) GSB-Prothese

Die GSB-I-Prothese ersetzt nur den tragenden femorotibialen Gelenkanteil. Die körpereigene proximale Facies patellaris femoris bleibt erhalten. Das rinnenförmige Profil des körpereigenen Gleitlagers zeigt eine Stufe am Übergang zur ebenen Prothesenoberfläche des tragenden Kondylenabschnitts (Abb. 112). Eine Patella mit spitzem Firstöffnungswinkel ist zwar dem femoralen Gleitlager angepaßt, nicht jedoch der Prothesenoberfläche. Dagegen stimmt die Form einer flachen Patella besser mit der Prothese, jedoch nicht mit dem femoralen Gleitlager überein.

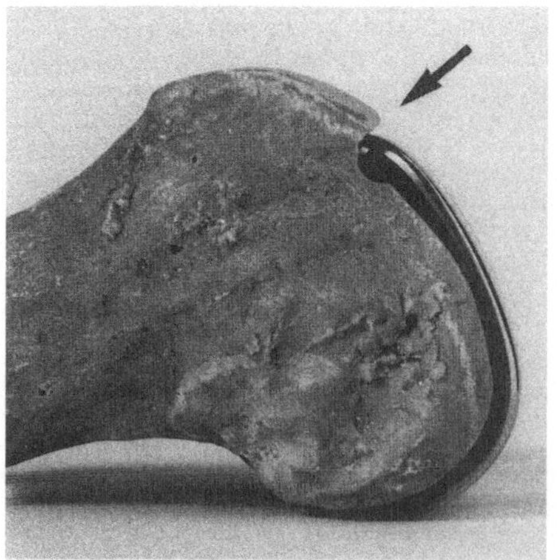
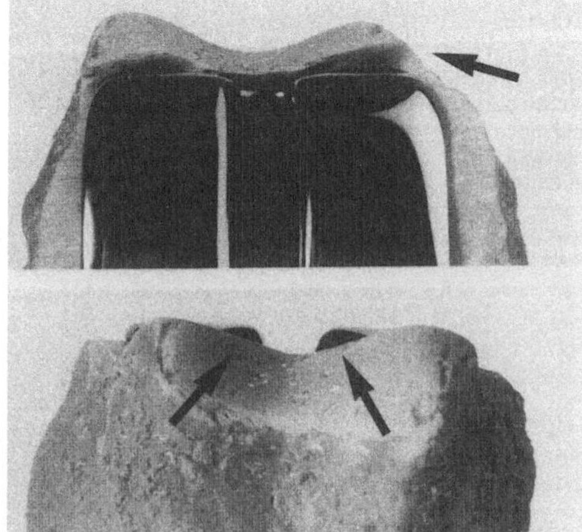

Abb. 112. Stufenbildung am Übergang zwischen femoralem Gleitlager und Prothesenoberfläche beim bisherigen Modell der GSB-Prothese. Das muldenförmige Gleitlager ist in der Prothesenform nicht weitergeführt

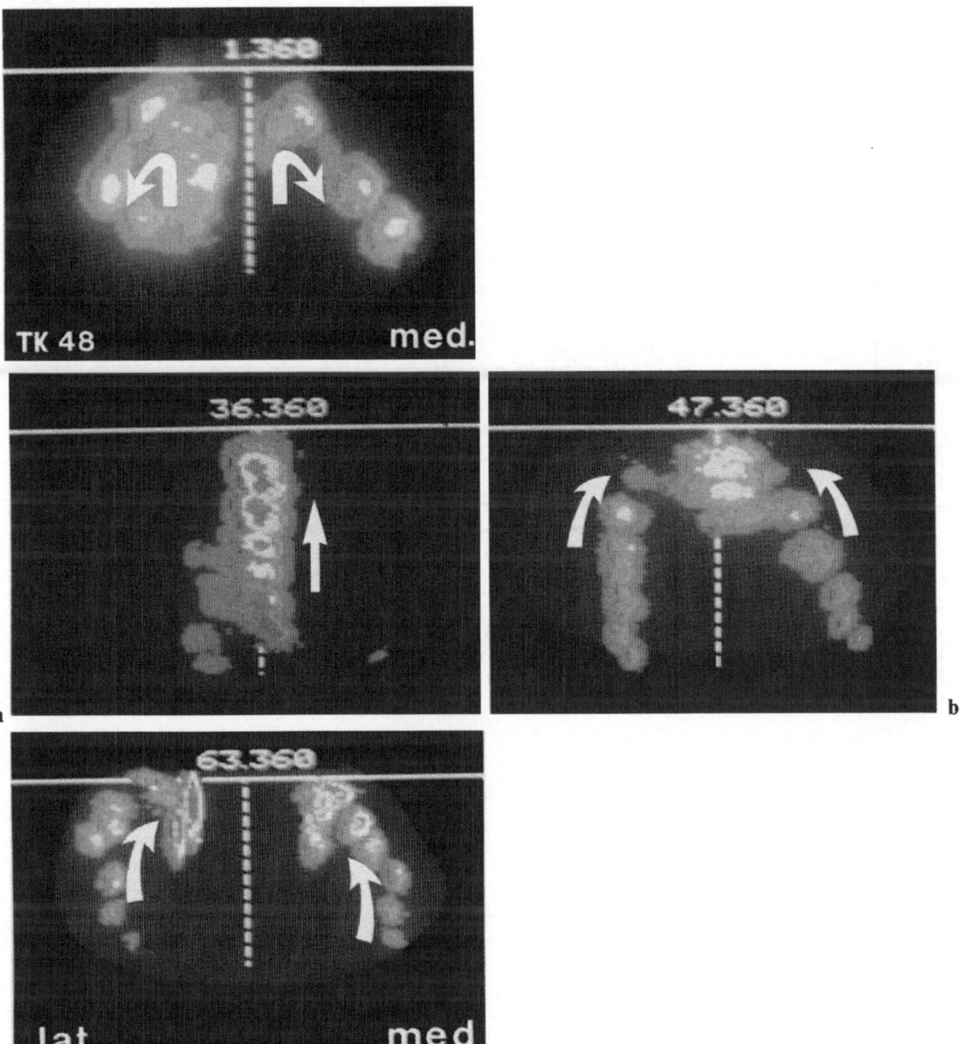

Abb. 85 *(oben).* Patellofemorale Kontaktflächen der Blauth-Prothese, registriert mit druckempfindlicher Folie und in 10°-Schritten überlagert. In Streckstellung liegt der patellofemorale Kontakt auf der distalen Gelenkflächenhälfte in der Nähe des Patellafirstes und wandert mit zunehmender Beugung nach proximal. Nach Erreichen eines Umkehrpunktes richtet sich die Wanderungsbewegung wieder nach distal, wobei die Kontaktflächen in firstfernere Gelenkflächenanteile auseinanderweichen

Abb. 99 a, b *(Mitte).* Patellofemorale Kontaktflächen der Guepar-Prothese in 10°-Schritten überlagert. Mit zunehmender Gelenkbeugung verlagern sich die Kontaktzonen gleichförmig von distal nach proximal. **a** Bei spitzem Patellafirst liegen die Kontaktzonen firstnah. **b** Bei flachem Patellaöffnungswinkel liegen die Kontaktzonen in Streckstellung firstfern und konvergieren mit zunehmender Beugung

Abb. 113 *(unten).* GSB-Prothese. Kontaktzonen auf der Patellarückfläche in 10°-Schritten überlagert. Während des gesamten Beugevorgangs verlagern sich die Kontaktzonen nach proximal. Bei großen Beugewinkeln besteht ein Linienkontakt an den Kanten der interkondylären Aussparung

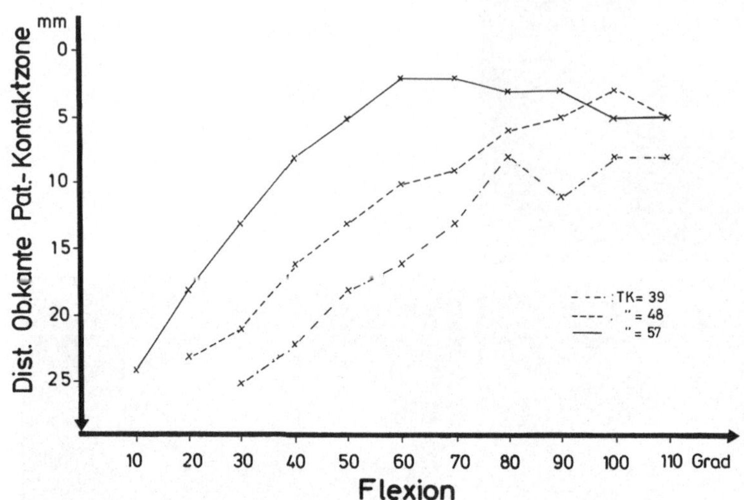

Abb. 114. GSB-Prothese. Vertikale Verlagerung der Kontaktzonen auf der Patellarückfläche, gemessen relativ zur proximalen Gelenkflächenkante. Mit zunehmender Gelenkbeugung steigen die Berührungszonen nach proximal, bei tiefen Patellapositionen (TK 57) bis auf die obere Patellakante

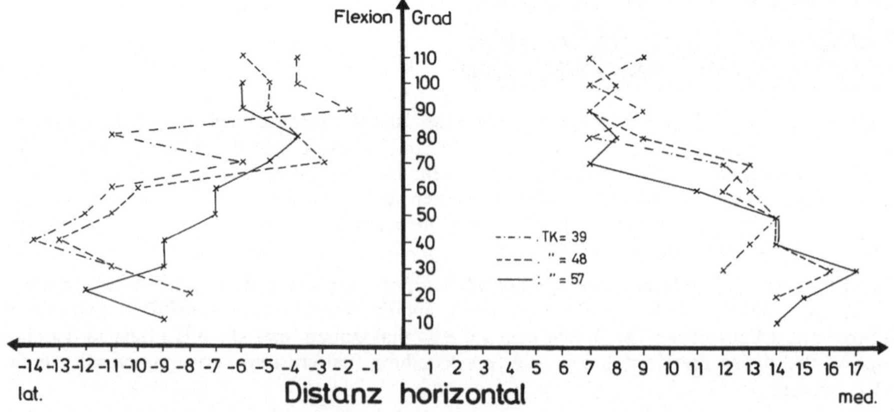

Abb. 115. Horizontale Verlagerung der Konatktzonen auf der Patellarückfläche. Mit zunehmender Gelenkbeugung findet man eine Konvergenz zum Patellafirst, wo ein Linienkontakt mit den Kanten der interkondylären Aussparung besteht

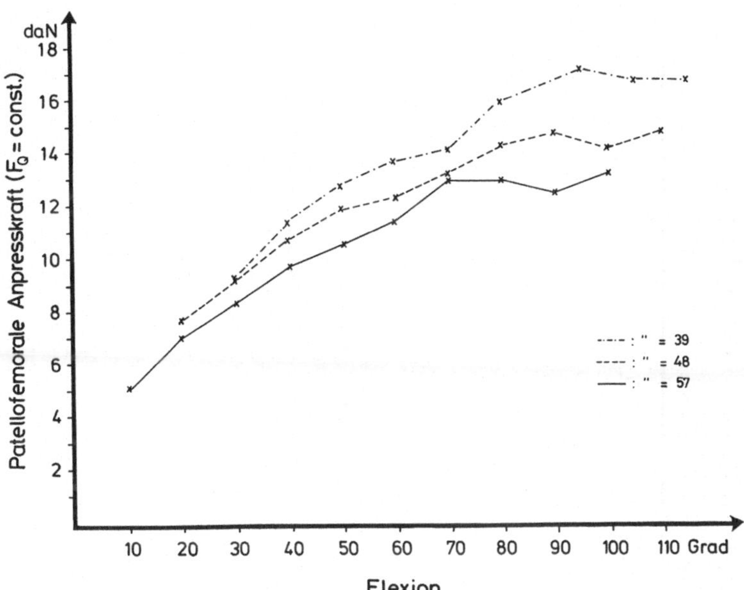

Abb. 116. GSB-Prothese. Bei konstanter Quadrizepszugkraft steigen die patellofemoralen Anpreßkräfte mit der Gelenkbeugung gleichmäßig an. Die höchsten Werte werden bei hoher Patellaposition (TK 39) erreicht

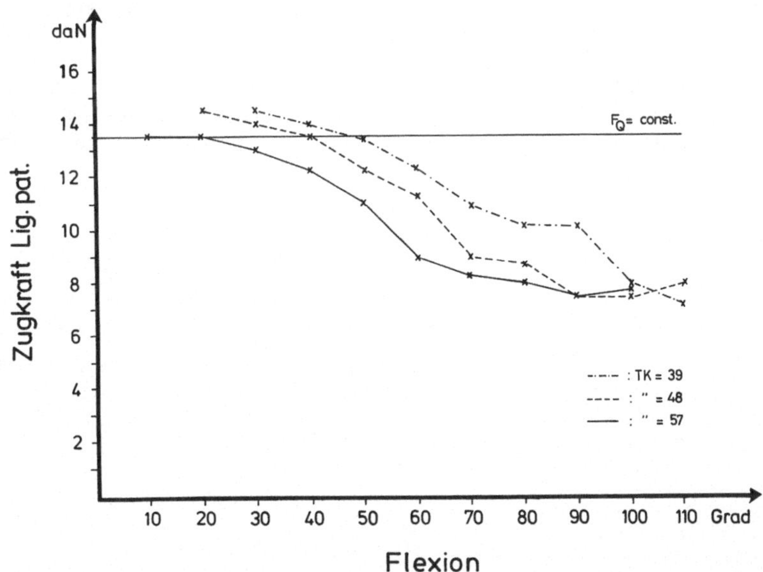

Abb. 117. GSB-Prothese. Bei konstanter Quadrizepszugkraft nehmen die Kräfte im Lig. patellae mit der Gelenkbeugung ab. Bei niedriger Patellaposition (TK 57) setzt die Kraftabnahme bei kleineren Beugewinkeln ein als bei höherem Patellastand (TK 39)

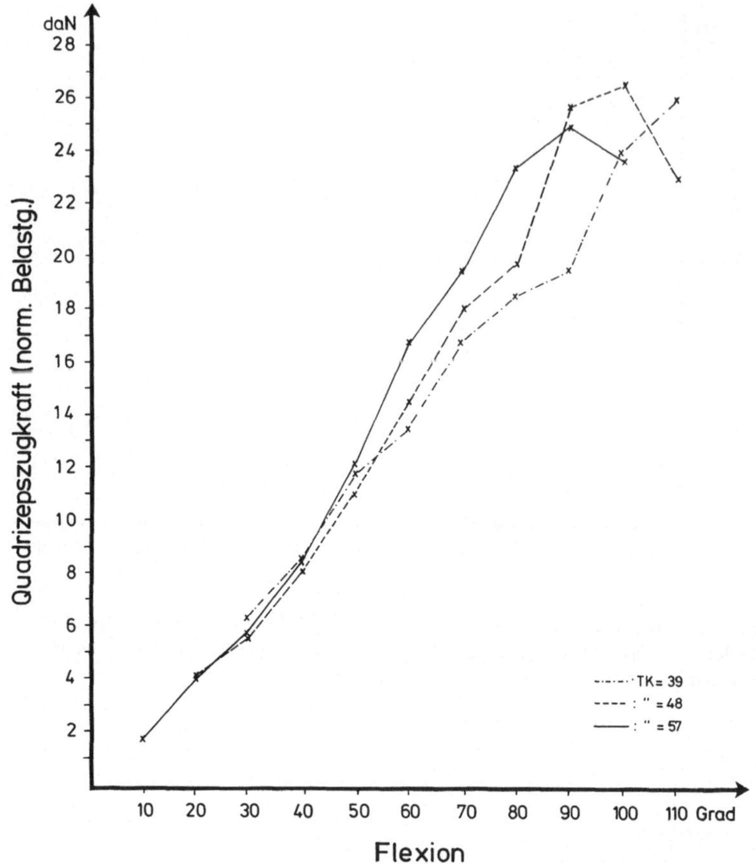

Abb. 118. GSB-Prothese. Bei normierter Belastung steigen die Kräfte in der Quadrizepssehne mit der Beugung gleichförmig an, bei tiefer Patellaposition (TK 57) ist der Kraftanstieg am steilsten, erreicht jedoch bei niedrigeren Beugewinkeln den Spitzenwert als bei hochstehenden Patellen (TK 39)

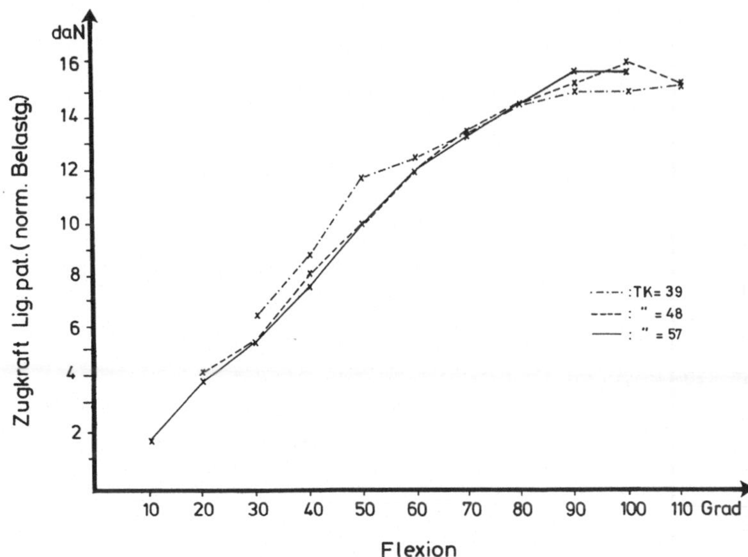

Abb. 119. GSB-Prothese. Bei normierter Belastung durch ein angehängtes Gewicht steigen die Kräfte im Lig. patellae bei Gelenkbeugung weitgehend unabhängig von der Patellahöhenposition an. Die Kräfte liegen niedriger als in der Quadrizepssehne

Während des gesamten Bewegungsablaufes zeigt sich eine Kontaktzonenverlagerung auf der Kniescheibenrückfläche von distal nach proximal, ohne daß eine Umkehr der Wanderungsrichtung zu beobachten ist (Abb. 113). Beim Übergang vom körpereigenen Gleitlager auf die kondylären Prothesenabschnitte ist die Kniescheibe bei höheren Beugegraden linienförmigen Belastungen an den Kanten der interkondylären Aussparung ausgesetzt.

Die patellofemoralen Belastungsgrößen bei konstanter und normierter Belastung sind in Abb. 114-123 dargestellt.

Die retropatellaren Kräfte steigen mit zunehmender Beugung steil an. Die Steigung der initialen Kurvenverläufe läßt keine wesentliche Abhängigkeit vom Patellahöhenstand erkennen. Die bei stärkerer Kniebeugung erreichten Spitzenwerte sind allerdings bei Patellahochstand, wo kein Umwicklungseffekt zu beobachten ist, deutlich höher als bei tieferen Patellapositionen (Abb. 120).

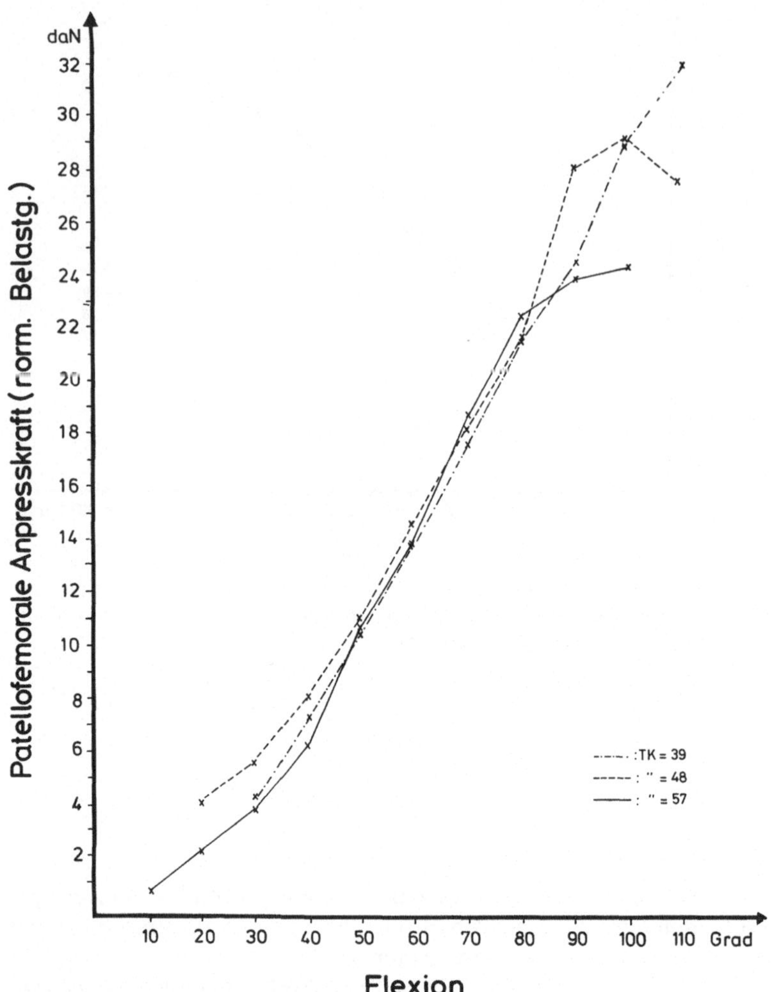

Abb. 120. Patellofemorale Anpreßkräfte beim bisherigen Modell der GSB-Prothese unter normierter Belastung durch ein angehängtes Gewicht von 2 kg. In Abhängigkeit vom Kniebeugewinkel steigen die Kurven bis etwa 80° eng beieinander liegend an. Dann setzt für tiefe Patellapositionen (Vers. TK57) der Umwicklungseffekt ein, durch den die Kurve der patellofemoralen Anpreßkraft abgeflacht wird. Bei hochstehenden Kniescheiben (Vers. TK39) ist bis 110° ein Umwicklungseffekt nicht zu beobachten

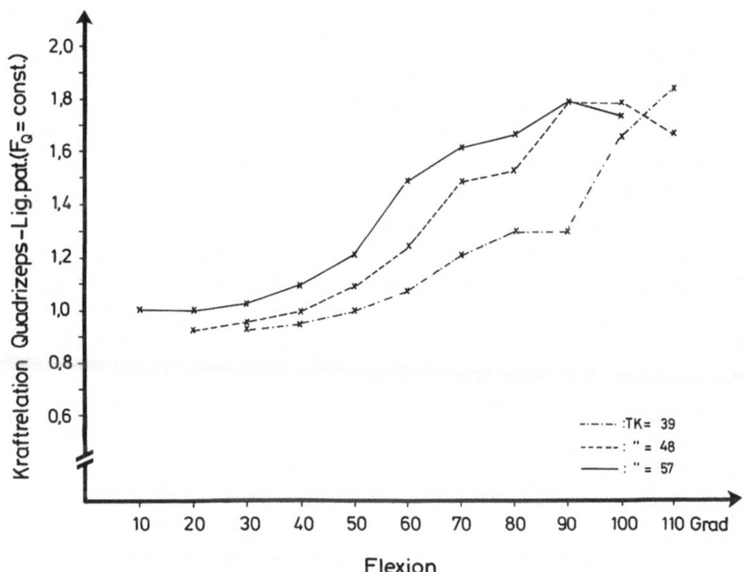

Abb. 121. GSB-Prothese. Mit zunehmender Gelenkbeugung wird die Kraft in der Quadrizepssehne annähernd doppelt so groß wie im Lig. patellae. Das Kräfteverhältnis steigt für tiefstehende Patellen (TK 57) bereits bei geringeren Gelenkbeugewinkeln an als bei hochstehenden Patellen (TK 39)

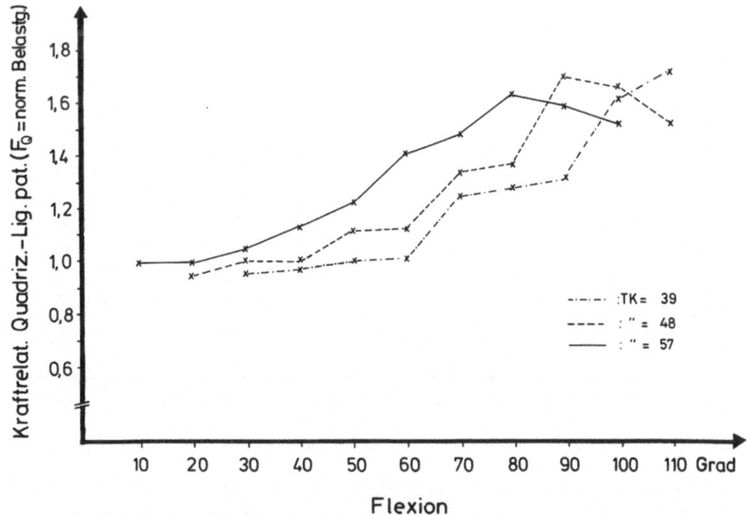

Abb. 122. GSB-Prothese. Bei normierter Belastung zeigt das Verhältnis zwischen den Kräften in Quadrizepssehne und Lig. patellae ein gleichartiger Verlauf wie bei konstanter Quadrizepszugkraft

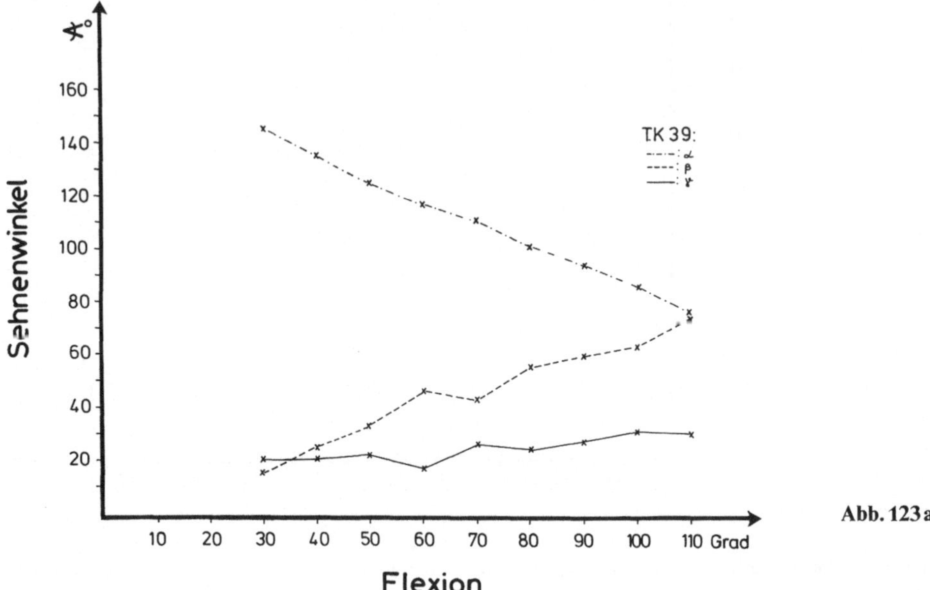

Abb. 123a

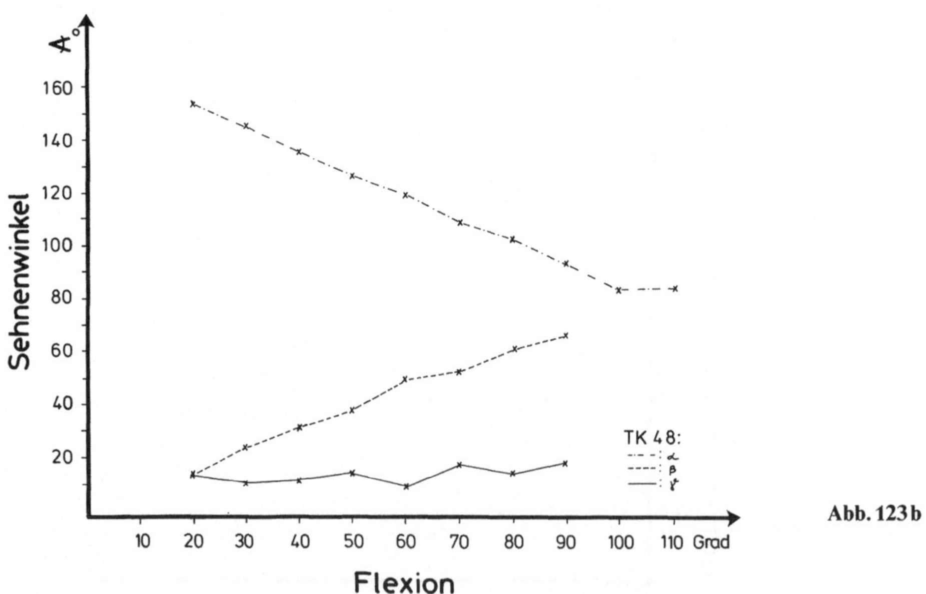

Abb. 123b

Abb. 123a-c. GSB-Prothese. Der eingeschlossene Winkel α zwischen Lig. patellae und Quadrizepssehne läß nur bei tiefer Patellaposition (TK57) eine Abflachung durch den Umwicklungseffekt erkennen. Der Außenwinkel γ zwischen Lig. patellae und Patella bleibt weitgehend konstant, während der Außenwinkel β zur Quadrizepssehne mit zunehmender Gelenkbeugung ansteigt

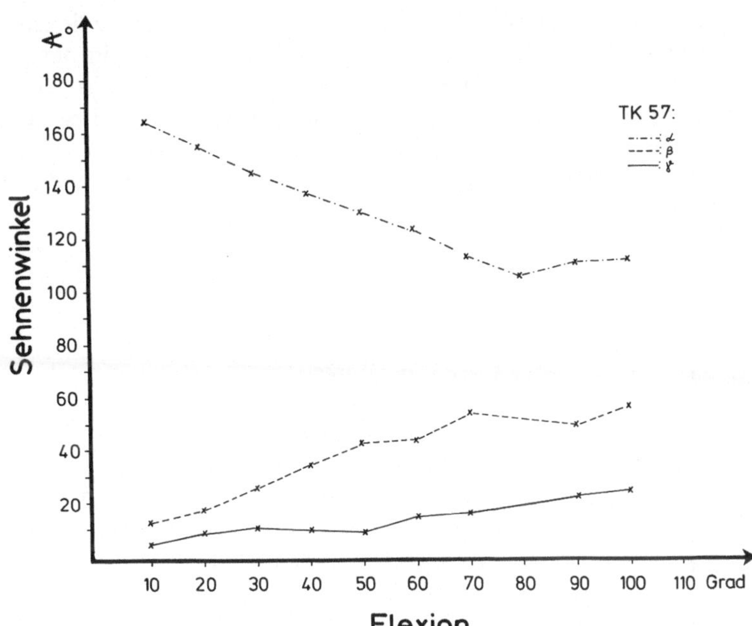

Abb. 123c

2. Prothesen mit künstlichem Patellarückflächenersatz

a) Modifizierte Blauth-Prothese

Die modifizierte Blauth-Prothese ist durch einen Patellarückflächenersatz in Form eines Kugelabschnitts gekennzeichnet, der in einem proximal verlängerten und lateral überhöhten femoralen Lagerschild gleitet (s. Abb. 17, S. 22). In der Seitansicht zeigt der Krümmungsverlauf des Gleitlagers einen kontinuierlichen Übergang von größeren Radien proximal zu kleineren Radien distal. In mediolateraler Richtung ist der Krümmungsverlauf der Gleitlagerrinne auf die Kugelform des Patellarückflächenersatzes abgestimmt. Die patellofemoralen Kontaktzonen lassen einen Linienkontakt zwischen Rückflächenersatz und Gleitlager erkennen, der sich aber bei größeren Beugewinkeln in zwei getrennte Berührungszonen an der inneren und äußeren Gleitlagerkante aufteilt. Die Kontaktzonenverlagerung ist sehr gering und verläuft mit zunehmender Kniebeugung gleichförmig von distal nach proximal (Abb. 124, S. 136, 125–126).

Die patellofemoralen Anpreßkräfte steigen für alle Patellahöhenpositionen bis ca. 60° Kniebeugung gleichmäßig an. Bei weiterer Beugung ist die Belastungszunahme geringer, dies gilt besonders für tiefstehende Kniescheiben, weniger für hochstehende (Abb. 127).

Die Kräfte in der Quadrizepssehne und im Lig. patellae liegen bei hochstehenden Kniescheiben über den gesamten Bewegungssektor in der gleichen Größenordnung (Abb. 128–130). Bei tiefstehenden Kniescheiben ist die Zugkraft im Lig. patellae niedriger als bei hochstehenden. Die Außenwinkel zwischen Patellalängsachse, Lig. patellae und Quadrizepssehne sind weitgehend identisch und steigen für alle Patellahöhenpositionen mit zunehmender Beugung gleichmäßig an (Abb. 131).

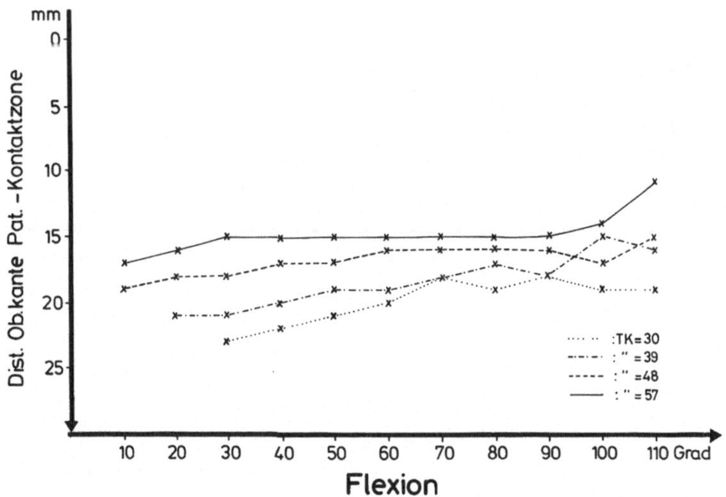

Abb. 125. Modifizierte Blauth-Prothese. Die Kontaktzonen verlagern sich auf der Patellarückfläche bei Gelenkbeugung nur geringfügig von distal nach proximal, die maximale Auslenkung beträgt 6 mm

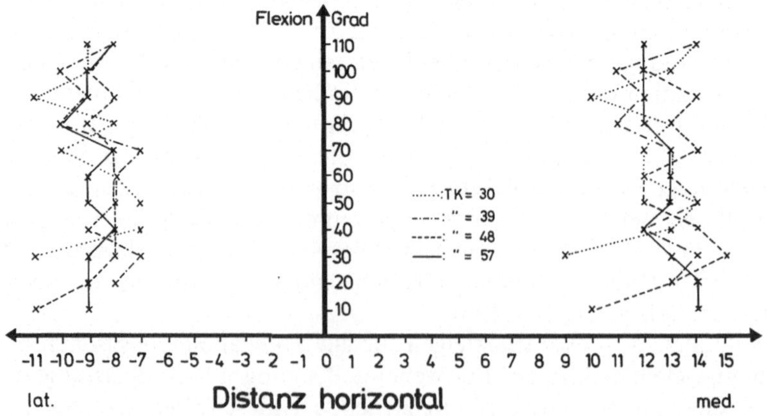

Abb. 126. Modifizierte Blauth-Prothese. Die Kontaktzonen auf der Patellarückfläche verlagern sich in Querrichtung weitgehend parallel zum Patellafirst

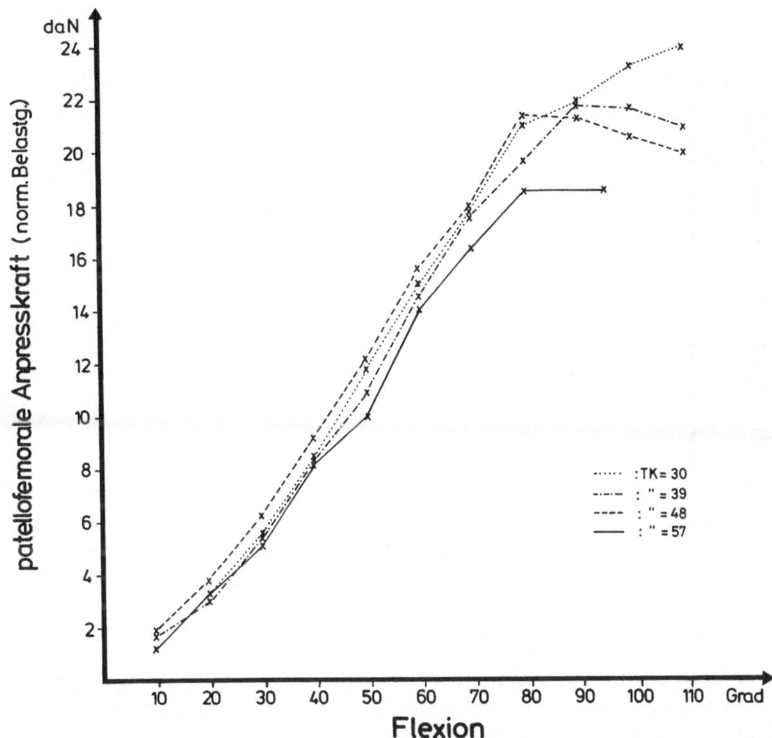

Abb. 127. Patellofemorale Anpreßkräfte bei der modifizierten Blauth-Prothese unter normierter Belastung. Bereits bei niedrigen patellofemoralen Anpreßkräften ist eine Abflachung der Kurven durch den Umwicklungseffekt zu beobachten. Hochstehende Kniescheiben erreichen größere Spitzenbelastungen als tiefstehende

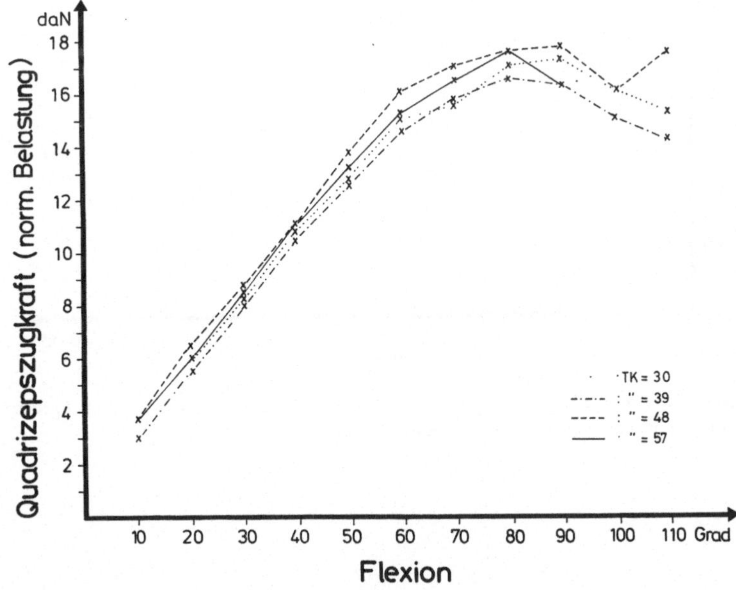

Abb. 128. Modifizierte Blauth-Prothese. Die Kräfte in der Quadrizepssehne bei normierter Belastung durch ein angehängtes Gewicht von 2 kg sind weitgehend unabhängig von der Patellahöhenposition. Die Kraft steigt bis etwa zur rechtwinkligen Gelenkbeugung an

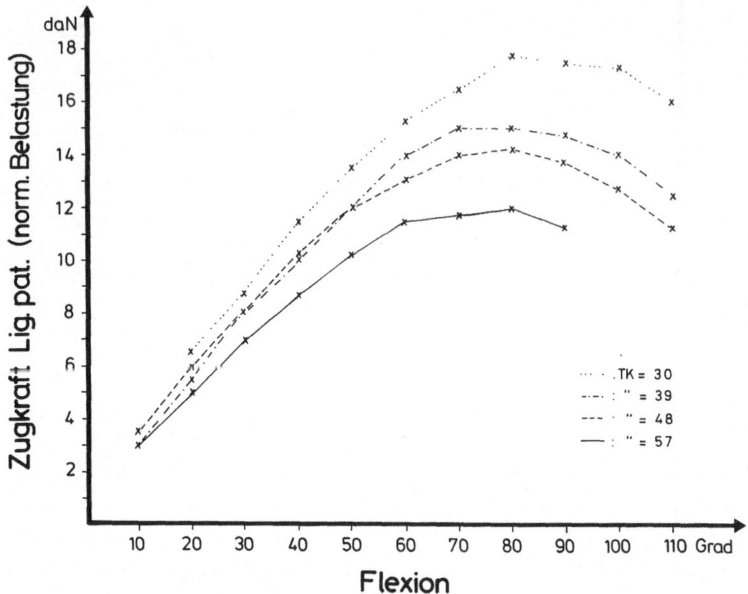

Abb. 129. Modifizierte Blauth-Prothese. Kräfte im Lig. patellae bei normierter Belastung. Bei höheren Patellapositionen (TK 30) entsprechend einer tiefen Kontaktpunktlage (s. Abb. 125, S. 124) sind die Kräfte im Lig. patellae größer als bei tiefer Patellaposition (TK 57)

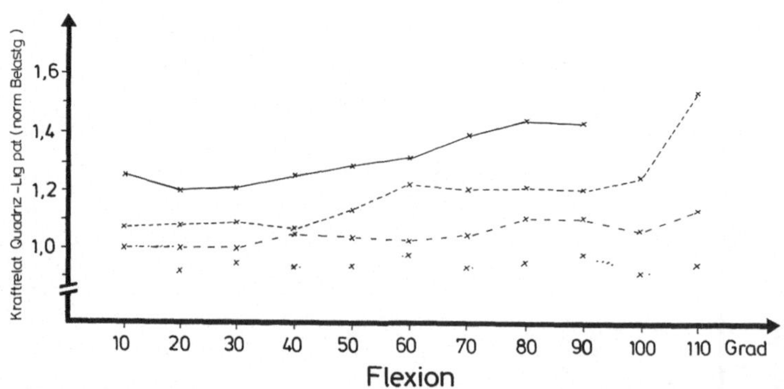

Abb. 130. Modifizierte Blauth-Prothese. Die Relation der Kräfte in Quadrizepssehne und Lig. patellae ändert sich mit zunehmender Beugung nur wenig

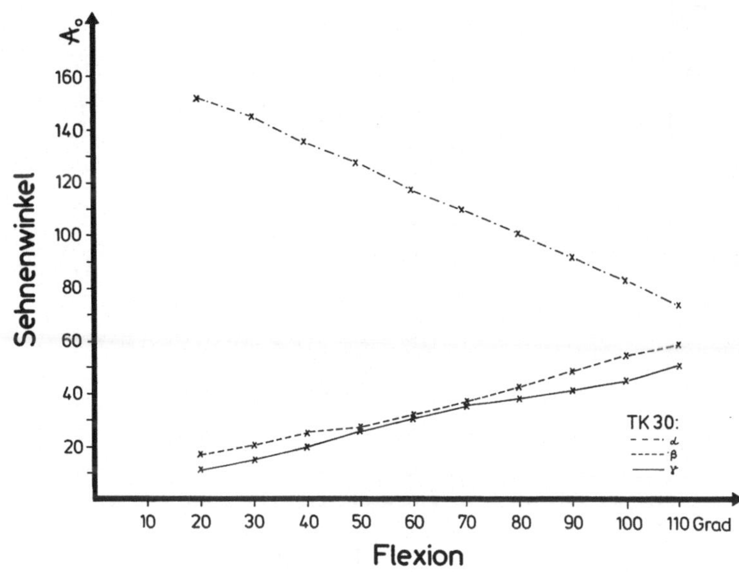

Abb. 131 a

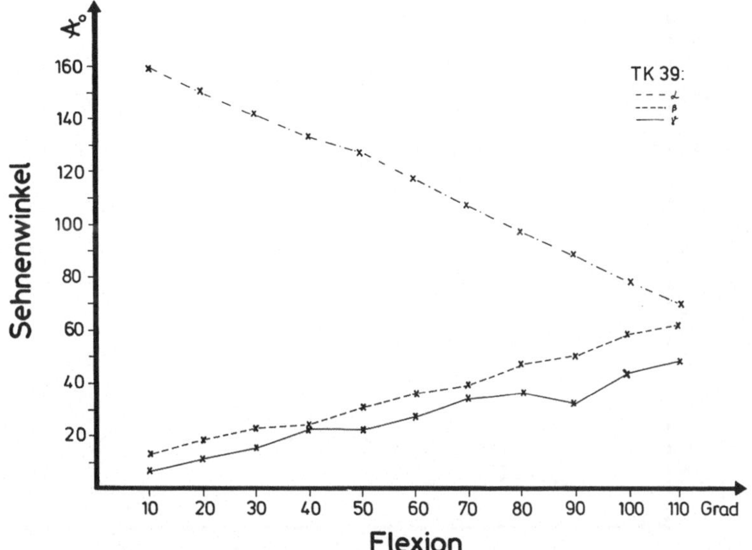

Abb. 131 b

Abb. 131 a-d. Modifizierte Blauth-Prothese. Der eingeschlossene Winkel α zwischen Quadrizepssehne und Lig. patellae zeigt bei allen Patellahöhenpositionen keine wesentliche Abflachung durch einen Umwicklungseffekt. Die Sehnenanstellwinkel von Quadrizepssehne und Lig. patellae zur Patellalängsachse steigen mit zunehmender Gelenkbeugung gleichförmig an (β,γ)

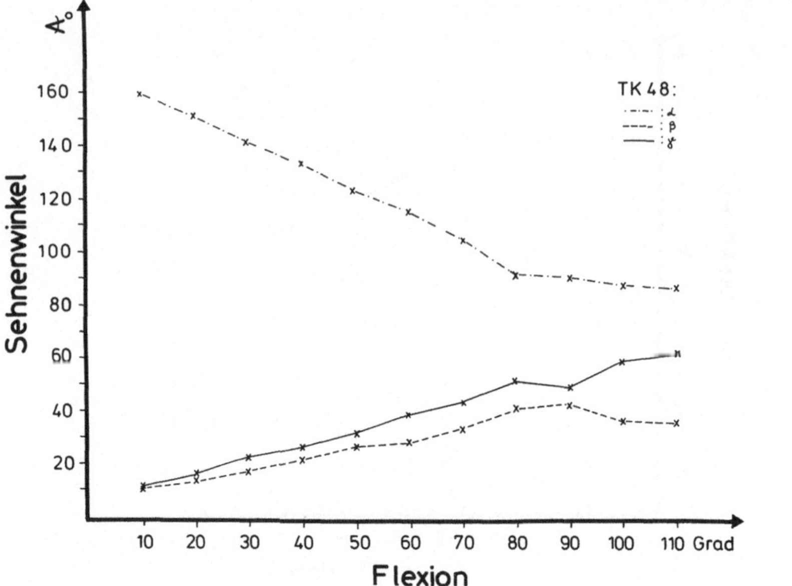

Abb. 131 c

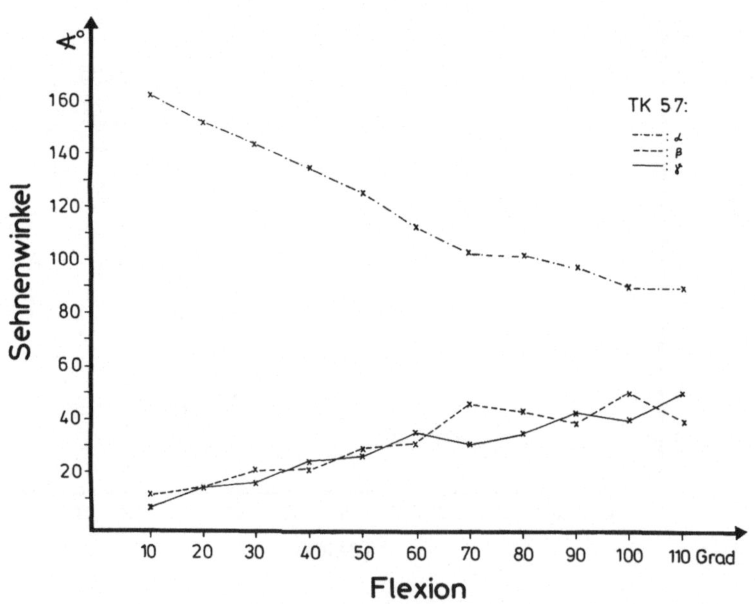

Abb. 131 d

b) Total-Condylar-Prothese

Die Total-Condylar-Prothese hat eine kuppelförmige Patellarückfläche aus Polyethylen, die einer symmetrischen Gleitlagerrinne gegenübersteht (Abb. 132). Die Kontaktzonen zeigen in der Nähe der Streckstellung einen angedeuteten Linienkontakt, der sich bei weiterer Kniebeugung in eine mediale und laterale punktförmige Berührungszone aufteilt und in der Größe abnimmt. Das Ausmaß der Kontaktzonenverlagerung ist insgesamt größer als bei der modifizierten Blauth-Prothese (Abb. 133, S. 136, 134–135).

Die patellofemoralen Anpreßkräfte steigen mit zunehmender Kniebeugung zunächst unabhängig vom Patellahöhenstand gleichförmig an. Der Umwicklungseffekt, der bei tiefstehenden Patellen eher einsetzt als bei hochstehenden, führt zu einer Abflachung der Kurven bei höheren Kniebeugewinkeln (Abb. 136). Die weiteren Belastungsgrößen sind in Abb. 137–140 dargestellt.

Während des gesamten Bewegungsablaufes kommt es zu einer antero-posterioren Verlagerung des femoralen auf dem tibialen Protheseneteil um ca. 5 mm, wie dies auch von Möller et al. (1983) auf Röntgenaufnahmen in unterschiedlichen Beugestellungen beobachtet wurde.

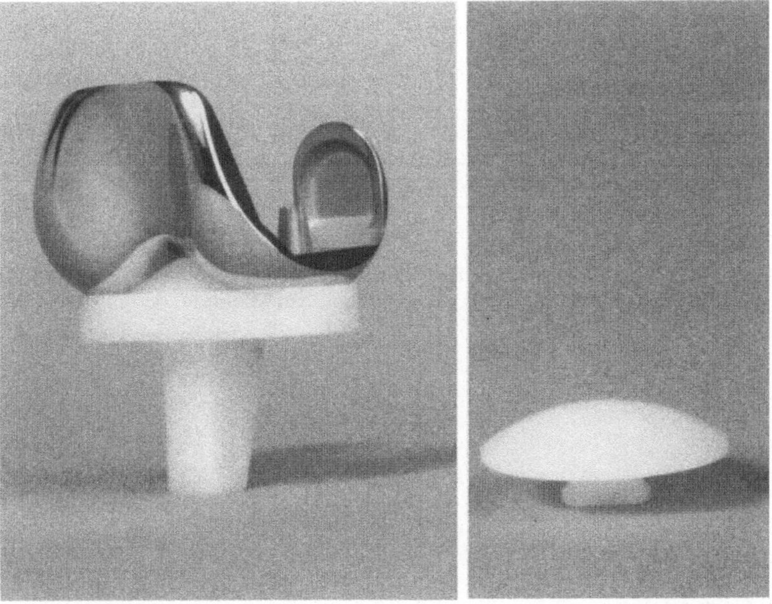

Abb. 132. Total-Condylar-Prothese mit symmetrischer Gleitlagerrinne, in der eine kuppelförmige Polyethylenprothese der Patellarückfläche gleitet

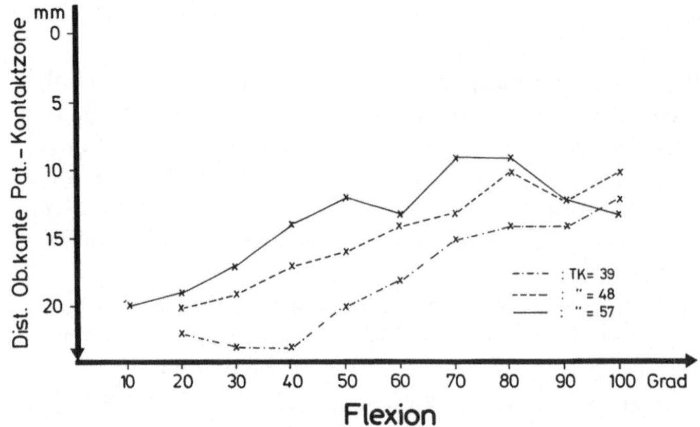

Abb. 134. Total-Condylar-Prothese. Die patellofemoralen Kontaktzonen verlagern sich auf der Patellarückfläche mit zunehmender Beugung von distal nach proximal. Der maximale Verlagerungsweg beträgt 9 mm

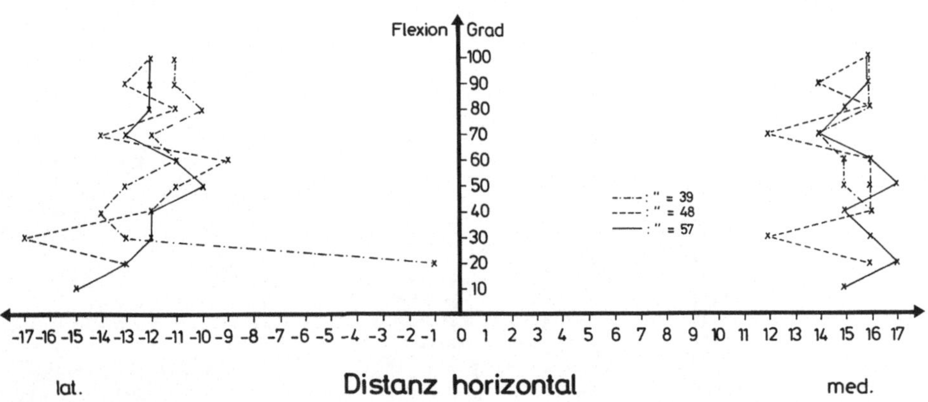

Abb. 135. Total-Condylar-Prothese. Der Druckschwerpunkt der patellofemoralen Kontaktzonen bleibt bei Gelenkbeugung in gleichem Abstand zum Zentrum der Patellarückflächenprothese

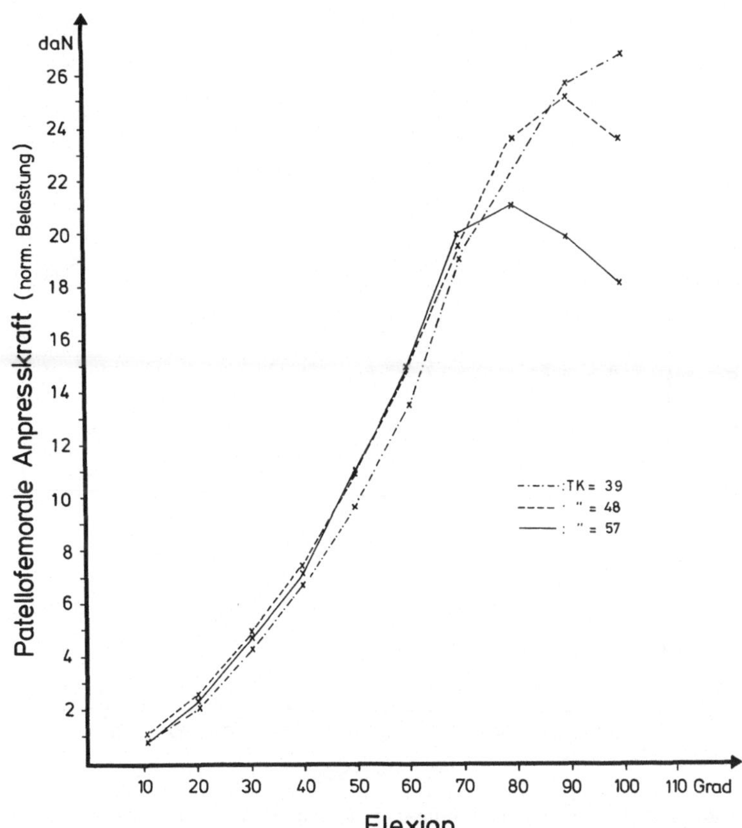

Abb. 136. Patellofemorale Anpreßkräfte bei der Total-Condylar-Prothese unter normierter Belastung. Bis zum Beginn der Umwicklung bei ca. 70° Beugung findet man für alle Patellahöhenpositionen fast identische Kurvenverläufe, die bei weiterer Beugung in Abhängigkeit von der Kniescheibenhöhenposition abflachen

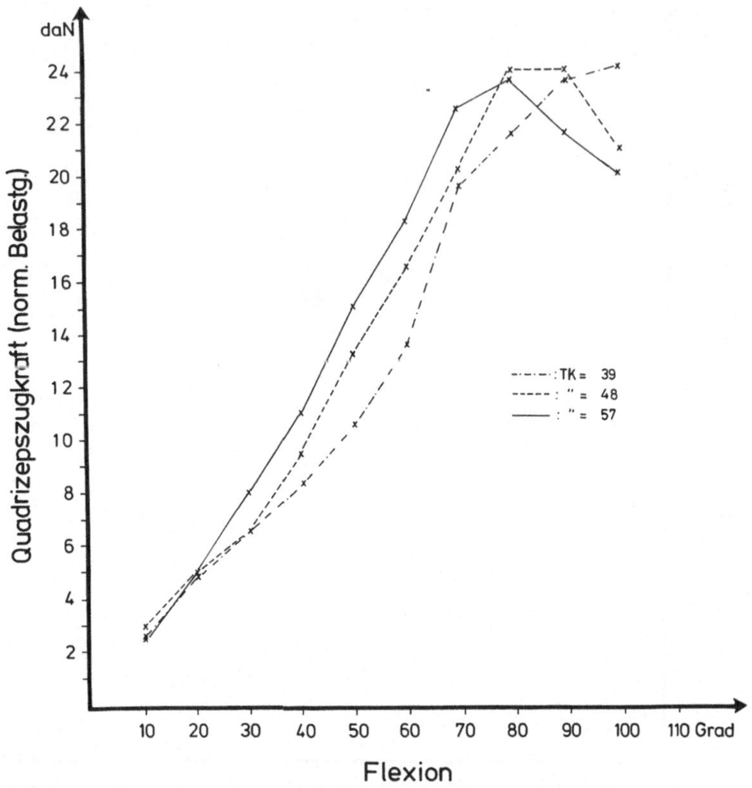

Abb. 137. Total-Condylar-Prothese. Kräfte in der Quadrizepssehne bei normierter Belastung. Der steilste Kraftanstieg zeigt sich bei tiefer Patellaposition (TK 57)

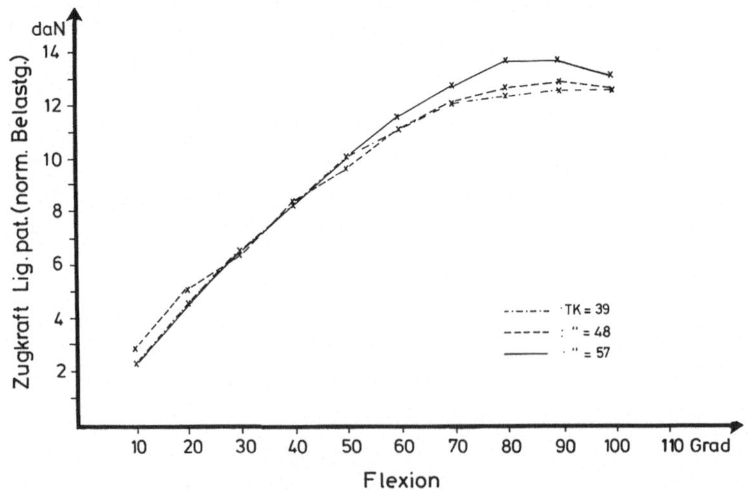

Abb. 138. Total-Condylar-Prothese. Die Kräfte im Lig. patellae bei normierter Belastung liegen niedriger als in der Quadrizepssehne und steigen für alle Patellahöhenpositionen in gleicher Weise an

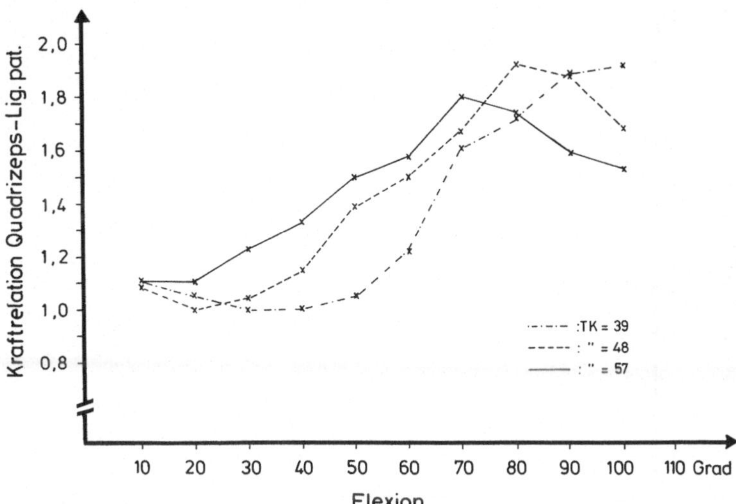

Abb. 139. Total-Condylar-Prothese. Verhältnis der Kräfte in Quadrizepssehne und Lig. patellae bei normierter Belastung. Bei tiefem Patellastand (TK 57) steigt das Verhältnis bereits bei kleineren Beugewinkeln an als bei höherem Patellastand (TK 39)

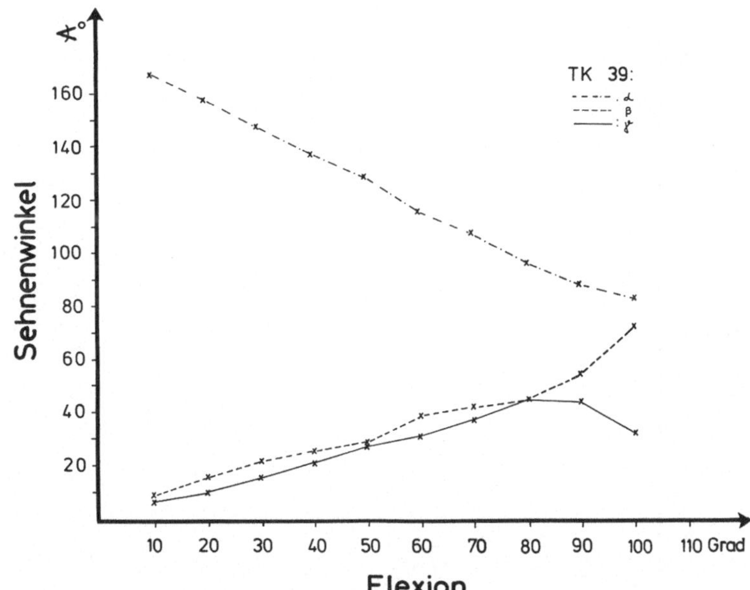

Abb. 140a

Abb. 140a-c. Total-Condylar-Prothese. Der eingeschlossene Winkel α zwischen Quadrizepssehne und Lig. patellae nimmt mit der Beugung ab. Bei tieferer Patellaposition findet sich bei größeren Beugewinkeln keine weitere Abnahme des eingeschlossenen Winkels (Umwicklungseffekt der Quadrizepssehne um das proximale Gleitlager). Die Anstellwinkel zwischen Quadrizepssehne und Patellalängsachse (β) sowie zwischen Lig. patellae und Patellalängsachse (γ) steigen mit zunehmender Beugung an; der Anstellwinkel zur Quadrizepssehne stärker als der Winkel zum Lig. patellae

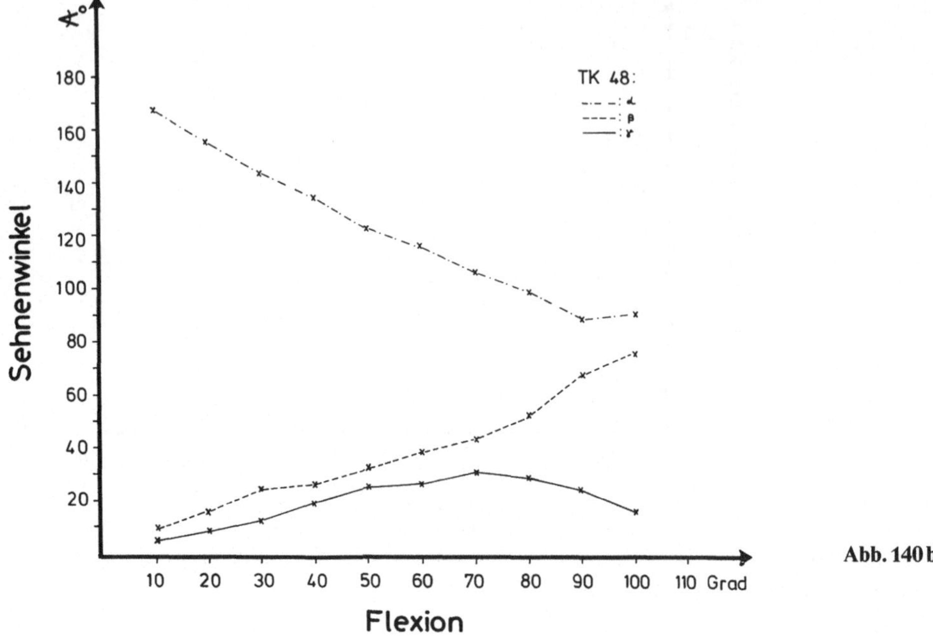

Abb. 140 b

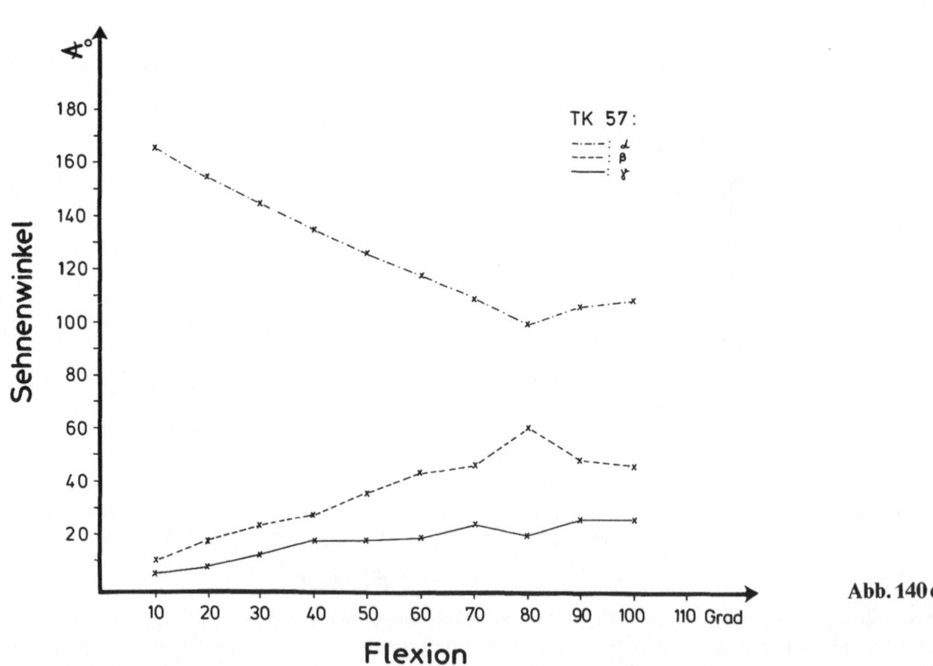

Abb. 140 c

c) RMC-Prothese

Die Richards-Maximum-Contact-Prothese (RMC) hat einen firstförmigen Polyethylenersatz der Patellarückfläche mit 2 unterschiedlich großen konkaven Facetten (Abb. 141). Auch das femorale Gleitlager zeigt eine asymmetrische Rinne mit spitzwinkligem Profil und einer größeren lateralen Flanke. Die patellofemoralen Kontaktzonen verlagern sich bei zunehmender Kniebeugung über eine große Distanz von distal nach proximal auf der Patellarückfläche. Bei höheren Beugewinkeln liegen die retropatellaren Kontaktzonen ausschließlich auf der proximalen Kante der Kniescheibenrückfläche (Abb. 142-144).

Die retropatellaren Anpreßkräfte steigen mit zunehmender Flexion weitgehend gleichförmig an, ebenso die Kräfte in der Quadrizepssehne und im Lig. patellae (Abb. 145-147). Bei Beugewinkeln von ca. 100° erreicht die Kraft in der Quadrizepssehne etwa den doppelten Wert wie die Kraft im Lig. patellae (Abb. 148). Die eingeschlossenen Winkel sind in Abb. 149 dargestellt.

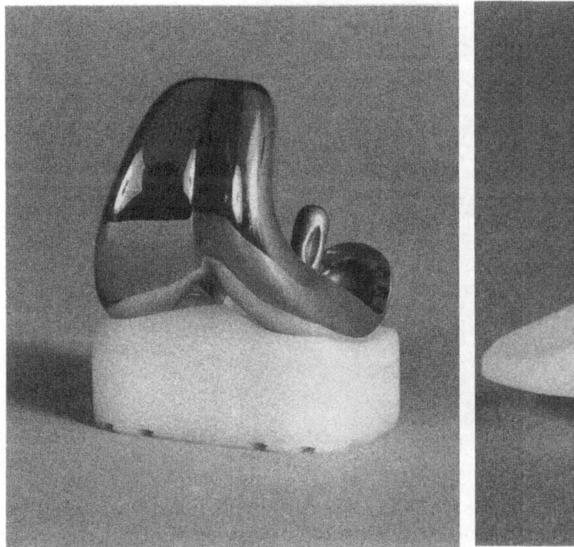

Abb. 141. RMC-Prothese mit asymmetrischer Gleitlagerrinne, der eine firstförmige Patellarückfläche aus Polyethylen mit zwei konkaven Gelenkfacetten gegenübersteht. Der kurze Polyethylenschaft an der Unterseite des Tibiaplateaus wurde zur Aufnahme entfernt

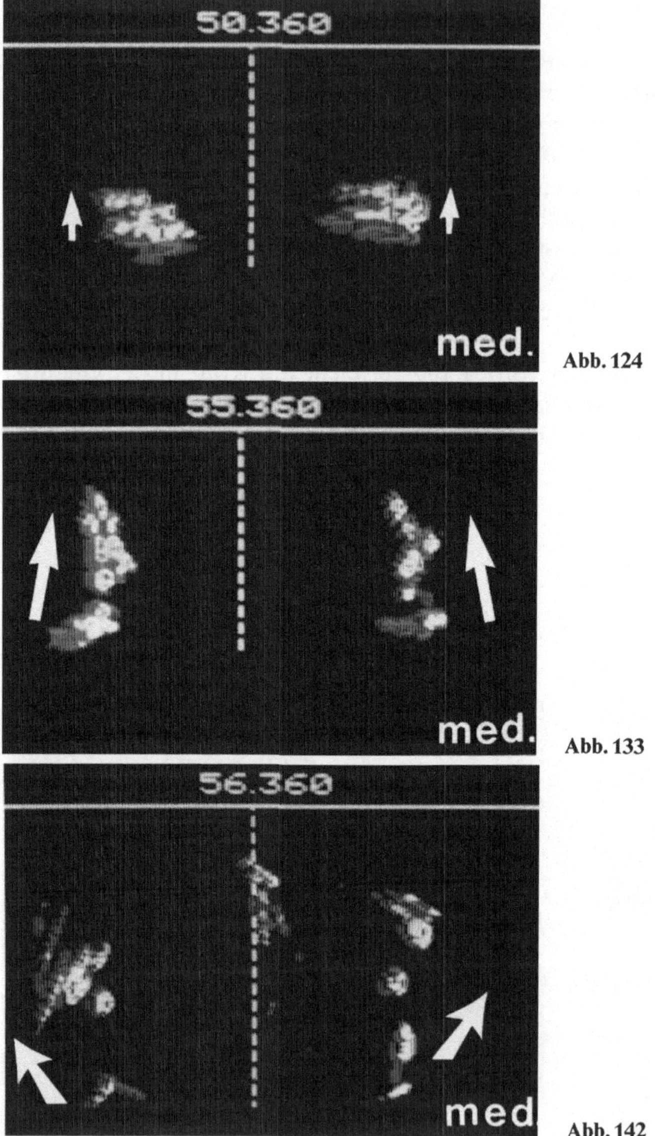

Abb. 124

Abb. 133

Abb. 142

Abb. 124 *(oben).* Patellofemorale Kontaktzonen der modifizierten Blauth-Prothese (TK 39). Während des Bewegungsablaufs verlagern sich die Kontaktzonen nur über kurze Strecken von distal nach proximal

Abb. 133 *(Mitte).* Patellofemorale Kontakzonen bei der Total-Condylar-Prothese (TK 57). Während einer Gelenkbeugung verlagern sich die Kontaktzonen insgesamt um 10 mm von distal nach proximal

Abb. 142 *(unten).* Die patellofemoralen Kontaktzonen bei der RMC-Prothese (TK 39) verlagern sich bei Gelenkbeugung von distal auf die proximale Gleitlagerkante

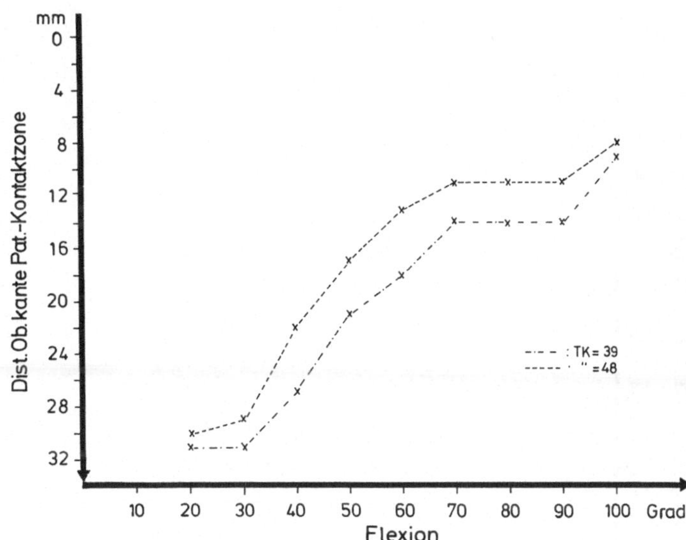

Abb. 143. RMC-Prothese. Die Kontaktzonen verlagern sich auf der Patellarückfläche mit zunehmender Beugung von distal nach proximal. Bei tiefer Patellaposition (TK 48) liegen die Kontaktzonen weiter proximal als bei höherer Patellaposition (TK 39)

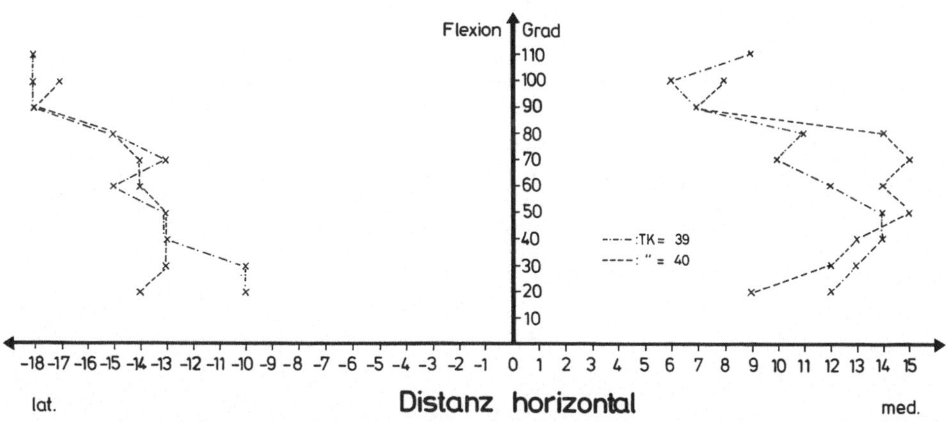

Abb. 144. RMC-Prothese. Horizontale Kontaktzonenverlagerung auf der Patellarückfläche. Nach annähernd paralleler Verlagerung zur Sagittalebene zeigt sich bei ca. 90 bis 100° Gelenkbeugung eine Querverschiebung auf der Kante der retropatellaren Gelenkfläche

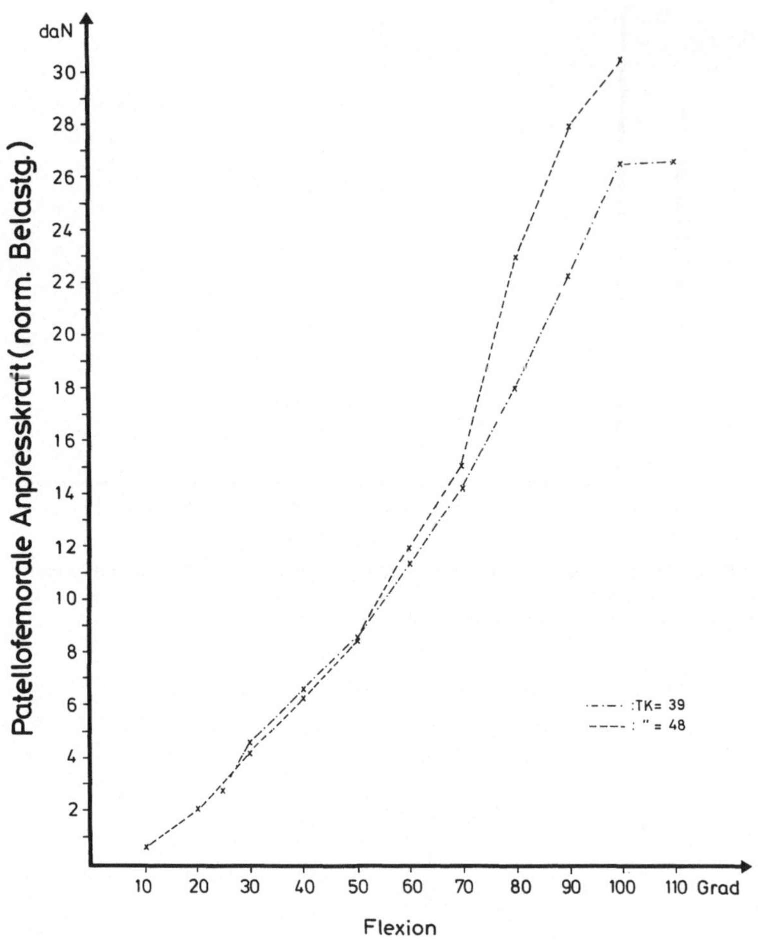

Abb. 145. Patellofemorale Anpreßkräfte bei der RMC-Prothese unter normierter Belastung

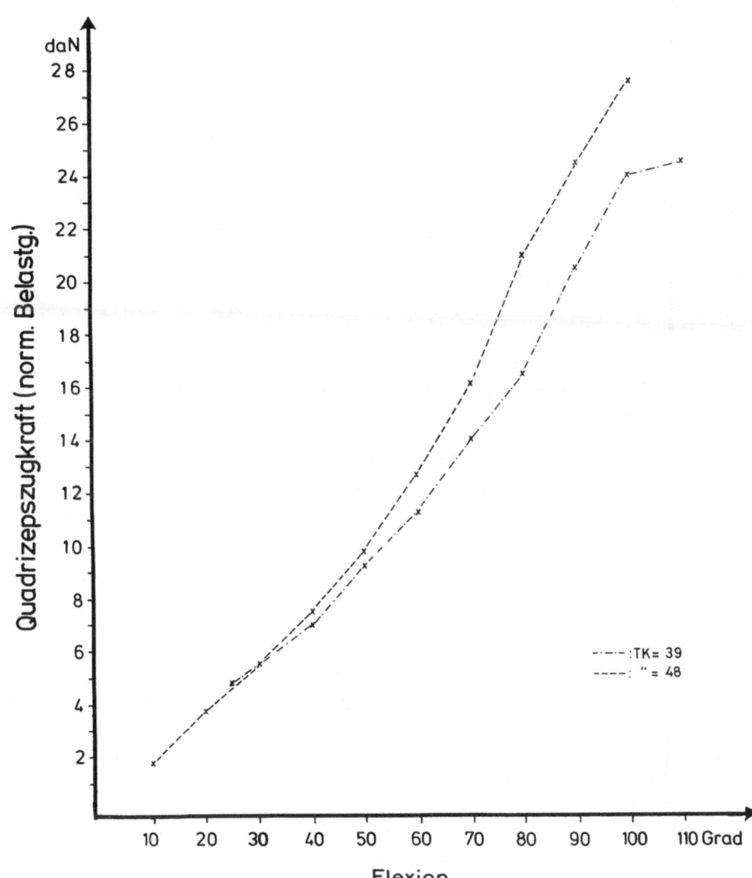

Abb. 146. RMC-Prothese. Anstieg der Quadrizepszugkraft mit zunehmender Gelenkbeugung. Bei tiefer Patellaposition (TK 48) ist die Steilheit des Anstiegs größer

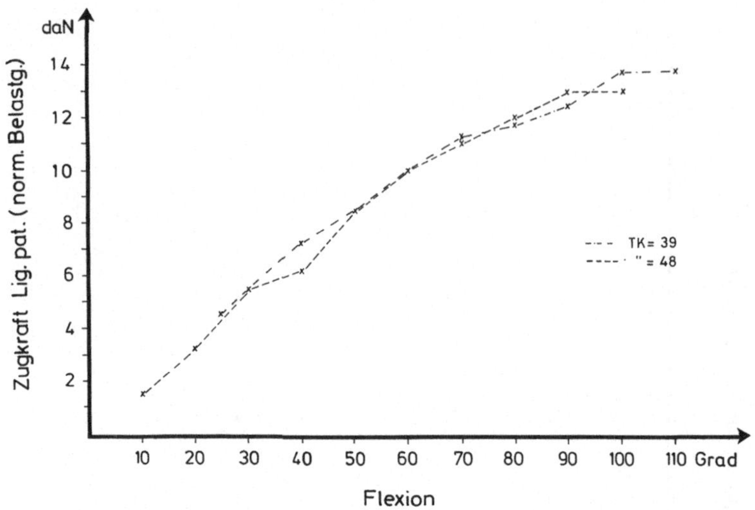

Abb. 147. RMC-Prothese. Der Kraftanstieg im Lig. patellae ist niedriger als in der Quadrizepssehne

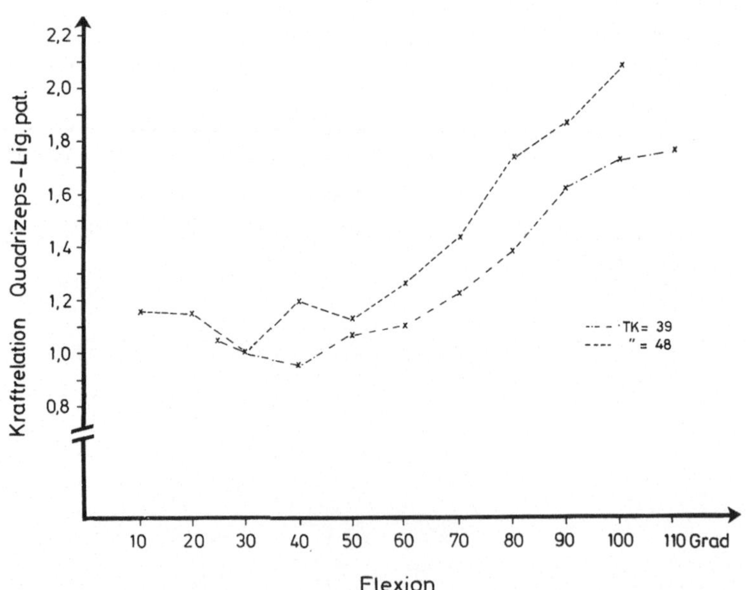

Abb. 148. RMC-Prothese. Das Verhältnis der Kräfte in Quadrizepssehne und Lig. patellae steigt mit zunehmender Beugung auf Werte zwischen 1,8 und 2,2

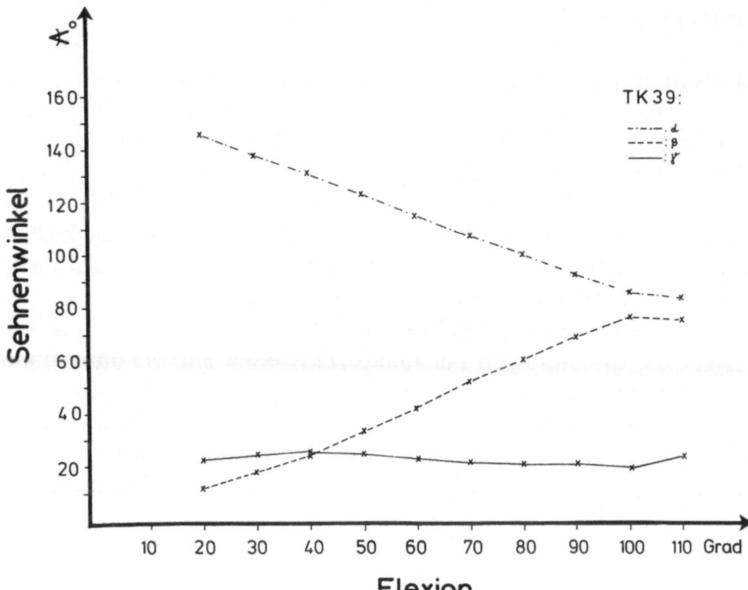

Abb. 149 a

Abb. 149 b

Abb. 149 a, b. RMC-Prothese. Abnahme des eingeschlossenen Winkels α zwischen Quadrizepssehne und Lig. patellae. Anstieg des Anstellwinkels β zwischen Quadrizepssehne und Patellalängsachse, während der Anstellwinkel γ zwischen Lig. patellae und Patellalängsachse weitgehend konstant bleibt

3. Näherungsmodelle

Das Näherungsmodell mit achteckiger Kondylenform (Abb. 150) zeigt besonders deutlich die Kontaktzonenverlagerung und deren Auswirkungen auf die Kräfte im M. quadrizeps und im Lig. patellae: Der Berührungspunkt der proximalen Achteckkante wandert auf der Patellarückfläche von distal nach proximal. Bei weiterer Beugung kippt die Kniescheibenrückfläche auf die zweite Polygonseite. Damit verlagert sich der Kontaktpunkt wieder nach distal und die zweite Polygonkante wandert auf der Kniescheibenrückfläche wiederum von distal nach proximal.

Die Verlagerungen spiegeln sich im Größenverhältnis der Kräfte im Lig. patellae und in der Quadrizepssehne wider (Abb. 151): Am proximalen Umkehrpunkt erreicht die Spannung in der Quadrizepssehne ein Maximum, am distalen Umkehrpunkt ein Minimum. Bei proximal gelegenen Kontaktzonen ist die Belastung in der Quadrizepssehne größer als im Lig. patellae, bei distal gelegenen Kontaktzonen ist die Quadrizepskraft niedriger, während die Belastung im Lig. patellae zunimmt. Abgesehen vom distalen Umkehrpunkt der Wanderungsbewegung liegt

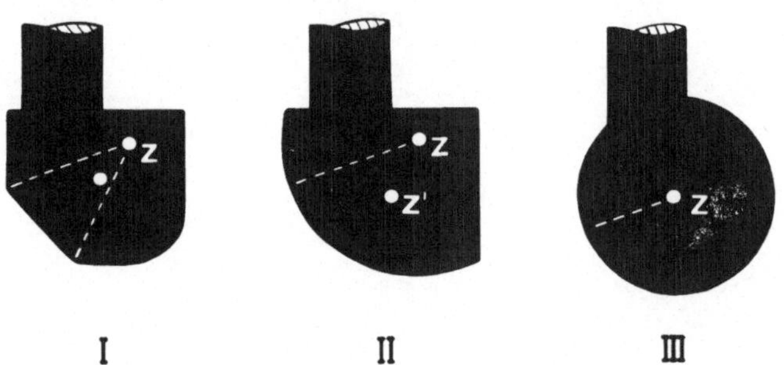

Abb. 150. Näherungsmodelle des femoralen Prothesenteils mit unterschiedlicher Formgebung. I = Achteck, II = Zylinder (r = 50 mm), III = Zylinder (r = 35 mm). Die Drehachse (*Z*) ist jeweils im geometrischen Zentrum sowie nach vorne und distal verschoben angeordnet (*Z'*)

Abb. 151. Patellofemorale Anpreßkräfte im achteckigen Näherungsmodell des femoralen Prothesenteils unter normierter Belastung. Die patellofemorale Anpreßkraft (F_P) zeigt bei zunehmender Beugung eine Knickbildung im Anstieg, die mit dem oberen Umkehrpunkt der Kontaktzonenverlagerung und einer Kraftspitze in der Quadrizepssehne zusammenfällt. Nach erneuter Distalverlagerung der Kontaktzone zwischen 55 und 70° liegt die Quadrizepskraft F_Q unter der Kraft im Lig. patellae, um dann mit erneuter Proximalverlagerung der Kontaktzonen wieder auf höhere Werte anzusteigen. Eine Umwicklung der Quadrizepssehne um die Kanten des Modells wurde durch entsprechende Aussparungen verhindert, so daß bei weiterer Kniebeugung eine Abflachung der Kurve nicht zu beobachten ist

Abb. 152. Gegenüberstellung der patellofemoralen Anpreßkräfte für die kreisförmigen Näherungsmodelle mit 35 und 50 mm Radius bei zwei verschiedenen Patellahöhenpositionen. Die beiden unteren Kurven, die zwischen 60 und 70° durch den Umwicklungseffekt abgeflacht sind, sind bei tiefer Patellaposition aufgenommen, die beiden oberen bei höherem Patellastand. Die einfach gestrichelte und die durchgezogene Kurve zeigen für das Modell mit kleinerem Radius einen verspätet einsetzenden Umwicklungseffekt

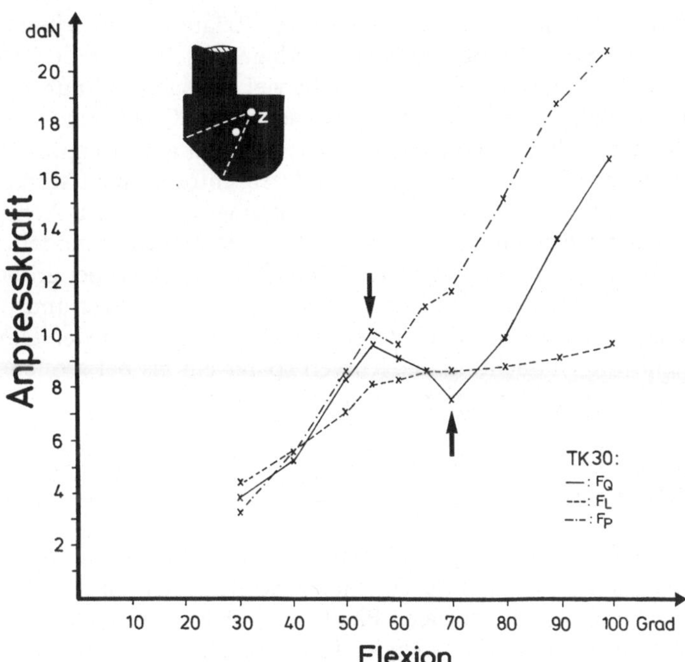

Abb. 151

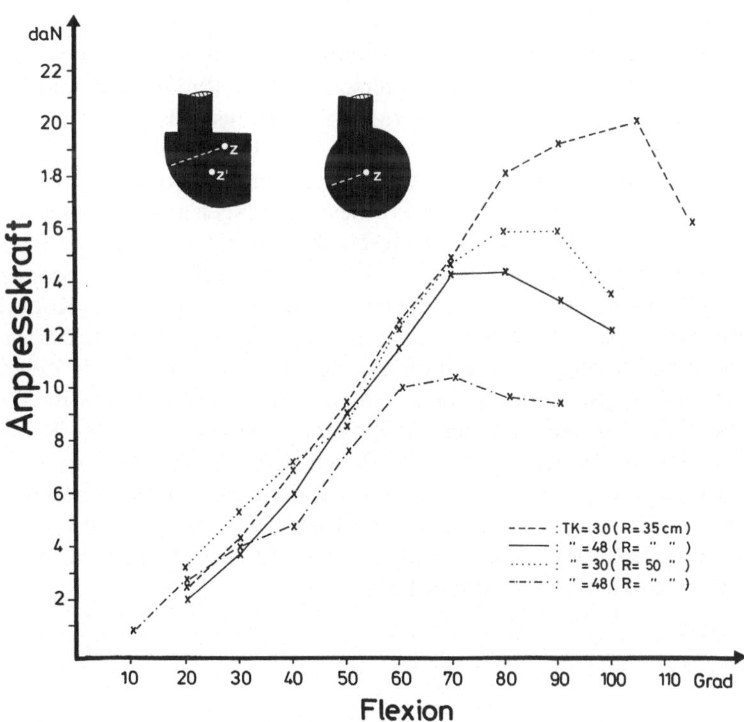

Abb. 152

die Kraft im Lig. patellae mit wechselnden Relationen unterhalb der Kraft in der Quadrizepssehne. Die Kontaktzonenverlagerung beim zylinderförmigen Näherungsmodell mit großem Radius ist sehr viel geringer und nur durch Änderungen der Anstellwinkel zwischen Patellalängsachse und Quadrizepssehne sowie Lig. patellae bestimmt. Bei exzentrischer Achslage findet man entsprechend der Distanzverringerung zwischen Gleitlager und Drehzentrum einen stärkeren Anstieg der retropatellaren Belastungen verglichen mit einer zentrischen Achsposition. Die retropatellaren Lastverläufe für das kreisförmige Kondylenmodell mit dem kleineren Radius liegen im gesamten Kurvenverlauf höher als bei größerem Kondylenradius. Die Kurvenverläufe sind im Diagramm nach links und oben verschoben (Abb. 152). Bei kleinen Gleitlagerkrümmungsradien setzt der Umwicklungseffekt und damit die Abflachung der Kurven später ein als bei großen Abständen zwischen proximaler Gleitlagerkante und Drehzentrum.

4. Einschleifversuche

Durch die Raspelwirkung der Prothese entsteht insgesamt eine konkave Patellarückflächenform mit zwei durch einen zentralen First voneinander getrennten Facetten. Gegenüber der zentralen Firstlage im Ausgangsblock nimmt die Größe der lateralen Facette mit zunehmender Einschleifdauer immer weiter zu, unabhängig vom Prothesenmodell (Abb. 153). Dies läßt sich auch an entfernten Kniescheiben (Hassenpflug et al. 1984) und an einer Guepar-Prothese aus dem anatomischen Präpariersaal zeigen (Abb. 154). Die konkave Form der Kniescheibenrückfläche entspricht weder bei den Einschleifversuchen noch an den entnommenen körpereigenen Kniescheiben dem Krümmungsverlauf des Prothesengleitlagers, das in verschiedenen Abschnitten unterschiedliche Radien aufweist. Als Hüllenkurve, die Ausdruck der patellofemoralen Belastungsgrößen und -lokalisation ist, bildet sich eine gleichförmige Konkavität der Patellagelenkfläche aus, deren Krümmungsradien näherungsweise den Formen körpereigener Kniescheiben entsprechen, die längere Zeit einem Prothesengleitlager gegenübergestanden haben.

In Abhängigkeit von der Kniescheibenposition werden bei Patellahochstand besonders die distalen und bei Patellatiefstand besonders die proximalen Anteile der Patella beansprucht. Entsprechende Verlagerungen der Kontaktflächenschwerpunkte zeigen sich auch an den eingeschliffenen Patellarückflächen (Abb. 153). Eine Vergrößerung der patellofemoralen Kontaktflächen als Zeichen einer verbesserten Kongruenz der beiden Gelenkpartner ist jedoch nur in Ansätzen nachweisbar. Die Formgebung des Gleitlagers und das Profil der Kniescheibe stimmen nämlich in keiner der verschiedenen Kniebeugestellungen vollständig überein. Insgesamt ergibt sich für die eingeschliffenen Patellen eine leichte Vergrößerung der Berührungszonen, so daß die Flächenpressung geringfügig abnimmt. Dies gilt besonders für die Blauth-Prothese sowie für die Guepar-Prothese in Kombination mit einer Patella mit hohem First.

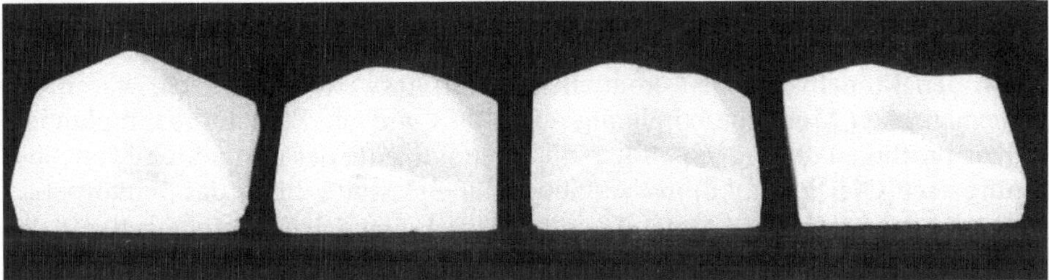

Abb. 153. Konkav eingeschliffene Umformung von Hartschaumblöcken durch die Raspelwirkung der Blauth-Prothese. Von links nach rechts zunehmend tiefere Positionierung der Hartschaumblöcke, entsprechend einer tieferen Patellaposition. Die eingeschliffene Konkavität als Ausdruck der größten Belastungen liegt beim Patellahochstand in den distalen Abschnitten, bei Patellatiefstand in den proximalen Abschnitten der Hartschaumblöcke. Ausgehend von einer zentralen Firstlage ist eine Vergrößerung der lateralen Facette durch den Einschleifvorgang zu erkennen

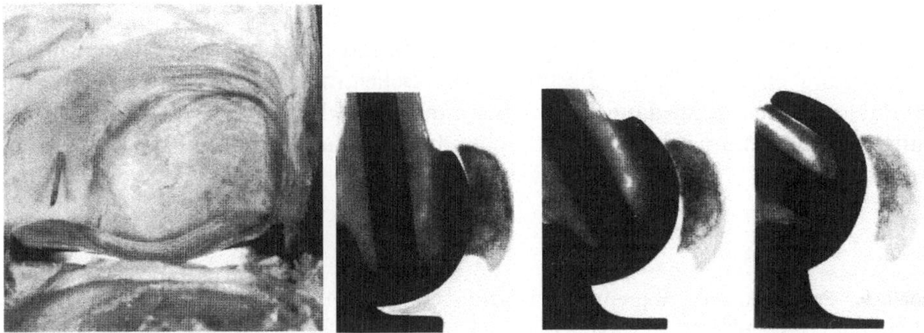

Abb. 154. Patellarückfläche aus dem anatomischen Präpariersaal nach Implantation einer Guepar-Prothese. Die Prothese hat sich im fixierten Material ausschließlich auf die laterale, konkav umgeformte Patellafacette gedrückt. Die eingestochene Nadelspitze markiert den medialen Patellarand. Die Röntgenaufnahmen derselben Prothese zeigen eine konkave Umformung der Patellarückfläche. Bei fast gestrecktem Gelenk liegt die Patella dem Gleitlager paßgerecht an, während bei stärkerer Beugung nur noch die oberen Anteile artikulieren. (Präparat aus dem Anatomischen Institut der Universität Kiel)

5. Übertragung auf Belastungen implantierter Prothesen

Die in den Modellversuchen ermittelten Belastungswerte lassen sich, wie in der mathematischen Modellbeschreibung ausgeführt, auf die Verhältnisse implantierter Knieprothesen übertragen, indem die Drehmomente der normierten Modellbelastung nach Gleichung (16) ins Verhältnis zur Belastung durch das Teilkörpergewicht gesetzt werden. In Abb. 155 sind die wirksamen Hebelarmlängen für das Modell und für körpereigene Gelenke (Hiss u. Jäger 1981) graphisch gegenübergestellt. Als Multiplikationsfaktor für einen 70 kg schweren Probanden läßt sich ein mittlerer Wert von 17 ablesen, mit dem die patellofemoralen Belastungen im Modell zu multiplizieren sind, um die statischen Belastungen implantierter Prothesen abschätzen zu können. Die erreichten patellofemoralen Spitzenbelastungen sind in Tabelle 9 angegeben.

Die Größe der patellofemoralen Anpreßkräfte wirkt sich beim Ersatz der Patellarückfläche durch Polyethylenkörper auf die Größe der patellofemoralen Kontaktflächen aus. Zur orientierenden Abschätzung dieser Zusammenhänge werden Polyethylenpatellen der modifizierten Blauth-Prothese zunehmenden Belastungen in einem muldenförmigen Lager ausgesetzt (Abb. 156). Die Kontaktflächen werden mit der druckempfindlichen Fujifolie sowie mit der Touchiermethode durch Verdrängung einer Farbpaste bestimmt. Bei Belastungsgrößen zwischen 50 und 500 daN und Belastungsdauern von 15 s nimmt bei gleichzeitiger Materialverformung die Ausdehnung der Kontaktflächen bei großen Kräften auf das 5fache zu (Abb. 157, 158).

Tabelle 9. Patellofemorale Anpreßkräfte, näherungsweise umgerechnet auf Belastungen implantierter Prothesen, jeweils bei mittlerer (TK39) und etwas tieferer Patellaposition (TK48). Die maximalen statischen Belastungsgrößen liegen zwischen 500 und 1000 daN

Flexion in Grad	Blauth-Prothese		Guepar-Prothese	
	TK39 daN	TK48 daN	TK39 daN	TK48 daN
20	4	5	4	4
30	34	36	29	28
40	76	70	60	61
50	137	140	112	112
60	219	236	178	182
70	340	383	268	279
80	460	409	363	390
90	550	466	503	600
100	574	551	670	735
110	686	645	930	913

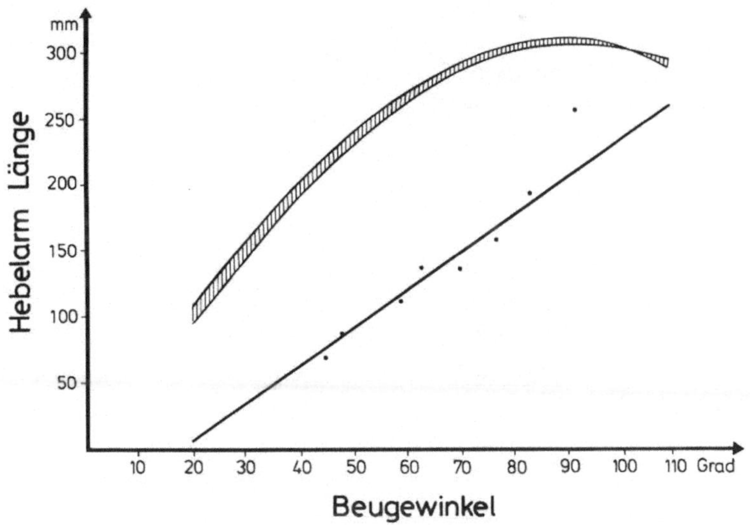

Abb. 155. Gegenüberstellung der Hebelarmkurven im Modellversuch (schraffiert, g_1, s. Abb. 72, S. 79) und im Zehenspitzenstand bei 5 Versuchspersonen (Hiss u. Jäger 1981). Zur Umrechnung vom Modell mit 2 kg Belastung auf die Verhältnisse im Körper mit 70 kg Belastung sind die patellofemoralen Anpreßkräfte aus dem Modellaufbau mit 35 × Hebelarmrelation zu multiplizieren

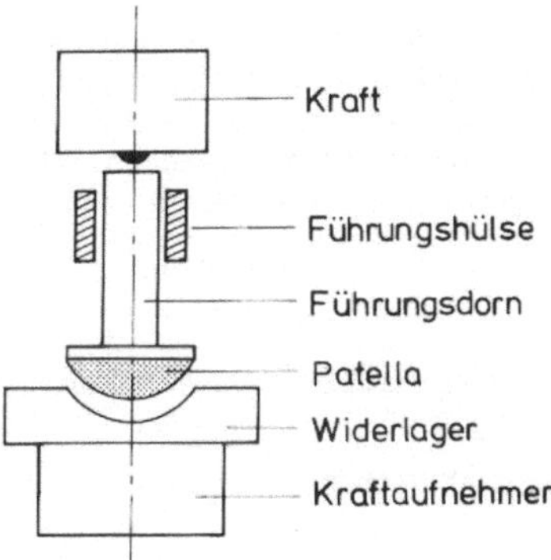

Abb. 156. Versuchsaufbau zur kontrollierten Druckbelastung von Polyethylenkörpern. Der Patellarückflächenersatz wird in ein muldenförmiges Lager gepreßt. Die Kraft wird über einen zentral geführten Stab eingeleitet und im Widerlager gemessen

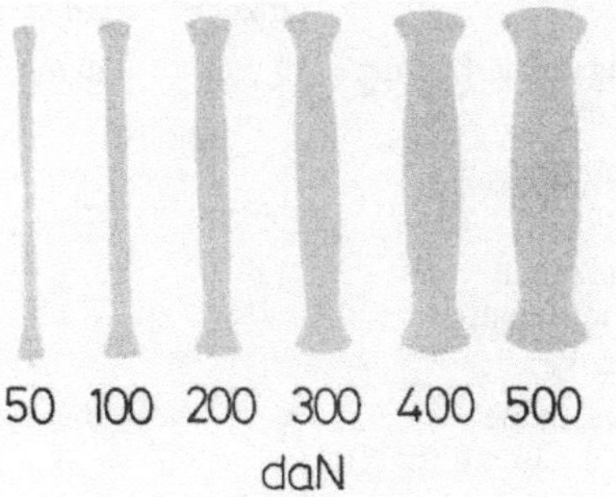

Abb. 157. Lastabhängige Vergrößerung der Kontaktflächen zwischen einer Rinne und einem Polyethylenkörper, der die Form eines Kugelabschnitts (r = 20 mm) aufweist. Bei Belastungen zwischen 50 und 500 daN entsteht eine Abplattung der Kugel um 0,35 mm und eine Vergrößerung der Kontaktflächen von 55 auf 240 mm^2

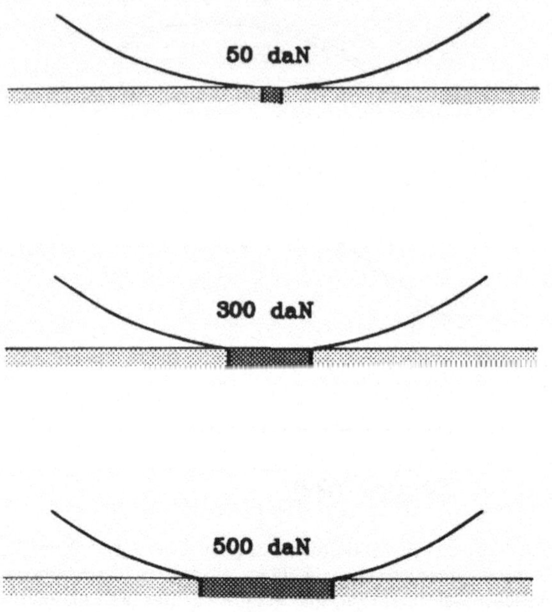

Abb. 158. Verformung der Polyethylenrückflächenprothesen im Querschnitt. Mit größeren Lasteinleitungen wird die Kuppel zunehmend abgeplattet

Tabelle 10. Übersicht über wesentliche patellofemorale Belastungsgrößen im Modellversuch. Einzelheiten sind im Text angeführt. In der Reihe „Sehnenanstellwinkel" ist die Änderung des Außenwinkels zwischen Patella und Quadrizepssehne mit zunehmender Gelenkbeugung durch den oberen Strich, der Außenwinkel zum Lig. patellae durch den unteren Strich gekennzeichnet. Die maximale Anpreßkraft ist für eine normierte Belastung von 2 kg angegeben

	Blauth	Guepar	GSB	Blauth modifiziert	Total-Condylar	RMC
Gleitlagerkrümmung	diskontinuierlich	kontinuierlich	Stufe	kontinuierlich	kontinuierlich	diskontinuierlich
Kontaktflächenform	Fläche	Fläche	Fläche/Linie	Linie	Punkt	Punkt
Kontaktflächenverlagerung						
- horizontal	divergent	konvergent	konvergent	parallel	parallel	divergent
- vertikal	Richtungsumkehr	distal-proximal	distal-proximal	distal-proximal	distal-proximal	distal-proximal
Maximale Distanz vertikal	13 mm	20 mm	25 mm	6 mm	9 mm	22 mm
Sehnenanstellwinkel						
Maximale Kraftrelation F_Q/F_L	1,6	2,0	1,8	1,4	1,9	2,0
Maximale Anpreßkraft (daN)	26	30	32	24	26	30

Zusammenfassung der Ergebnisse: Die biomechanischen Untersuchungen ergeben für das Patellofemoralgelenk beim künstlichen Kniegelenkersatz kleine retropatellare Kontaktflächen, die während des gesamten Bewegungsablaufs nur über kleine Anteile der Patellarückfläche verlagert werden. Form und Ausdehnung der Kontaktzonen und deren Verlagerung sind durch die Formgebung des Gleitlagers und der Patella bestimmt. Als Folge von Kontaktzonenverlagerung und asymmetrischem Gleitlageraufbau sind die Kräfte und Drehmomente von Quadrizepssehne und Lig. patellae nicht identisch. Die unterschiedliche Lage der Kontaktzonen bei verschiedenen Patellahöhenpositionen beeinflußt die patellofemoralen Anpreßkräfte. Das Patellofemoralgelenk ist in einer mathematischen Modellbeschreibung als asymmetrisches Scheibenlager ohne Widerspruch zu den experimentellen Daten darstellbar.

Einige Besonderheiten der verschiedenen Prothesenmodelle sind in Tabelle 10 zusammengestellt.

F. Diskussion

Der Aufbau und die Biomechanik des Kniegelenks weisen eine Reihe von Besonderheiten auf, die bei der Entwicklung und Beurteilung von Kniegelenkendoprothesen zu beachten sind: Dazu zählt z. B. das kinematische Zusammenspiel von 3 gelenkbildenden Partnern, nämlich Femur, Tibia und Patella, in Form einer multizentrischen Rollgleitbewegung in einer großen Gelenkhöhle. Der Bewegungsablauf wird wesentlich durch die Muskel- und Bandführung gesteuert, da die Formgebung der Gelenkoberflächen nur eine schlechte knöcherne Führung bietet. Die langen Hebelarme der angrenzenden Röhrenknochen (Fick 1904) führen an der belasteten unteren Extremität zu großen, auf das Gelenk einwirkenden Kräften. Schließlich kann die exponierte Lage des Kniegelenks unter einer dünnen Weichteildecke Wundheilungsstörungen und Verletzungen begünstigen. Diese Faktoren haben wohl dazu beigetragen, daß bis heute künstliche Kniegelenke etwa 10–12 mal seltener als künstliche Hüftgelenke implantiert werden, obwohl aus epidemiologischen Untersuchungen annähernd gleiche Morbiditätsraten an Coxarthrose und Gonarthrose hervorgehen (Wagenhäuser 1969; Mohing 1976; Lawrence 1977).

Die langfristigen Ergebnisse der Kniegelenkendoprothetik sind bisher in Sammelstatistiken insgesamt ungünstiger als die Ergebnisse von Hüftprothesen (Griss et al. 1982; Weber u. Hackenbroch 1985). Als wesentliche Ursache von Fehlschlägen, Reoperationen und bleibenden Beschwerden hat sich der *patellofemorale Gelenkanteil* erwiesen, nachdem in der historischen Entwicklung der Alloarthroplastik des Kniegelenks zunächst die Lastübertragung in Längsrichtung der Extremität im Vordergrund des Interesses stand.

Die vorliegenden klinischen Verlaufsbeobachtungen bestätigen die große Bedeutung des Patellofemoralgelenks als Ausgangspunkt anhaltender Beschwerden. Sie wurden zum Anlaß, experimentelle Untersuchungen durchzuführen, um mögliche Ursachen der beobachteten Patellaveränderungen im biologischen und biomechanischen Bereich einzugrenzen. Die Untersuchungen zur Blutversorgung der Patella sollen widersprüchliche Angaben in der Literatur überprüfen und Schädigungsmöglichkeiten der Gefäße bei verschiedenen operativen Wegen zur Gelenkeröffnung sowie Auswirkungen auf das Implantatlager beim Ersatz der Patellarückfläche darstellen. Die biomechanischen Untersuchungen sollen die besonderen Belastungsbedingungen der Kniescheibe beim künstlichen Kniegelenkersatz beschreiben.

Die folgende Diskussion ist im wesentlichen auf patellofemorale Probleme beschränkt. Klinische, biologische und biomechanische Gesichtspunkte werden zur besseren Übersicht getrennt diskutiert, übergreifende Zusammenhänge zwischen verschiedenen Einflußgrößen aber jeweils mit einbezogen.

I. Klinische Langzeitbeobachtungen

1. Literatur

Neben einer Vielzahl meist positiver Einschätzungen, häufig mit kurzen Beobachtungszeiten und kleinen Fallzahlen, liegen für verschiedene Prothesenmodelle auch längerfristige Beobachtungen vor, die in vielen Fällen erst auf Schwierigkeiten und Fehlschläge hinweisen. Nicht selten fehlen Negativberichte völlig, obwohl anfangs positiv eingeschätzte Modelle längst nicht mehr in ihrer ursprünglichen Form eingebaut und konstruktiv immer wieder verändert wurden. Darüber hinaus beschreiben Nachuntersuchungen implantierter Prothesen in der Regel keine *randomisierten Kollektive.* So können z.B. in der Zusammensetzung von Alter, Geschlecht und Grundkrankheiten der Patienten wesentliche Unterschiede bestehen (Cracchiolo 1976), wie dies besonders Tew u. Waugh (1979) für verschiedene Serien von Knieprothesen aufgezeigt haben. Die Vergleichbarkeit der Ergebnisse ist dadurch in unterschiedlicher Weise eingeschränkt.

Zur grundlegenden Orientierung erscheint es dennoch aufschlußreich, die Größenordnungen von *Fehlschlägen* der „Pioniermodelle" der ersten Entwicklungsstufe, also der Prothesen von Walldius, Guepar und Stanmore, die ja immer wieder als Negativbeispiele angeführt werden, einmal den konstruktiv weiterentwickelten Scharnierprothesen der „zweiten Generation", wie den Prothesen von Blauth und St. Georg, gegenüberzustellen. Nach Mitteilungen in der Literatur liegt die Häufigkeit von Fehlschlägen in der ersten Gruppe bei etwa 16%, wahrscheinlich aber wesentlich höher (Andersen 1979; Deburge et al. 1979; Hui u. Fitzgerald 1980; Küsswetter u. Baumann 1980; Wilson et al. 1980; Le Balc'h 1984; Grimer et al. 1984; Lettin et al. 1984). Bei den verbesserten Scharniermodellen mit „Low-friction-Prinzip", weitgehend physiologischer Achslage und ausreichend vorhandenen Verankerungsflächen ergeben sich Ausfallraten von etwa 5% (Dietz und Gekeler 1981; Röttger u. Heinert 1984; Hassenpflug et al. 1985). Die Angaben über Fehlschläge bei Gleitflächenprothesen, etwa dem ICLH-Modell von Freeman, schwanken zwischen 6 und 24% (Gibbs et al. 1979; Goldberg u. Henderson 1980). Für die Geomedic-Prothese lassen sich mittlere Ausfallraten von etwa 8% feststellen (Skolnick et al. 1976; Riley u. Hungerford 1978; Cracchiolo et al. 1979; Ahlberg u. Lunden 1981; Schneider 1978). Bei der Attenborough-Prothese beobachteten Kershaw u. Themen (1988) nach 4–10 Jahren sogar eine aseptische Lockerungsrate von 27%. Insgesamt scheinen jedoch auch bei den Gleitflächenprothesen die heute gebräuchlichen Modelle günstiger abzuschneiden als frühere Prothesen. Der tatsächliche Erfolg neuerer Konstruktionen wird sich aber erst durch langfristige, sorgfältige und ohne große Dunkelziffer dokumentierte Verlaufskontrollen feststellen lassen.

In Berichten über Ergebnisse des künstlichen Kniegelenkersatzes nimmt der *patellofemorale Gelenkanteil* meist nur eine Randstellung ein. In Tabelle 11 sind Schmerzen, Komplikationsrate und Reoperationshäufigkeit aus Veröffentlichungen zusammengestellt, die entsprechende Zahlenangaben zum Patellofemoralgelenk enthalten. Die Häufigkeit patellofemoraler „Probleme" wird in der Literatur sehr unterschiedlich angegeben. Besonders „weiche" Daten, wie Schmerzangaben,

Tabelle 11. Angaben zu patellofemoralen Beschwerden, Komplikationen und Reoperationen aus der Literatur bei verschiedenen Prothesenmodellen. Die Häufigkeit von Schmerzangaben liegt zwischen 0 und 60%, die Komplikationshäufigkeit zwischen 0 und 40% und die Reoperationsrate zwischen 0 und 12%

Autor	Jahr	Modell	Patellaprothese (+/−)	N	Beobachtungszeit	Schmerz (%)	Komplikationen (%)	Reoperationen (%)
Finerman et al.	1979	Anametric	−	112	1-	2	1	
Vanhegan et al.	1979	Attenborough	−	100	1-4	5	3	
Cloutier	1983	Cloutier	−	107	2-4	2,8		2,8
Insall et al.	1976	Duocondylar	−	64	1-3,5	46	3,1	
Ranawat et al.	1976	Duocondylar	−	94	2-4	9		
Scott	1979	Duocondylar	−	174	3-		15	5
Sledge u. Ewald	1979	Duocondylar	−	135	2	20		
Scott	1979	Duopatellar	−	167	2	10	7	3
Sledge u. Ewald	1979	Duopatellar	−	167	2	5		
Scott u. Reilly	1980	Duopatellar	−	372	2-5	10	3,5	1,4
Thomas et al.	1980	Duopatellar	−	747	-			1,3
Scott et al.	1982	Duopatellar	−	286	2-5	10	3,5	1
Eichler u. Stallforth	1985	ES	+	81	1-4		5	1
Riley u. Woodyard	1978	Geomedic	−	54	2-5	5,5		1,8
Mochizuki u. Schurman	1979	Geomedic	−	34	1-5		2,8	
Ahlberg u. Lunden	1981	Geomedic	−	178	1-6	1,6		1,6
Hunter et al.	1982	Geomedic	−	150	0,5-6		0,6	0,6
Schmitz et al.	1985	Geomedic	−	39	4-9	23		
Torisu u. Morita	1986	Geomedic	−	52	4-10	6	12	
Insall et al.	1976b	Geomedic	−	50	1-3,5	58	18	2
Gschwend et al.	1980	GSB	−	285	0,5-6	20		
Gschwend u. Löhr	1981	GSB	−	224	1-6			8,4
Gschwend u. Müller	1984	GSB	−	120	-6		7,5	12
Hagena u. Hofmann	1984a	GSB	−	118	1-7			7,5
Deburge	1975	Guepar	−	292	4		13,3	
Deburge et al.	1976b	Guepar	−	103	-	60		
Insall et al.	1976	Guepar	−	54	1-3,5		44	10
Sneppen et al.	1978	Guepar	−	50	-2	6	38	
Andersen	1979	Guepar	−	64	1-4		11	5
Hui u. Fitzgerald	1980	Guepar	−	67	2-5			3
Bargar et al.	1980	Guepar	−	40	2-4	8		5
leNobel u. Patterson	1981	Guepar	−	93	1,5		31	
Schurman	1981	Guepar	−	66	1-5	23	23	12
Freeman et al.	1978	Freeman-Swanson	−	50	2	42	10	4
Moreland et al.	1979	ICLH	−	43	0,5-2	19	9	9
Moreland et al.	1979	ICLH	+	36	0,5-2	0	15	2
Goldberg u. Henderson	1980	Freeman-Swanson	−	70	4-5	26	10	6
Cameron u. Fedorkow	1982	ICLH	−	63	1-	18	24	
Freeman et al.	1981	ICLH	−	59	0,5-3	2	10	3
Levai et al.	1983	ICLH	−	32	3-5	28		
Levai et al.	1983	ICLH	+	39	3-5	2		
Freeman et al.	1985	ICLH	−	208	3-6		13	
Freeman et al.	1986	Freeman-Samuelson	+	178	4-6	0	7	
Marmor	1976	Modular	−	124	2-4	3	1	1
Sneppen et al.	1978	Modular	−	50	-2	12	12	
Cartier et al.	1982	Modular	−	95	1-6	18		
Marmor	1985	Modular	−	138	3-11		3	
Gunston u. MacKenzie	1976	Polycentric	−	89	2-7	16		
Jones et al.	1981	Polycentric	−	179	2-7		5	

Tabelle 11 (Fortsetzung)

Autor	Jahr	Modell	Patellaprothese (+/−)	N	Beobachtungszeit	Schmerz (%)	Komplikationen (%)	Reoperationen (%)
Lewallen et al.	1984	Polycentric	−	209	1-10		4	4
Laskin	1986	RMC	+	166	3-		2	
Sheehan	1978	Sheehan	−	135	1-5	11	1	
Miehlke u. Gröneveld	1983	Sheehan	−	121	-	3,3		1,6
Miehlke u. Keller	1985	SKI	+	220	-3	22	1,8	0,9
Kaufer et al.	1981	Spherocentric	−	54	2-6	12	0	0
Engelbrecht et al.	1976	St. Georg	−	240	2-5	18		2
Engelbrecht et al.	1976	St. Georgschl.	−	294	2-5	10		1
Dederich u. Wolf	1982	St. Georg	−	102	0,5-6	10	1	1
Dreyer et al.	1984	St. Georgschl.	−	65	5-	5		5
Lettin et al.	1978	Stanmore	−	100	2,5	9	6	2
Lettin et al.	1984b	Stanmore	−	210	1-8		11	3
Grimer et al.	1984	Stanmore	−	103	1-9	12		4
Tillman et al.	1985	Tillman	−	221	0,1-5	18		
Insall et al.	1982	Total-Condylar p. st.	+	118	2-4		11	
Insall et al.	1979a	Total-Condylar	+	461	1-4	0,8	1	0,4
Clayton u. Thirupathi	1982	Total-Condylar	+	100	5-9		4	2
Insall et al.	1983	Total-Condylar	+	100	5-9		4	2
Oglesby u. Wilson	1984	Total-Condylar	+	39	0,5-5		2,5	
Ranawat et al.	1984	Total-Condylar	+	135	2-6	21		
Laskin	1981	Total-Condylar	+	117	2-4			1
Schmitz et al.	1985	Total-Condylar	+	95	1-4	24		2
Ranawat	1986	Total-Condylar	+	100	5-10	0	0	0
Sneppen et al.	1985	Total-Condylar	+	100	1	0	0	0
Soudry et al.	1986	Total-Condylar	−	27	2-8	18	7,4	
Insall et al.	1985	Total-Condylar	+	403	2-9		7	1
Townley	1985	Townley	+/−	532	1-11		0,5	
Evanski et al.	1978	UCI	−	83	-		5	5
Flynn	1978	UCI	−	200	2-5	35	2	
Lacey	1978	UCIT	−	85	1-4	28	29	5
Buchanan et al.	1982	Var. Axis	−	111	2-5	7	5	
Rutledge et al.	1986	Var. Axis	−	28	5-10	14		
Rutledge et al.	1986	Var. Axis	+	43	2-4	2		
Miehlke	1979	versch. Mod.	+/−	122	-	38		
Izadpanah	1982	versch. Mod.	−	43	1-4	18		2
Thornhill et al.	1982	versch. Mod.	−	462	-			6
Bryan u. Rand	1982	versch. Mod.	−	227	1-10			10
Mochizuki u. Schurman	1979	versch. Scharn.	−	52	1-5		40	
Hui u. Fitzgerald	1980	Walldius	−	33	2-			10
Oglesby u. Wilson	1984	Walldius	−	90	0,5-15	0		

sind der subjektiven Beurteilung des Patienten und des Untersuchers unterworfen, so daß ein Vergleich zwischen verschiedenen Berichten nur schwer möglich ist. Dies gilt sowohl für die Gegenüberstellung von Arbeiten über das gleiche Prothesenmodell als auch für verschiedene Prothesentypen. Die Schwankungsbreite, mit der patellofemorale Schmerzzustände beobachtet wurden, liegt immerhin zwischen 0 und 60%. Komplikationen, wie Patella(sub)luxationen, Patellanekrosen, Patellafrakturen und Lockerungen von Patellarückflächenprothesen werden mit einer Häufigkeit zwischen 0 und 44% angegeben. Das zuverlässigste Datenmaterial, das auf schwerwiegende Störungen hinweist, sind Reoperationen, die wegen patellofemoraler Ursachen notwendig waren. Wie in Tabelle 11 angegeben, wurden Reoperationen nur bei einem Teil der Patienten, bei denen Komplikationen oder Beschwerden aufgetreten waren, nämlich zwischen 0 und 12%, durchgeführt.

2. Einordnung der eigenen Ergebnisse

Das vorliegende Datenmaterial erfaßt mit einer Nachuntersuchungsquote von 94% die noch lebenden Patienten, denen bis Dezember 1985 eine Kniegelenkprothese nach Blauth implantiert wurde. Da dabei *keine echte Zufallsstichprobe* vorliegt, die untersuchte Patientengruppe jedoch für die Implantation von Knieprothesen nicht untypisch ist, sind die angeführten Signifikanzaussagen als formalisierte Datenbeschreibung aufzufassen, die einen internen Vergleich ermöglicht und als Grundlage für die Bestimmung der Kontingenzkoeffizienten dient. Ein Vergleich mit den Ergebnissen anderer Autoren ist ebensowenig angestrebt wie eine allgemeingültige Aussage über den Erfolg des beschriebenen Prothesenmodells.

Ein direkter Vergleich der Zahlenangaben einzelner Nachuntersuchungen ist trotz gleichartiger Auswertungsmethode auch bei der Gegenüberstellung von sogenannten *Überlebenskurven* nach künstlichem Gelenkersatz nicht statthaft (Hassenpflug 1985a; Lettin et al. 1984; Röttger u. Heinert 1984; Tew u. Waugh 1979, 1982). In der vorliegenden Untersuchung liegt die Überlebensrate für Prothesen ohne Infekt und aseptische Lockerung nach mehr als 10 Jahren bei etwa 90%. Auch wenn die Auswertung von Überlebenskurven bis zum letzten ausscheidenden Patienten formal statthaft ist, sollte dieses Vorgehen vermieden werden, da mit längerer Beobachtungsdauer die Fallzahlen zunehmend kleiner werden und damit die Zuverlässigkeit der Aussagen abnimmt. So wurde in den vorliegenden Untersuchungen die Überlebensrate nicht bis zum Ende des gesamten Beobachtungszeitraumes von 15 Jahren angegeben, obwohl dies aufgrund der formalen Rechenverfahren möglich wäre.

Die günstigen Gesamtergebnisse der vorgestellten Serie mit ihrer geringen Rate an aseptischen Prothesenlockerungen und an Infektionen können z. B. mit dem hohen Durchschnittsalter der Patienten und einer verhältnismäßig restriktiven Indikation zum Protheseneinbau zusammenhängen. Aber auch die konstruktiven Merkmale der Blauth-Prothese tragen wohl zur Dauerhaftigkeit bei: Die femorotibiale Lastübertragung ist auf die gesamte Oberfläche der tibialen Polyethylenkörper ausgedehnt. Die Achse nimmt nicht an der Lastübertragung in Längsrichtung des Beines teil, sondern hat in ihrem Polyethylenlager ein freies Bewegungsspiel. Die Prothesenverankerung über lange Schäfte im Knochen ist tibial durch Zapfen zur Rotationssicherung verstärkt. So läßt die röntgenologische Langzeitbeobachtung der Grenzschichten nach anfänglicher Ausbildung eines Verankerungsgleichgewichts keine weitere Zunahme von Aufhellungslinien erkennen (Schmithüsen 1988; Hassenpflug et al. 1985). Die meisten Reaktionssäume sind nicht Zeichen einer bestehenden oder drohenden Lockerung. Die größere Häufigkeit von Aufhellungsssäumen bei Lageabweichungen der Prothese im Knochen unterstreicht die Notwendigkeit einer exakten Implantation und der Wiederherstellung der physiologischen Beinachse.

Das *Beschwerdebild* nach Einbau der Prothese ist aufgrund subjektiver Befragungen und klinischer Untersuchungen schwierig angemessen zu beurteilen. Dies zeigt sich in den eigenen Untersuchungen in gleicher Weise wie in der tabellarischen Zusammenstellung in der Literatur. Besonders die Einschätzung der *Schmerzintensität* ist bei den meist älteren Patienten schwierig. Individuell unterschiedliche Erwartungshaltungen gegenüber dem Ergebnis des Protheseneinbaus lassen bei älteren Patienten nicht selten eine Neigung zur Dissimulation der Beschwerden, in Einzelfällen aber auch eine verstärkte Schmerzempfindlichkeit entstehen. Schmerzangaben bieten gerade in dieser Patientengruppe nur ein sehr subjektives Bild des Erfolgs der Prothesenimplantation. Vielfach wird daher versucht, die funktionellen Gesamtergebnisse des Protheseneinbaus durch objektive Messungen im Ganganalyselabor zu beschreiben (Andriacchi et al. 1982; Laughman et al. 1984).

Neben dem Schweregrad der Schmerzen ist auch die *Ursache von Beschwerden* nach dem Einbau von Kniegelenkendoprothesen schwieriger einzugrenzen als im körpereigenen Gelenk (Freeman et al. 1978b, 1981; Levai et al. 1983; Mochiziki u. Schurman 1979; Shaw u. Chatterjee 1978; Sledge u. Ewald 1979). Die herkömmlichen Untersuchungsmethoden, wie z. B. Patellaanpreß- und -verschiebeschmerz, sind auch bei röntgenologisch stark veränderten Kniescheiben selten positiv. Eine retropatellare Krepitation geht nur in Ausnahmefällen mit Schmerzen einher (Ranawat et al. 1976).

Trotz der genannten Vorbehalte ist das Patellofemoralgelenk als wesentlicher Ausgangspunkt anhaltender Beschwerden nach der Implantation von Knieprothesen zu erkennen. Funktionell bedeutsame Restbeschwerden lassen sich nämlich als *retropatellares Schmerzbild* auf den patellofemoralen Gelenkabschnitt zurückführen, wenn gleichzeitig Beschwerden bei Tätigkeiten vorliegen, die das Patellofemoralgelenk vermehrt belasten, wie Erheben vom Sitz, Treppensteigen oder Gehbeginn. Diese Schmerzangaben hängen untereinander statistisch signifikant zusammen. Das retropatellare Schmerzbild läßt sich in verschiedene Schweregrade einteilen, je nachdem ob nur bei einer, bei zwei oder drei dieser Tätigkeiten Beschwerden auftreten. Der patellofemorale Gelenkanteil verursacht bei 6% der implantierten Gelenke erhebliche Beschwerden (Beeinträchtigung bei mindestens *zwei* der genannten Tätigkeiten oder Patellektomie). Er stellt damit bei der Blauth-Prothese die größte einheitliche Beschwerdegruppe dar, wie auch von Engelbrecht et al. (1976) bei der St. Georg- Prothese beobachtet. Bei weiteren 20% der implantierten Gelenke sind Beschwerden nur bei *einer* kniescheibenbelastenden Aktivität vorhanden. Der Ursprung dieser Beschwerden dürfte allerdings nicht ausschließlich im Patellofemoralgelenk liegen, denn die Ursache eines begleitenden, unspezifischen synovitischen Reizzustandes ist nicht immer mit letzter Sicherheit eingrenzbar. Bei diesen Gelenken findet man häufig eine klinisch faßbare Überwärmung des Gelenks mit verstärkten Anlaufschmerzen, Ruheschmerzen und einer eingeschränkten Gehleistung.

Um Fehlinterpretationen zu vermeiden, muß bei den Schmerzangaben jeweils dokumentiert werden, ob die Beeinträchtigung tatsächlich vom operierten Gelenk oder von anderen Bereichen des Bewegungsapparats ausgeht. Dies wurde bereits von Waugh (1978) betont. Werden z.B. bei einer Auswertung der Beschwerden beim Treppensteigen diejenigen Patienten ausgeschlossen, bei denen die Beschwerdeursache außerhalb des operierten Gelenks liegt, findet man keine signifikante Beziehung zwischen Beschwerden beim Treppensteigen und der Grundkrankheit. Beim Erheben aus dem Sitz sind Beschwerdeursachen außerhalb des operierten Gelenks dagegen nicht in den Erhebungsbögen dokumentiert. So ist zwar eine signifikante Beziehung zur Grundkrankheit chronische Polyarthritis vorhanden, inhaltlich darf aber nicht gefolgert werden, die gesamten Beschwerden beim Erheben vom Sitz seien bei Rheumatikern ausschließlich auf das operierte Kniegelenk zurückzuführen. Insgesamt können in den vorliegenden Untersuchungen der Blauth-Prothese nämlich keine statistisch signifikanten Unterschiede in Schmerzhäufigkeit und Intensität oder in wesentlichen Funktionsparametern zwischen primär degenerativen und entzündlichen Grunderkrankungen festgestellt werden. Auch Soudry et al. (1986) fanden im Schmerzbild von Patienten mit Total-Condylar-Prothesen ohne Ersatz der Patellarückfläche keine Unterschiede zwischen Rheumatikern und Patienten mit Arthrose, während Gschwend u. Müller (1984) bei Knieprothesen von Rheumatikern Beschwerden nur halb so oft beobachteten wie bei Gelenken, die wegen Arthrosen implantiert worden waren.

Die funktionelle Bedeutung der Schmerzen wird durch ihre Zusammenhänge mit schlechteren Gehleistungen belegt. Ähnliche Beziehungen fand auch Laskin (1986) für die RMC-Prothese. Auch die passive *Gelenkbeweglichkeit* hängt mit anderen Funktions- und Schmerzparametern zusammen, obwohl Kolstadt et al. (1982) dies nach der Implantation von Schlittenprothesen nur für den aktiven Bewegungsumfang der operierten Gelenke feststellen konnten. Besonders ungünstig ist ein postoperatives *Streckdefizit*, das sich negativ auf alle Tätigkeiten auswirkt, die die Patella belasten. Dies ist biomechanisch erklärbar, da durch die ständige Kniebeugung verstärkte patellofemorale Dauerbeanspruchungen entstehen. Entsprechende Hinweise gaben Clayton (1963), Ford u. Perry (1972) und Perry et al. (1975).

Strukturveränderungen der Kniescheibe werden in den vorliegenden Untersuchungen etwa bei der Hälfte der Gelenke beobachtet und stehen in statistisch gesichertem Zusammenhang mit Funktionsstörungen des Patellofemoralgelenks, wie sie im „retropatellaren Schmerzbild" zusammengefaßt sind. Derartige statistische Beziehungen bedeuten allerdings nicht, daß jede einzelne Patella mit ausgedehnten Strukturveränderungen erhebliche Schmerzen bereitet. Torisu u. Morita (1986) beschrieben sogar bei 49 von 52 nachuntersuchten Guepar-Prothesen trotz röntgenologischer Veränderungen der Patella keine Beschwerden. Dagegen fanden Gschwend et al. (1980) bei retropatellaren Problemen fast immer Patelladestruktionen, ohne allerdings den Schweregrad der festgestellten Röntgenbefunde anzugeben. Modellierende Umformungen der Patellarückfläche wurden auch von Wilson et al. (1980) und von Oglesby u. Wilson (1984) für die Walldius-Prothese beschrieben, zystische Veränderungen von Scott (1979) und Scott u. Reilly (1980) für das Duopatellar-Gelenk, von Schneider et al. (1982) für die Geomedic-Prothese, von Levai u. Freeman (1984) für die ICLH- Prothese und von Breitenfelder u. Yücel (1987) für die GSB- und Guepar-Prothese.

Parallel zu Veränderungen der Knochenstruktur sind szintigraphisch Nuklidmehrbelegungen als Ausdruck eines gesteigerten Knochenumbaus nachgewiesen (Hofmann u. Hagena 1987). Die Strukturveränderungen konnten bei Kniescheiben, die wegen starker Schmerzen nach dem Protheseneinbau entfernt wurden, als arthrotische Destruktionen mit begleitenden sekundären Entzündungszeichen eingeordnet werden (Hassenpflug et al. 1984; Koebke u. Hassenpflug 1985).

Die Umbauvorgänge im Patellaknochen werden durch verschiedene Faktoren begünstigt: Neben der Grunderkrankung chronische Polyarthritis zählt hierzu eine Prothesenimplantation über den bogenförmigen Zugang nach Textor. Besonders bei *Rheumatikern* kann es zu hochgradigen Zerstörungen der Patella mit Dickenabnahme kommen, ohne daß - bei allgemein herabgesetztem Aktivitätsniveau - starke Schmerzen angegeben werden, wie auch Levai et al. (1983) bei der ICLH-Prothese beobachteten. Die Ursache dieser Strukturumbauten dürfte in der allgemein herabgesetzten Widerstandsfähigkeit des Knochens bei chronischer Polyarthritis liegen (Walker 1974; Scott 1979). Auch bei Osteoporosen anderer Ursachen wirken sich die umschriebenen Belastungsspitzen durch das harte Metallgleitlager auf der Patellarückfläche besonders negativ aus. Schließlich sind Störungen der *arteriellen Blutzufuhr* zur Kniescheibe durch die operative Gelenkeröffnung mit nachfolgender Widerstandsminderung des Knochens und Schädigung der Knochenstruktur aufgrund der vorliegenden Untersuchungen der Gefäßanatomie nicht auszuschließen. Da der Textor-Zugang allerdings gleichzeitig bei den ersten Prothesenimplantationen häufiger verwendet wurde, ist der Stellenwert dieser verschiedenen Einflußgrößen nicht eindeutig gegeneinander abgrenzbar.

Erheblich verstärkte Destruktionen, die wegen der kleinen Gesamtzahl jedoch nicht statistisch abgesichert werden können, entwickeln sich nach ausgedehnten Resektionen der Patellarückfläche beim Protheseneinbau. Die günstigen Auswirkungen einer *Hemipatellektomie*, wie sie von Tillmann et al. (1985) beschrieben wurden, können aufgrund der vorliegenden Ergebnisse nicht bestätigt werden. Cameron u. Fedorkow (1982) sowie Freeman u. Hammer (1978) beschrieben ebenfalls bessere Ergebnisse bei weniger ausgedehnter Resektion der Patellarückfläche, wogegen Izadpanah (1982) eine „patella plasty" als günstig ansah, bei der aus einer degenerativ veränderten Patella eine „normale Firstform" wiederhergestellt wird.

Positionsabweichungen der Kniescheibe relativ zum Gleitlager im axialen und seitlichen Röntgenbild sind in ihren Auswirkungen auf das Schmerzbild nicht einheitlich beschrieben. Insall et al. (1976b) und Sneppen et al. (1978) sahen bei lateralisierten Kniescheiben der Guepar-Prothese keine Zunahme der Schmerzhäufigkeit, ebenso Hassenpflug et al. (1984) beim früheren Modell der Blauth-Prothese. Verstärkte Beschwerden zeigen sich in der vorliegenden Untersuchung nur beim Treppensteigen für Gelenke mit tiefstehenden Kniescheiben. Hagena u. Jäger (1981) sowie Hagena u. Hofmann (1984b) fanden bei Nachuntersuchungen der GSB-Prothese dagegen stärkere Schmerzen beim Patellahochstand, beurteilten aber auch eine tiefe Patellaposition als ungünstig. Die negativen Auswirkungen eines Patellatiefstandes wurden bei körpereigenen Kniegelenken bisher von Caton et al. (1982), Karlsson et al. (1986) sowie von Paulos et al. (1987) beschrieben.

Eine Erklärung für die unterschiedlichen Beschwerden bei verschiedenen Patellahöhenpositionen wurde bereits von Hassenpflug et al. (1984) entworfen und in den vorliegenden Messungen der patellofemoralen Belastungsgrößen bestätigt. Bevor die Umwicklung der Quadrizepssehne am proximalen Gleitlager einsetzt, lassen tiefstehende Kniescheiben bei der Blauth-Prothese aufgrund von veränderten Hebelarmbedingungen größere patellofemorale Anpreßkräfte erkennen als hochstehende.

Verstärkte Beschwerden bei hochstehenden Kniescheiben beim bisherigen Modell der GSB-Prothese sind dagegen mit einem verspätet einsetzenden Umwicklungseffekt der Quadrizepssehne um das proximale Gleitlager und entsprechend verstärkten patellofemoralen Anpreßkräften zu erklären. Dieser negative Effekt macht sich bei der GSB-Prothese besonders bemerkbar, weil die Patella bei Kniebeugung über eine Stufe zwischen körpereigenem Gleitlager und Prothesenoberfläche gleiten muß, wie auch von Goldberg u. Henderson (1980) beim Ausgangsmodell der ICLH-Prothese, von Marmor (1982) bei der Modular-Prothese und von Lacey (1978) bei der UCI-Prothese beobachtet.

Im Zusammenhang mit Strukturveränderungen der Patella und retropatellaren Schmerzen wird die Notwendigkeit eines *Ersatzes der Patellarückfläche* und die Möglichkeit, dadurch eine Verbesserung der Ergebnisse zu erzielen, in der Literatur insgesamt kontrovers beurteilt. So hielten Sledge u. Ewald (1979) sowie Scott u. Reilly (1980) wegen stärkerer Zerstörungen des Patellaknochens bei chronischer Polyarthritis einen Ersatz der Patellarückfläche für erforderlich. Auch Bryan u. Peterson (1979) wiesen auf patellofemorale Veränderungen hin, die bei Rheumatikern 5-6 Jahre postoperativ aufträten, nicht jedoch bei Patienten mit Gonarthrose. Geringe patellofemorale Restbeschwerden bei Rheumatikern, wie sie Insall et al. (1976c), Wilson et al. (1980), Freeman et al. (1981), Tillmann u. Thabe (1981), Cartier et al. (1982), Hunter et al. (1982), Gschwend u. Müller (1984) und Insall et al. (1985) fanden, wurden von einigen der Autoren als Argument gegen einen routinemäßigen Ersatz der Patellarückfläche bei Rheumatikern gesehen, da dieser nicht erforderlich sei. Die Erfolgsangaben nach Rückflächenersatz sind ebenfalls uneinheitlich: So fanden z. B. Schmitz et al. (1985) bei einem Vergleich von Total-Condylar- und Geomedic-Prothesen insgesamt keine besseren Ergebnisse mit Ersatz der Patellarückfläche, während Finerman et al. (1979) bei Anametric-Prothesen mit Rückflächenersatz seltener Schmerzen beobachteten. Soudry et al. (1986) sahen zwar bei ihren Patienten mit Rückflächenersatz der Patella eine funktionelle Verbesserung beim Treppensteigen, fanden jedoch keine Unterschiede im Beschwerdebild, da ihrer Ansicht nach die Patienten ohne Patellarückflächenersatz beschwerliche Tätigkeiten vermeiden würden. Die Diskussion über den Ersatz der Patellarückfläche ist noch nicht abgeschlossen, und es wird durch weitere klinische Langzeitbeobachtungen zu prüfen sein, ob nicht mögliche Verbesserungen der Funktion und des Beschwerdebildes durch verstärkte Probleme in anderen Bereichen (Swanson 1980) aufgewogen werden. Dazu dürften Verankerungsprobleme der Rückflächenprothesen infolge von Durchblutungsstörungen des Restpatellaknochens ebenso zählen wie Deformierungen der Polyethylenkörper durch Kaltfluß und Abrieb bei kleinen Kontaktflächen.

Zusammenfassend bestätigen die vorliegenden klinischen Langzeitnachuntersuchungen für das frühere Modell der Blauth-Prothese ohne Ersatz der Patellarückfläche die besondere Bedeutung des Patellofemoralgelenks als Ausgangspunkt anhaltender Beschwerden nach dem Einbau von Knieprothesen. Der patellofemorale Gelenkanteil ist, ähnlich den in der Literatur berichteten Ergebnissen, bei geringer Rate schwerwiegender Fehlschläge die häufigste Ursache postoperativer Probleme. Die deutlichen Röntgenveränderungen der Patella, die bei vielen Gelenken ohne unmittelbar faßbare Ursache zusammen mit patellofemoralen Beschwerden auftreten, waren Anlaß zu weiteren biologischen und biomechanischen Untersuchungen, deren Ergebnisse im folgenden besprochen werden sollen.

II. Die arterielle Gefäßversorgung der Kniescheibe

1. Gefäßanatomie in der Literatur

Die Gefäßversorgung des Kniegelenks ist in verschiedenen anatomischen Lehr- und Handbüchern schematisch dargestellt. Übereinstimmend beschrieben die Autoren ein vor der Patella gelegenes arterielles Gefäßnetz, das als Rete articulare genus (Lang u. Wachsmuth 1972), Rete patellae (Kopsch 1955) oder Rete articulare patellae (Ferner 1964) bezeichnet wurde. Gray (1943) und Ferner (1964) unterschieden ein oberflächliches Rete patellare subcutaneum von einem tiefer gelegenen Plexus, dessen Äste die Gelenkstrukturen versorgen. Eine Reihe von Arbeiten beschreiben die Gefäße der Menisken und Bänder: Pfab (1927), Henschen (1929), Kos (1960), Sick u. Kortiké (1969), Alm u. Strömberg (1974), Lahlaidi (1975), Fischer et al. (1976), Arnoczky et al. (1979, 1983, 1985), Whiteside et al. (1980), Danzig et al. (1983) und Weinstabl et al. (1986).

Die Gefäßversorgung der Kniescheibe wird dagegen in der Literatur nur in wenigen Einzelabhandlungen gesondert untersucht. Scapinelli (1967) beschrieb ein peripatellares Anastomosensystem, das medial und lateral aus jeweils drei arteriellen Ästen gespeist wird (Abb. 159). Der Patellaknochen werde durch zwei Hauptsysteme direkt versorgt: Zum einen treten von distal nach proximal verlaufende Gefäße schräg in die Patellavorderfläche ein, zum anderen seien Arterieneintritte am distalen Patellapol zu beobachten, die von einer infrapatellaren Anastomose zwischen medialen und lateralen Kniegelenkgefäßen ausgingen. Gefäßeintritte durch die übrigen Patellarandabschnitte seien nicht nachweisbar.

Dagegen fand Crock (1967) neben den an der Vorderfläche eintretenden Hauptgefäßen auch kleine Gefäße entlang der gesamten Patellazirkumferenz, wie sie von Björkström u. Goldie (1980) besonders distal, am Apex patellae, beobachtet wurden. Platzer (1985) stellte engmaschige Gefäßzuflüsse an den distalen lateralen und an den proximalen medialen Patellarändern besonders heraus. Nach Björkström u. Goldie (1980) sollen von den Patellarandgefäßen z. T. sogar größere Knochenabschnitte isoliert versorgt werden. Trotz großer Variationsbreiten in der Anatomie des präpatellaren arteriellen Plexus, wie sie auch von Poisel u. Gaber (1984) festgestellt wurden, besteht nach Crock (1962) eine große Konstanz der intraossären Gefäßverteilungsmuster.

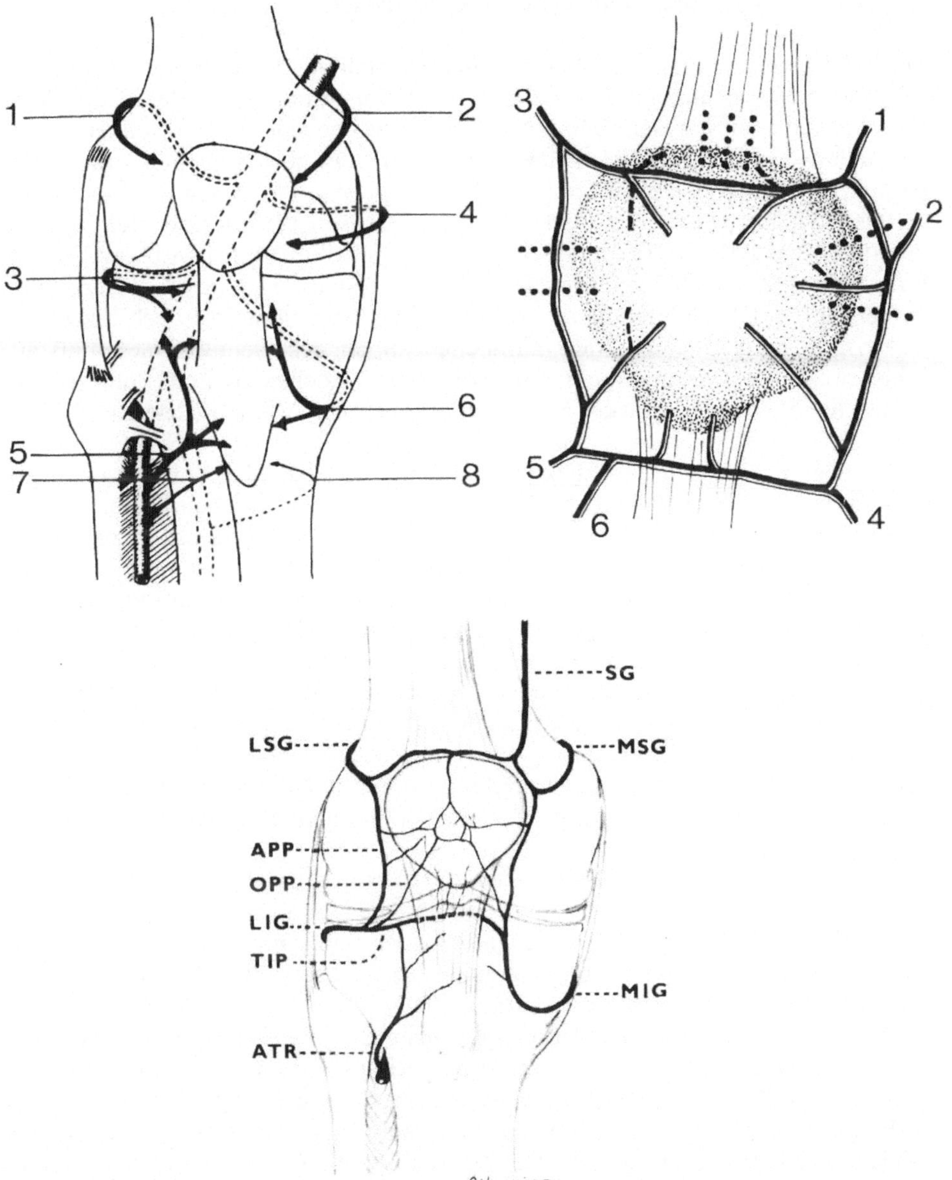

Abb. 159. Schematische Darstellungen der Blutversorgung der Patella im Schrifttum. Von links nach rechts sind die Abbildungen entnommen aus Dèsarnaud et al. (1982), aus Björkström und Goldie (1980) und aus Scapinelli (1976). Die direkte Blutversorgung des Patellaknochens ist nur unvollständig berücksichtigt

2. Techniken der Gefäßdarstellung und ihre Wertigkeit

Die bisherigen Verfahren zur anatomischen Darstellung der arteriellen Blutversorgung der Kniescheibe beruhen auf Gefäßinjektionen mit licht- oder röntgenkontrastgebenden Substanzen, deren Auswertung weitgehend auf zweidimensionale Darstellungen beschränkt ist: Röntgentechniken z.B. nach Injektion von Mikropaque zeigen in Weichteilen und Knochen eine ebene Projektion der räumlichen Gefäßanordnung (Lexer et al. 1904; Trueta u. Harrison 1953; Rhinelander u. Baragry 1962; Sevitt 1981). Bei der Technik nach Spalteholz (1911) wird zur Darstellung intraossärer Gefäßverläufe die Knochensubstanz nach der Gefäßinjektion aufgehellt, so daß die Gefäße sowohl bei Direktbetrachtung als auch unter dem Mikroskop durchscheinen; der räumliche Aufbau des Gefäßbaumes muß aus schichtweiser Auswertung aufeinanderfolgender Knochenabschnitte oder stereoskopischer Betrachtung dicker Schichten rekonstruiert werden (Peterson u. Kelly 1963).

Der Verteilungsraum des Injektionsmediums ist wesentlich von dessen Fließ- und Diffusionseigenschaften im Gewebe bestimmt. Mit Tuscheinjektion ist eine Auffüllung feinster Gefäßäste möglich, die nur unter dem Mikroskop zu beurteilen sind (Hammersen 1971; 1981; Eitel et al. 1986). Größere Zusammenhänge der arteriellen Weichteildurchblutung lassen sich durch Injektion von aushärtenden Kunstharzen oder gummiartigen Substanzen (Crock 1967) zeigen. Die Aufarbeitung kann sowohl durch direkte anatomische Präparation (Poisel u. Gaber 1984) als auch durch Mazerationstechniken (Steinmann u. Müller 1983) erfolgen. Auch im Knocheninneren lassen sich kleinere Gefäßaufzweigungen durch Kunstharzinjektion sichtbar machen (Zollinger 1984). Die Möglichkeiten zur Darstellung intraossärer Gefäße durch mechanische Präparation sind allerdings begrenzt, da das harte Knochengewebe von feinsten Gefäßverläufen ohne größere Schäden nur schwer ablösbar ist.

Die in der Literatur angeführten arteriellen Versorgungsmuster der Kniescheibe ergeben sowohl im peripatellaren Weichgewebe als auch im Knochengewebe selbst ein uneinheitliches und widersprüchliches Bild. Die Ursache dafür mag in unterschiedlichen Untersuchungstechniken liegen, aber auch in den zweidimensional begrenzten Auswertungsverfahren, die kaum in der Lage sind, die räumlichen Vernetzungen der arteriellen Gefäße ausreichend aufzudecken und zu dokumentieren. Dies zeigt sich z.B. auch in neueren Abbildungen von Platzer (1985), Bonnel et al. (1985) und den Darstellungen von Shim u. Leung (1986).

Es galt deshalb, ein Verfahren zu entwickeln, mit dem sowohl die arterielle Weichteilversorgung als auch die Gefäßverteilung im Knocheninneren darstellbar waren. Darüber hinaus sollten die Eintrittsstellen arterieller Gefäße aus den Weichteilen in den Knochen hinein sichtbar gemacht werden und zusammen mit der Raumform des Knochens dreidimensional beurteilbar sein. Diesen Anforderungen wird die vorgestellte Technik der Kunstharzinjektion, sequentiellen Mazeration und Oberflächenabformung des Knochens vollständig gerecht (Hassenpflug 1986b).

3. Methodenkritik

Aufgrund der hohen Viskosität des gewählten Injektionsmediums ist zur ausreichenden Gefäßfüllung ein *hoher Injektionsdruck* erforderlich, wie auch Bugge (1963) in seinen Untersuchungen zur Standardisierung von Injektionstechniken feststellte. Dies gilt besonders für eine ausreichende Gefäßfüllung im Knochen, da die Ausdehnung und elastische Verformung der Gefäßwand hier durch die starre Umgebung begrenzt ist und die Injektion weitgehend wie in einem starren Rohrsystem erfolgen dürfte. Im Bereich der Weichteilgefäße wird trotz des hohen Injektionsdruckes eine von Rubin (1964a, 1964b) beschriebene „Überinjektion" mit Extravasatbildung nur sehr vereinzelt beobachtet. Das injizierte Kunstharz wird durch den hohen Druck bis in feinste arterielle Gefäße verteilt, so daß es teilweise über arteriovenöse Anastomosen ins venöse System übertritt und dem Gefäßinhalt, der während des Injektionsvorganges aus der V. femoralis herausgedrückt wird, beigemengt ist. Auf diese Weise wird in Einzelfällen auch die Auffüllung subkutaner Venennetze beobachtet, die aufgrund ihrer Ausgußformen von arteriellen Gefäßen unterschieden werden können (Butz u. Smahel 1985; Wyss et al. 1986).

Eine *ausreichende Durchgängigkeit* des Gefäßbaumes als Voraussetzung für eine erfolgreiche Injektion wird jeweils bereits beim Einbinden der Injektionskanüle überprüft, da die eigenen Untersuchungen zur arteriellen Versorgung der Kniescheibe an Präparaten durchgeführt werden, die wegen Durchblutungsstörungen im Bereich der Zehen abgesetzt wurden. Die Füllung feinster Hautäste läßt sich während des Injektionsvorganges durch kleine Hautinzisionen dokumentieren, aus denen das Injektionsmedium bei genügender Verteilung austritt. Grundsätzliche Beurteilungen der arteriellen Versorgungsmuster erfolgen erst anhand mehrerer, gleichartig aufgebauter Präparate, um Fehler auszuschließen, die durch arteriosklerotische Einengungen des lichten Gefäßquerschnitts entstehen.

Eine *starre Fixation der Knochenposition* über das entwickelte intra- und extramedulläre Haltesystem und ein Mazerationsvorgang in mehreren Schritten sind wesentliche Voraussetzungen, um den injizierten Gefäßbaum nicht durch mechanische Überlastung zu schädigen. Das Einbringen von Luftblasen, die die Kontinuität des Gefäßbaumes schwächen, läßt sich durch Verwendung eines Dreiwegehahnes und eine Wartezeit zwischen dem Anrühren des Injektionsmediums und seinem Einbringen ausreichend vermeiden, so daß sich bei guter Stabilität nur vereinzelt abgebrochene Ausgußfragmente am Boden der Mazerationströge finden.

Anatomische Gefäßdarstellungen lassen grundsätzlich nur einen *indirekten Schluß auf physiologische Durchblutungsgrößen* zu. Neben arteriovenösen Druckdifferenzen und dem gesamten Gefäßquerschnitt einer Region gehen hier auch Parameter wie lokaler Hämatokrit und Strömungsgeschwindigkeit ein. Eine verhältnismäßig enge Beziehung zwischen anatomischem Gefäßmuster und physiologischen Durchblutungsgrößen darf jedoch aufgrund von Verteilungsuntersuchungen mit „Microspheres" angenommen werden, wie sie z. B. Toendevold (1983) und Kunze (1985) durchgeführt haben.

Die vorgestellte Methode ist damit bei Beachtung der genannten Besonderheiten zuverlässig geeignet, ein dreidimensionales Bild der arteriellen Versorgung in den Weichteilen, am Übergang zum Knochen und im Knochen selbst zu liefern.

Um die funktionelle Bedeutung der aufgezeigten morphologischen Strombahnverhältnisse endgültig abzuklären, wären zusätzlich weitere physiologische Untersuchungen der Blutverteilung im Normalfall und nach gezieltem Ausschalten einzelner Zuflußäste wünschenswert.

4. Einordnung der eigenen Ergebnisse

In einer Übersichtsdarstellung findet man für die arterielle Gefäßverteilung an der Vorderseite des Kniegelenks ein Bild wie in Abb.68, S.74, dargestellt (Hassenpflug 1986a). Das Rete patellae mit seinen peripatellaren Verbindungsästen liegt unter den präpatellaren Bursaschichten und der Faszie. Es erhält eine Vielzahl von arteriellen Zuflüssen. Der größte Teil des Patellaknochens wird von den vorderen Hauptgefäßen versorgt, die - wie auch Crock (1962) und Scapinelli (1967) beschrieben haben - zentral und über der medialen Facette in die Facies anterior patellae eintreten. Die verschiedenen arteriellen Zuflüsse zum Rete patellae tragen trotz ihrer anatomischen Verknüpfungen nicht in gleicher Weise zur Knochenversorgung bei, sondern lassen eine besondere Bedeutung der proximalen, medialen und der distalen, lateralen Gefäße erkennen. Ähnliche Beobachtungen machte Arnoczky (persönliche Mitteilung 1988).

Die in der Literatur vorhandenen Schemadarstellungen werden diesem Versorgungsmuster nur unvollständig gerecht (Abb.159). Scapinelli (1967) stellte auf allen Seiten „gleichberechtigte“ Versorgungsäste zur Vorderfläche der Kniescheibe dar. Auch von Björkstöm u.Goldie (1980) wurden die Versorgungsäste, die vom parapatellaren Ringanastomosensystem ausgehen, in ihrem weiteren Verlauf zum Knochen nicht beschrieben. Désarnaud et al. (1982) beschränkten sich darauf, die Zuflußwege zum Rete patellae durch Pfeile anzudeuten, ohne auf die Beziehungen der Arterien zum Patellaknochen näher einzugehen; ähnlich verfuhren auch Dahhan et al. (1981).

Patellarandgefäße können - abweichend von den Darstellungen Scapinellis (1967) - in der gesamten Patellazirkumferenz gefunden werden, sind jedoch, wie auch von Crock (1962), besonders aber von Björkstöm u.Goldie (1980) beschrieben, am distalen Patellapol weitaus am häufigsten anzutreffen. Ein von Scapinelli (1967) dargestelltes, in einer Schemazeichnung vom distalen Patellarand weit nach proximal ziehendes Gefäß kann nur an der medialen, distalen Ecke beobachtet werden, z. T. als Anastomose mit dem gesonderten Gefäßeintritt durch die mediale Patellavorderfläche. Eine isolierte Versorgung durch Randgefäße, wie sie von Björkström u.Goldie (1980) angegeben wurde, läßt sich dagegen aufgrund der vorliegenden Befunde allenfalls für den distalen, nicht-gelenkflächentragenden Abschnitt des Apex patellae annehmen. Wegen des feinen Kalibers der Randgefäße erscheint es fraglich, ob sie einen Ausfall der zentralen Versorgungsäste ausgleichen können, wenn keine Versorgungsvarianten mit kräftigen Anastomosen in der distalen medialen Facette vorliegen. Aufgrund ihres dünnen Querschnitts und ihres kleinen Verteilungsraumes erscheint die Bedeutung der Randgefäße insgesamt geringer einzuschätzen als etwa von Björkström u.Goldie (1980) angenommen. Mögliche Varianten des grundsätzlichen arteriellen Versorgungsmusters des Patellaknochens sollten durch weitere Untersuchungen in größerer Anzahl ermittelt werden.

Inwieweit aus den spitzwinklig nach kranial gerichteten Gefäßabgängen der kurzen Aa. nutriciae auf eine Hauptströmungsrichtung von distal nach proximal geschlossen werden darf, muß offen bleiben. Abgangswinkel und Querschnittsabnahme stehen für diese Strömungsrichtung jedoch in einem sinnvollen Zusammenhang (Rosen 1967).

5. Schädigungsmöglichkeiten der arteriellen Gefäßzuflüsse zur Patella

Unter Bezug auf die Arbeiten von Scapinelli (1967, 1968) hielten Insall et al. (1985) und Wetzner et al. (1985) Störungen in der Blutzufuhr zur Kniescheibe bei großen medialen Längsschnitten und zusätzlichen lateralen Retinakulumspaltungen für möglich, wenn nicht die laterale distale oder die proximale Kniegelenkarterie erhalten werden können. Die apikalen Patellagefäße entspringen aus infrapatellaren, mediolateralen Queranastomosen, so daß auch der Hoffa-Fettkörper bei operativer Gelenkeröffnung geschont werden müsse (Roffmann et al. 1980; Clayton u. Thirupathi 1982). Dagegen berichtete Laskin (1981), bei mehr als 500 Knieprothesenimplantationen, bei denen regelmäßig der Hoffa-Fettkörper entfernt wurde, keine Nekrosen des Patellaknochens gesehen zu haben. Nach medialer Längsinzision und lateraler Retinakulumspaltung seien jedoch Nekrosen des Streckapparats aufgetreten. Frakturen der Patella nach Protheseneinbau über mediale Schnittführungen wurden von Ritter u. Campbell (1987) unabhängig davon beobachtet, ob bei lateralen Retinakulumspaltungen gleichzeitig die A. genus superior lateralis zerstört wurde. Scuderi et al. (1987) fanden eine fehlende Darstellung des Patellaknochens bei szintigraphischen Untersuchungen unmittelbar nach Kapselbandplastiken mit medialer Arthrotomie und lateraler Retinakulumspaltung nur in 14% der Fälle. Aus den Untersuchungen von Scapinelli (1967) leiteten Clayton u. Thiropathi (1982) und Wetzner et al. (1985) die Gefahr einer Schädigung auch intraossärer Gefäße bei Implantation einer Patellarückflächenprothese ab.

Durch operative Zugangswege zum Kniegelenk kann die Blutzufuhr zur Kniescheibe beeinträchtigt werden. Bei *medio-parapatellaren, längsgestellten Schnittführungen* ist eine Durchtrennung der medialen Zuflüsse zum Rete patellae aus der A. genus superior und A. genus inferior medialis nur bei sehr kurzen Schnittführungen vermeidbar, wie sie etwa zur Entfernung des Innenmeniskus durchgeführt werden. Proximal verlängerte Inzisionen, bei denen z. B. der M. vastus medialis von seinem Ansatz an der Quadrizepssehne abgetrennt wird, um die Patella nach lateral luxieren zu können, führen zu einer Läsion des R. articularis der A. genus descendens. Das Gefäß verläuft zwischen den schrägen Fasern der Pars obliqua des M. vastus medialis und tritt am Übergang zur Sehne auf die Vorderfläche der Kniescheibe. Die parapatellare Durchtrennung dieses Gefäßes läßt sich vermeiden, wenn der M. vastus medialis distal am Septum intermusculare mediale herausgelöst wird. Um eine ausreichende Gewebsmobilisierung für eine Luxation der Patella zu erreichen, ist allerdings eine Unterbrechung des medial in den M. vastus medialis einstrahlenden R. articularis der A. genus descendens nicht immer zu umgehen.

Bei einer Spaltung der *lateralen* Patellazuggurtung („lateral release") muß der

Schnitt ausreichend nach proximal verlängert werden, um die lateralisierende Wirkung der einstrahlenden Sehnenfasern des M. vastus lateralis zu unterbrechen. Ebenso wie bei lateralen Gelenkeröffnungen zur Prothesenimplantation wird regelmäßig die von proximal lateral einstrahlende A. genus superior lateralis durchtrennt (Ritter u. Campbell 1987). Auch das von Clayton et al. (1986) und von Insall et al. (1979b) beschriebene Vorgehen, die laterale Retinakulumspaltung zwischen M. vastus lateralis und dem Septum intermusculare laterale durchzuführen, kann am proximalen Schnittende eine Durchtrennung dieses Gefäßes wegen seiner nur gering nach hinten ansteigenden Verlaufsrichtung nicht sicher verhindern.

Besonders bedeutsam ist jedoch die mögliche Schädigung der am distalen Schnittende im lateralen Hoffa-Fettkörper verlaufenden Hauptversorgungsäste der Patella, wenn die laterale Kapselinzision weit nach distal fortgesetzt wird und der Schnitt weit in die Tiefe geführt wird und das Hoffa-Gewebe mit den darin enthaltenen Gefäßen erreicht. In den meisten Fällen wird allerdings die laterale distale Hauptarterie wohl dadurch geschützt, daß sie lateral vom Gewebe des Hoffa-Fettkörpers bedeckt ist und sich erst im weiteren Verlauf zur Mittellinie aus der Tiefe kommend eng um den lateralen Rand des Lig. patellae herumlegt (s. Abb. 50, 51, S. 64). Bei einer Retinakulumspaltung weiter lateral ist die A. genus inferior lateralis gefährdet, die an der Basis des Außenmeniskus in Höhe des Gelenkspaltes um das Gelenk herumzieht. Entsprechend sind die klinischen Beobachtungen nach lateralen Retinakulumspaltungen uneinheitlich.

Grundsätzlich können bei ausgedehnten medialen Längsschnitten und gleichzeitiger lateraler Retinakulumspaltung wesentliche arterielle Zuflußwege zur Patella geschädigt werden. Wenn die distal-laterale Blutzufuhr unterbrochen ist und wenn als Variante keine kräftige Arterie in der Plica infrapatellaris aus der Fossa intercondylaris nach vorne führt (s. Abb. 58, S. 68) (Weinstabl et al. 1986), erfolgt die Blutversorgung dann nur noch über kleinere Äste, die im Bereich der Quadrizepssehne und des Lig. patellae ins peripatellare Ringanastomosensystem einstrahlen. Liegen die parapatellaren Inzisionen weiter von den Patellarändern entfernt, bleiben in der breiteren Weichteilbrücke mehr kleinkalibrige Gefäße erhalten, die Hauptversorgungsäste können aber in gleicher Weise geschädigt werden wie bei enger beieinander liegenden Schnittführungen.

Beim *U-förmigen Bogenschnitt nach Textor*, bei dem zur Gelenkeröffnung die Tuberositas tibiae abgelöst und zusammen mit dem Hoffa-Fettkörper nach proximal hochgeschlagen wird, werden die gesamten von distal ins Rete patellae einstrahlenden Gefäße unterbrochen. Sind die proximalen, medialen und lateralen Schnittenden fälschlicherweise zu weit an die Mittellinie herangelegt und nach proximal verlängert, so ist eine zusätzliche Schädigung des R. articularis der A. genus descendens und der A. inferior lateralis zu erwarten, so daß die Blutzufuhr zur Patella fast vollständig unterbrochen werden kann. Dies kann an Injektionspräparaten nachvollzogen werden: Bei bogenförmigen Textor-Inzisionen, deren Enden nur wenig nach proximal hochgezogen werden und eine breite Gewebebrücke bestehen lassen, bleibt die Blutversorgung der Patella über die proximalen Zuflüsse zum Rete patellae erhalten. Werden dagegen die Schnittenden eng parapatellar nach proximal verlängert, so daß nur eine schmale Gewebebrücke verbleibt, kann im Injektionspräparat keine Gefäßfüllung an der Patella mehr nachgewiesen werden.

Für die postoperative Blutversorgung des Patellaknochens dürfte nicht so sehr die isolierte Schädigung einzelner Zuflußäste zum peripatellaren Anastomosenring, sondern die Summe der noch verbleibenden Restdurchblutung entscheidend sein. Der Ausfall einzelner Zuflußäste kann wahrscheinlich ausgeglichen werden. So untersuchten Ogata et al. (1987) mit funktionellen Verfahren den Blutfluß in der Patella nach unterschiedlichen Schnittführungen, wie medial parapatellarer Arthotomie, lateraler Retinakulumspaltung und Entfernung des Hoffa-Fettkörpers. Wurden nur zwei der genannten Schnittführungen kombiniert, war die Blutversorgung der Patella höchstens auf die Hälfte reduziert - ein Hinweis auf die funktionelle Bedeutung der Anastomosen zwischen den verschiedenen Zuflußwegen. Eine weitere Verminderung des Blutflusses auf 17% des Normwertes trat erst nach medialer und lateraler Inzision sowie zusätzlicher Resektion des Hoffa-Fettkörpers auf und unterstreicht damit die funktionelle Bedeutung der großlumigen Versorgungsäste der Patella im lateralen Fettkörper.

Die Schädigungsmöglichkeiten der arteriellen Blutversorgung betreffen jedoch nicht nur die peripatellaren Weichteile. Auch und gerade *Gefäße im Patellaknochen* selbst können durch operative Eingriffe zerstört werden. Die Gefäße treten zentral in die Patellavorderfläche ein und verteilen sich zentrifugal im Knochen. Bei der Implantation von Patellarückflächenprothesen beim künstlichen Kniegelenkersatz wird die Gelenkfläche häufig parallel zur Facies anterior patellae abgetragen. Damit werden auch die subchondralen, arkadenförmigen Verbindungsäste zwischen den einzelnen Hauptgefäßen des Patellaknochens zum großen Teil zerstört.

Prothesen der Patellarückfläche werden mit unterschiedlich angeordneten Zapfen in ausgefrästen oder ausgebohrten Vertiefungen im Knochen verankert. Durch zentrale Bohrlöcher mit großem Durchmesser und großer Tiefe können die zentral in die Patella eintretenden Hauptgefäße zerstört werden. Es verbleibt nur eine Restversorgung durch die Patellarandgefäße, von der fraglich ist, ob sie in der Lage ist, den verbleibenden Kniescheibenknochen ausreichend zu ernähren. Entsprechende Mangeldurchblutungen des Patellaknochens konnten nach der Implantation von Rückflächenprothesen von Wetzner et al. (1985) szintigraphisch nachgewiesen werden. Durch die Minderung der mechanischen Widerstandsfähigkeit als Folge einer herabgesetzten Blutversorgung kann der Knochen äußeren Kräften weniger standhalten, so daß durch die direkte Belastung der Patellagelenkfläche oder indirekt durch Belastung der Rückflächenprothese verstärkte Erosionen und schollige Destruktionen oder Patellafrakturen wie bei einer Osteonekrose entstehen können. Ein typisches Röntgenbild zeigt Abb. 15, S. 17.

Eine Prothesenverankerung über exzentrische, dünne Stifte, wie sie z. B. bei den Prothesen von Blauth (1986), Hungerford u. Krackow (1985) oder Townley (1985) vorgesehen ist, verringert die Gefahr schwerwiegender Gefäßschädigungen, da die Verankerungszapfen weiter von den zentralen Hauptgefäßen entfernt liegen.

Zusammengefaßt belegen die vorgestellten Untersuchungen der Gefäßversorgung der Patella, daß bei ausgedehnten Weichteilinzisionen zur operativen Gelenkeröffnung eine Durchtrennung wesentlicher arterieller Zuflußwege zur Patella möglich ist. Außerdem kann bei Implantation von Patellarückflächenprothesen mit großen, zentralen Verankerungsstiften die intraossäre Blutverteilung geschädigt werden.

Nach den biologisch-morphologischen Untersuchungen sollen abschließend die mechanischen Belastungen des Patellofemoralgelenks diskutiert werden.

III. Patellofemorale Belastungsgrößen

1. Patellofemorale Belastungen in der Literatur

Verglichen mit der Vielzahl von Untersuchungen zur Belastung des normalen menschlichen Kniegelenks setzen sich nur wenige Arbeiten mit der Biomechanik des Patellofemoralgelenks beim künstlichen Kniegelenkersatz auseinander.

Nachdem Schumpe et al. (1975) die Krafteinwirkungen auf die Drehachse künstlicher Kniegelenke betrachtet haben, stellte Schumpe (1985) die Hebelarmverhältnisse des Streckapparats in Abhängigkeit vom Radius der Patellagleitbahn in den Vordergrund. Um einer Verkleinerung der Hebelarme bei Kniebeugung entgegenzuwirken, sollte der Abstand zwischen Patellagleitlager und Drehzentrum mit zunehmender Beugung durch konstruktive Änderungen vergrößert werden. Die negativen Auswirkungen, die durch eine Vorverlagerung der Prothesendrehachse gegenüber dem physiologischen Drehzentrum entstehen, wurden auch von Thull u. Schaldach (1982) sowie von Röhrle u. Sollbach (1985) im Vergleich verschiedener Prothesenmodelle bestätigt. Demgegenüber leitete Engelbrecht (1984) aus klinischen Nachuntersuchungsergebnissen der St.-Georg-Prothese negative Auswirkungen eines „kondylären Vorschubes“ ab, unter dem er eine vergrößerte sagittale Distanz zwischen Patellagleitlager und Tuberositas tibiae bei gestrecktem Gelenk versteht. Durch direkte Messungen der retropatellaren Anpreßkräfte stellten Blauth et al. (1981) sowie Hiss u. Jäger (1981) bei höheren Beugewinkeln größere Belastungen bei denjenigen Scharnierprothesen fest, deren Achslage von der Position des physiologischen Gelenkdrehzentrums wesentlich abweicht.

Aufgrund eines vereinfachten Modells beobachteten Laskin et al. (1984) unterschiedliche Spannungen der Quadrizepssehne und des Lig. patellae bei unterschiedlichen Anstellwinkeln zur Kniescheibe. In Analogie zu Gelenken mit starken Aufbraucherscheinungen und Kontaktflächenvergrößerungen durch ausgeprägte osteophytäre Anbauten forderte Laskin für den Ersatz des patellofemoralen Gelenkanteiles große Kontaktflächen, um den hier einwirkenden Belastungen auf Dauer standhalten zu können.

Patellofemorale Kontaktflächen und deren Verlagerungen ebenso wie Kippbewegungen der Kniescheibe sind bisher nur an körpereigenen Gelenken oder zweidimensionalen Modellen (van Eijden et al. 1985, 1986) untersucht, nicht jedoch beim künstlichen Kniegelenkersatz.

2. Methodenkritik

Der Aufbau des statischen Simulationsmodells ist gegenüber den Verhältnissen im Körper vereinfacht: Sowohl im Simulationsmodell als auch in der Vektordarstellung patellofemoraler Belastungen sind die breiten Sehneninsertionsflächen an der Patella mit ihren unterschiedlichen Sehnenzugrichtungen idealisiert auf einen Punkt konzentriert (Kummer 1969; Swanson 1980). Veränderungen des resultierenden Gesamtzuges in Abhängigkeit vom Kniebeugewinkel (Kiesselbach 1955) sowie Rotations- und Kippbewegungen um longitudinale oder sagittale Achsen werden nicht berücksichtigt, da die Zugrichtung der Sehnen durch den Modellaufbau vorgegeben ist.

Die Auswertung beschränkt sich auf eine *zweidimensionale Darstellung* in der Sagittalebene. Dies ist für den gewählten Modellaufbau mit seiner konstanten Quadrizepszugrichtung bei Scharnierprothesen statthaft. Bei kondylären Prothesen mit Rotationsmöglichkeit können sich dadurch geringfügig vergrößerte Fehlerbreiten ergeben, wenn z. B. eine Kondylenrolle im Rotationssinne verlagert wird und so abweichende Messungen von eingeschlossenen Winkeln und resultierenden Kräften entstehen. Auch die *Oberflächenkrümmungen* der beteiligten Gelenkpartner wurden zwar durch Moiré-Topographie dokumentiert (Hassenpflug et al. 1987), in die vorliegenden Untersuchungen aber nicht mit einbezogen, da sich dadurch keine grundsätzlich veränderten mechanischen Beziehungen ergaben.

Zur rechnerischen Auswertung der geometrischen Belastungsmodelle werden auch die patellofemoralen *Kontaktzonen* auf einen idealisierten Punkt zusammengelegt; zwischen kraftübertragender Fläche und Kontaktfläche wird nicht unterschieden (Kummer 1985; Tillmann 1981). Die Kontaktflächen lassen sich jeweils nur für vorgegebene Formen und Elastizitätseigenschaften der Patellarückflächen ermitteln, wobei die Auswirkungen biologischer Anpassungs- und Umbauvorgänge der Patellarückfläche nur durch die Versuche mit eingeschliffenen Patellen nachvollzogen werden können. Die Bestimmung der Kontaktflächengröße ist allerdings verschiedenen Einflüssen unterworfen, die sich nicht eindeutig gegeneinander abgrenzen lassen: So wird die Größe der Kontaktfläche bei Berührung zweier nicht kongruenter Gelenkpartner durch die Verformbarkeit der Gelenkpartner oder einer verformbaren Zwischenschicht mitbestimmt. Die in den Versuchsanordnungen ohne Rückflächenersatz der Patella zur Simulation eines weicheren Gewebeüberzuges verwendete dünne Silikonkautschukschicht bedingt unter zunehmender Belastung eine Vergrößerung der Kontaktflächen, ähnlich wie sie Hehne (1983) am menschlichen Kniegelenk feststellte. Die geringe belastungsabhängige Kontaktflächenvergrößerung bei den überprüften Rückflächenprothesen dürfte dagegen teilweise auf eine Deformation des Polyethylens zurückzuführen sein, wie sie bei „physiologischen" Belastungsgrößen noch stärker zu erkennen ist (s. Abb. 157, S. 147).

Die patellofemoralen Belastungsmessungen mit *druckempfindlichen Folien* gestatten aufgrund des kleinen Meßbereichs der Folien nur Untersuchungen mit konstanter Sehnenzugkraft, wie sie auch von Hehne (1983) und Hille et al. (1985) durchgeführt wurden, den physiologischen Verhältnissen jedoch nicht entsprechen. Das konstante Teilkörpergewicht bewirkt nämlich bei zunehmender Kniebeugung über einen vergrößerten Hebelarm ein größer werdendes Drehmoment (s. Abb. 155, S. 147). Im Modellversuch ist das Teilkörpergewicht durch Belasten des Femurschaftes mit einem konstanten, angehängten Gewicht von 2 kg simuliert. Die Zunahme der patellofemoralen Anpreßkräfte übersteigt unter diesen Bedingungen zwischen Gelenkstreckung und Beugung den Meßbereich der Folie und ist exakter durch *elektronische Kraftaufnehmer* zu ermitteln.

Der Modellaufbau ist in der Lage, *statische Belastungsgrößen* zu simulieren. Reibung und tribologische Eigenschaften der Gelenkoberflächen sind nicht berücksichtigt (Stallforth u. Ungethüm 1978; Ungethüm u. Stallforth 1982), was für das gewählte statische Modell zulässig ist, da keine dynamischen Belastungssituationen beim bewegten Gelenk nachgebildet werden. So wird auch die Kraftentfaltung der Kniebeugemuskeln, wie sie z. B. beim Zehenspitzenstand erfolgt (Kummer 1983), nicht berücksichtigt.

Aus den Verhältnissen von Hebelarmen im Modell im Vergleich zu implantierten Prothesen lassen sich Rückschlüsse auf die realen Belastungsverhältnisse ziehen. Allgemeingültige Hebelarmverhältnisse sind in vivo allerdings nur schwer zu ermitteln. Eine Übertragbarkeit der im Modell festgestellten Belastungsgrößen auf die Verhältnisse bei implantierten Knieprothesen besteht nur für statische Belastungen und nicht für die im täglichen Leben vorherrschenden dynamischen Belastungsformen. Die ermittelten Werte sind als untere Belastungsgrenzen anzusehen, die sich durch zusätzlich einwirkende Beschleunigungen vergrößern können. Das Ausmaß dynamischer Belastungsverstärkung bei den ausnahmslos älteren und meist mehrfach behinderten Patienten mit Knieprothesen ist allerdings sicher geringer einzuschätzen als bei einem jüngeren Patientenkollektiv (Morrison 1968; Nigg et al. 1974), so daß die vorliegenden Messungen sinnvolle Anhaltswerte darstellen.

3. Deutung der eigenen Ergebnisse

Die patellofemoralen Belastungen beim künstlichen Kniegelenkersatz werden durch verschiedene Einflußgrößen bestimmt. Im Modellversuch lassen sich bei statischer Belastung in unterschiedlichen Beugepositionen eine Reihe von Parametern gegeneinander abgrenzen, die zur Übersicht noch einmal zusammengestellt sind:

- Die patellofemoralen Kontaktzonen sind kleiner als bei menschlichen Kniegelenken und verlagern sich in Abhängigkeit von der Formgebung der Kniescheibe und des Gleitlagers.
- Die Zugkräfte in Quadrizepssehne und Lig. patellae sind bis auf wenige Ausnahmen unterschiedlich groß und hängen systematisch miteinander zusammen.
- Je weiter sich die Kontaktzone vom Zentrum zwischen den Ansätzen von Quadrizepssehne und Lig. patellae entfernt, desto größer werden die resultierenden Anpreßkräfte.
- Die patellofemoralen Anpreßkräfte steigen mit dem Kniebeugewinkel an.
- Die Belastungsgrößen sind systematisch abhängig von der Patellahöhenposition.
- Bei verkleinertem Abstand zwischen Patellagleitlager und Prothesendrehzentrum treten erhöhte patellofemorale Belastungen auf.

Im einzelnen bestehen folgende Zusammenhänge:

Während die *Verlagerungen der patellofemoralen Kontaktzonen* beim menschlichen Kniegelenk vorgegeben und durch verschiedene Untersucher weitgehend übereinstimmend dokumentiert sind (Goodfellow et al. 1976; Ficat u. Hungerford

1977; Seedhom u. Tsubuku 1977; Hehne et al. 1981; Fujikawa et al. 1983a, 1983b, Hehne 1983; Hille et al. 1985) wird die Verlagerung der patellofemoralen Kontaktzonen beim künstlichen Kniegelenkersatz durch die Konstruktionsmerkmale der Prothese bestimmt und weicht von der Situation im menschlichen Kniegelenk ab.

Das Ausmaß der Kontaktzonenverlagerung ist von Prothesenmodell zu Prothesenmodell unterschiedlich. Die Verlagerungen der patellofemoralen Kontaktzonen auf der Kniescheibenrückfläche werden durch den geometrischen Aufbau des femoralen Gleitlagers und durch die Form der Patellarückfläche bestimmt. Die *Gleitlagergeometrie* prägt die grundsätzlichen Verlagerungsmuster, während die Patellaform besonders das Ausmaß der Verlagerungsbewegung beeinflußt.

Bei der *Blauth-Prothese* steht die Patella während der anfänglichen von distal nach proximal gerichteten Verlagerung der Kontaktzonen auf der Kniescheibenrückseite dem Kreisabschnitt des Gleitlagers gegenüber. Da das Prothesendrehzentrum nicht mit dem geometrischen Zentrum der Gleitlagerkrümmung übereinstimmt (s. Abb. 84, S. 91), werden die Gleitlagerkufen hinter der Patella mit zunehmender Beugung nach proximal verlagert. Die Kniescheibe selbst bleibt ihrer Fixation wegen am Lig. patellae - abgesehen von elastischen Dehnungen des Bandes - ortsfest in der gleichen Höhe. Die Flanken des Gleitlagers liegen im proximalen Abschnitt noch ohne Divergenz dicht beieinander. Entsprechend verlagern sich die Berührungszonen parallel zum Patellafirst. Nach Kontakt mit dem proximalen Kreisabschnitt kippt die Kniescheibe bei weiterer Beugung mit ihrer Rückfläche auf die ebenen Gleitlagerabschnitte, und die Kontaktflächen verlagern sich wieder nach distal. Durch die Divergenz der ebenen Gleitlagerflächen entfernen sich die Kontaktzonen vom Patellafirst und verlagern sich auf die äußeren Anteile der Kniescheibenrückfläche.

Bei tiefem Patellastand und weiterer Kniebeugung steht die Kniescheibe schließlich dem Beginn der kondylären Krümmung gegenüber. Da Krümmungzentrum der Oberfläche und Drehzentrum der Prothese im kondylären Abschnitt übereinstimmen, dreht sich hier die Prothese wie ein Zylinder hinter der ortsfesten Patella. Eine wesentliche Kontaktzonenverlagerung tritt nicht auf. Die Ortskurven verlaufen horizontal. Durch die Divergenz und Richtungsumkehr der Kontaktflächenverlagerung ist der gesamte während des Bewegungsablaufes belastete Bezirk der Patellarückfläche im Vergleich zu Bewegungsformen ohne Divergenz vergrößert.

Die *Guepar-Prothese* hat eine gleichförmige Gleitlagerkrümmung ohne zwischengeschaltete Abflachung. Die Kontaktflächen auf der Patellarückfläche verlagern sich mit zunehmender Beugung kontinuierlich von distal nach proximal. Die Gleitlagerflanken der Prothese stehen parallelverlaufend im gleichen Abstand zueinander wie die Kondylenrollen, so daß eine Divergenz der Kontaktzonen nicht zu beobachten ist. Da sich die Kniescheibe bei zunehmender Beugung durch Veränderung des Anstellwinkels mit dem Rist des zentralen Firsts spitzer ins Gleitlager einstellt, kommt es bei höheren Kniebeugewinkeln im Unterschied zur Blauth-Prothese sogar zu einer Konvergenz der Berührungsflächen am proximalen Patellafirst.

Die *GSB-Prothese* zeigt, ähnlich wie das Guepar-Knie, eine gleichförmige Distal-Proximal-Verlagerung der retropatellaren Kontaktflächen mit zunehmender Beugung. Eine firstförmige Kniescheibenrückfläche steht bei größeren Beugewinkeln den scharfen Kanten des interkondylären Einschnitts gegenüber und führt hier zu einem kleinflächigen Linienkontakt, so daß die größeren patellofemoralen Anpreßkräfte bei stärkerer Kniebeugung nur über kleine Kontaktflächen übertragen werden können.

An den Näherungsmodellen können die Kontaktflächenverlagerungen der Originalprothesen mit gleicher Systematik nachvollzogen werden. Verlagerungen der Kontaktzonen treten besonders in Erscheinung, wenn das Gleitlager um eine Achse außerhalb seines geometrischen Mittelpunktes gedreht wird. Auch kurze Gleitlagersektoren mit verkleinerten Krümmungsradien begünstigen eine Kontaktflächenverlagerung. So wandern die Kanten eines Achtecks auf der ortsfesten Patellarückfläche auch bei zentrischer Drehung von distal nach proximal. Am Ende der Verlagerungsbewegung kippt die Kniescheibe dann auf die nächste Polygonseite. Wird dagegen ein gleichförmig runder Gleitlagerabschnitt um sein geometrisches Zentrum gedreht, sind wesentliche Kontaktzonenwanderungen nur zu beobachten, wenn sich die Anstellwinkel bei zunehmender Beugung ändern.

Auch die *Form der Kniescheibenrückfläche* beeinflußt die Kontaktzonenverlagerung. Zur besseren Vergleichbarkeit der Messungen wurden für die Modellpatella bei den Prothesen ohne Patellarückflächenersatz annähernd gleiche sagittale Profilverläufe gewählt, die sich nur durch die Prominenz des Patellafirstes, also einen flachen oder spitzen Patellaöffnungswinkel, voneinander unterschieden. Die besonderen Belastungsbedingungen des Patellofemoralgelenks bei erhaltener körpereigener Kniescheibe sind in gleicher Weise auf die Belastungen der Alloarthroplastik nach Ersatz der Patellarückfläche durch einen Polyethylenkörper übertragbar. Der Einfluß der Rückflächenform auf die Kontaktzonenverlagerung ist sogar besonders deutlich an den unterschiedlich geformten Polyethylenprothesen für die Patellarückfläche zu zeigen: Bei einem *konkaven* Rückflächenersatz, wie z.B. bei der RMC-Prothese, verlagern sich die Kontaktflächen auf der Kniescheibenrückfläche mit zunehmender Beugung weit nach proximal bis auf die obere Kante der Gelenkflächenbegrenzung. Die Verankerung der Patellaprothese ist dadurch einer verstärkten exzentrischen *Kippbelastung* ausgesetzt (Abb. 160), da sich Belastungspunkt und Verankerungszentrum voneinander entfernen, wie dies ähnlich von Walker et al. (1977) für die Belastung tibialer Prothesenkomponenten beschrieben wurde. Bei *konvexer* Gestalt der Rückflächenprothese in Form eines Kugelabschnittes, wie z.B. beim modifizierten Modell der Blauth-Prothese und bei der Total-Condylar-Prothese, sind die Verlagerungswege der Kontaktzonen auf der Patellarückfläche kleiner. Die Kippbelastung der Rückflächenimplantate bleibt niedriger. Gleichzeitig konzentrieren sich allerdings die gesamten Belastungen während eines Bewegungszyklus auf eine kleinere Polyethylenfläche als bei konkaven Implantaten.

Die *Größe der patellofemoralen Kontaktflächen* ist beim künstlichen Kniegelenkersatz in den einzelnen Beugestellungen wesentlich kleiner als die von Goodfellow et al. (1976), Seedhom u. Tsubuku (1977), Hehne (1983), Huberti u. Hayes (1984) sowie Hille et al. (1985) für menschliche Kniegelenke ermittelten Werte. Die fehlende Kongruenz der körpereigenen Patella zum harten femoralen Gleitlager der Prothese führt zu punktförmigen Belastungsspitzen, deren ungünstige Auswirkungen durch die unphysiologische Härte des Metallgleitlagers noch verstärkt werden. Die Größe der Kontaktflächen läßt sich auch durch einen konkaven Aufbau

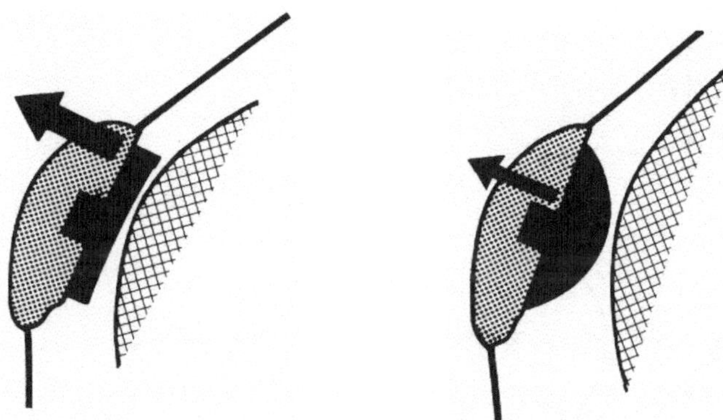

Abb. 160. Bei konkaven Implantaten für den Rückflächenersatz der Patella werden die patellofemoralen Kontaktflächen bis auf die Implantatkanten verlagert. Das Implantatlager wird so großen exzentrischen Kippmomenten ausgesetzt. Bei konvexen Implantaten sind die Kippmomente geringer, da die Verlagerung der Kontaktzonen kleiner ist

der Patellarückfläche, verglichen mit planen oder konvexen Formgebungen, nicht wesentlich steigern. Die Summe der Belastungen, die während des gesamten Bewegungszyklus auf die verschiedenen Abschnitte der Patellarückfläche einwirkt, konnte in den vorliegenden Einschleifversuchen im Modell nachvollzogen werden. Der femorale Prothesenteil wurde gewissermaßen als Raspel verwendet, um eine „optimale" Ausformung der Kniescheibenrückfläche zu erreichen, eine Situation, die den Umformungsvorgängen einer körpereigenen Patellarückfläche ähnelt, deren Oberfläche an das Prothesengleitlager „angeglichen" wird. Unter diesen experimentellen Bedingungen zeigte sich über den gesamten Bewegungssektor nur eine geringfügige Kongruenzverbesserung zwischen Gleitlager und konkav eingeschliffener Patellarückfläche, ebenso wie beim Präparat der implantierten Guepar-Prothese. Bei Rückflächenprothesen bestehen unabhängig von der Oberflächenform besonders kleine Kontaktflächen, so auch bei der konkaven Patellarückfläche der RMC-Prothese, bei der in allen Beugestellungen nur ein Punkt- oder Linienkontakt besteht. Auch bei kuppelförmigen Implantaten sind über dem gesamten Bewegungsbereich nur kleine Kongruenzflächen vorhanden, die sich darüber hinaus aufgrund der geringeren Kontaktzonenverlagerungen im Laufe eines Bewegungszyklus auf sehr kleine Polyethylenabschnitte konzentrieren.

Die Forderung, zwischen Patellarückfläche und Gleitlager eine möglichst großflächige Kongruenz bei höheren Beugegraden zu erzielen, da hier die Belastungen am größten seien (Swanson 1980), wird von den überprüften Implantaten nicht erfüllt. Der ungleichmäßige Krümmungsverlauf des Patellagleitlagers in der Sagittalebene (Hassenpflug et al. 1987) macht es nämlich durch seine wechselnden Radien unmöglich, ein Implantat für die Kniescheibenrückfläche zu konstruieren, das über den gesamten Bewegungssektor dem Gleitlager kongruent anliegt (Abb. 161). Eine einzige, in allen Beugewinkeln paßgerechte Kniescheibenrückfläche, ist bei den unregelmäßigen Gleitlagerkrümmungen, wie sie zum Übergang vom flacheren Gleitlagerschild auf die stärkeren kondylären Krümmungen erforderlich sind, nicht denkbar. Auch ein zylindrisch aufgebautes Gleitlager, das einer exzentrischen Drehbewegung unterworfen ist, dürfte aufgrund der Zwangsfüh-

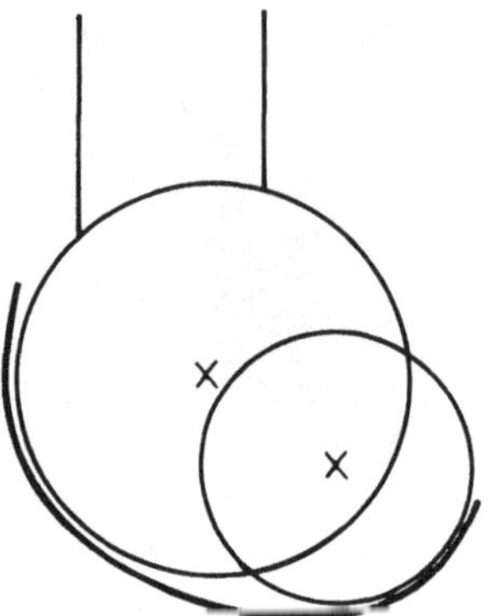

Abb. 161. Die Krümmungsradien von Patellagleitlager und Kondylen sind in der Sagittalebene ungleich groß. Die Krümmungszentren sind nicht identisch

rung der Patella am Lig. patellae keinen wesentlich günstigeren Effekt haben. Großflächiger Kontakt ist nur möglich, wenn zusätzlich zur zylindrischen Oberfläche eine zentrische Drehachse vorliegt, wie von Laskin et al. (1984) vorgeschlagen. Ansonsten können lediglich Kompromißlösungen, wie z.B. Linienkontakte in Querrichtung, angestrebt werden, etwa mit kuppelförmiger Patellarückfläche beim modifizierten Modell der Blauth-Prothese (Blauth 1986) oder bei der Kinemax-Prothese mit konvex-firstförmigem Ersatz (Walker, persönliche Mitteilung 1988).

Ein vollständiger Flächenschluß zwischen den patellofemoralen Prothesenpartnern, wie etwa beim neuesten Modell der Freeman-Samuelson-Prothese (Freeman et al. 1985; Moreland et al. 1979), ist jedoch ebenfalls problematisch. Bei diesem Modell liegt ein bikonkaver Polyethylenkörper bei höheren Beugegraden formschlüssig ohne Rotationsmöglichkeit in der Gleitlagerrinne. Bei Beuge- und Streckbewegungen führt die Kniescheibe aber neben Kipp- und Seitverlagerungen auch Rotationsbewegungen aus (Fujikawa et al. 1983; v. Kampen et al. 1986, 1988). Durch unterschiedliche Zugwirkungen der einzelnen Quadrizepskomponenten in verschiedenen Beugestellungen können auch beim Kniegelenkersatz Verdrehungen der Patella und damit Inkongruenzen zwischen Rückflächenimplantat und Gleitlager entstehen. Bereits geringe Positionsabweichungen, wie sie auch bei der Implantation kaum zu vermeiden sind, beeinträchtigen die Paßgenauigkeit der Gelenkpartner, führen zu umschriebenen Spannungsspitzen und einer Überbeanspruchung des Polyethylens. Jede Zwangsführung der Patella im Gleitlager bedingt darüber hinaus verstärkte Scher- und Rotationsbelastungen auf die Implantatverankerung (Kaltwasser et al. 1987). So beobachtete Samuelson (persönliche Mitteilung 1987) bei Revisionseingriffen einige Patellarückflächen, die frei um ihren zentralen Verankerungszapfen drehbar waren.

Die kleinen patellofemoralen Kontaktflächen führen zu erheblichen Flächenpressungen, die sicher in der gleichen Größenordnung liegen wie z.B. im femorotibialen Gelenkabschnitt, für den bereits in der Literatur immer wieder auf die Notwendigkeit großer Kongruenzflächen zwischen den Prothesenpartnern hingewiesen wird (Shoij et al. 1976; Walker u. Hsieh 1977; Waugh 1978; Wright u. Bartel 1986), obwohl die femorotibialen Kräfte kleiner sind (Denham u. Bishop 1978) oder in der gleichen Größenordnung liegen (Swanson 1980) wie die patellofemoralen Kräfte. Durch die punktförmigen Belastungskonzentrationen im Patellofemoralgelenk und durch die bei belasteten Beuge-Streck-bewegungen auftretenden Scherbeanspruchungen dürften die Belastungsgrenzen des Polyethylens erreicht, wenn nicht sogar überschritten werden (Saechtling u. Zebrowski 1974; Swanson u. Freeman 1979; Greenwald 1982; Ranawat et al. 1984). Bei längerfristig implantierten Prothesenteilen sind daher Ermüdung, Kaltfluß und Abrieb im Patellofemoralgelenk zu erwarten (Black 1978; Ungethüm u. Winkler-Gnieweck 1987). Zerstörungen des Polyethylens wurden bisher bei verschiedenen ausgebauten Prothesenmodellen beobachtet (Plitz et al. 1985). Die Lokalisation der Oberflächenschäden stimmt z. B. bei der Total-Condylar-Prothese mit den beobachteten Kontaktzonen und deren Verlagerungen überein (Bartel, persönliche Mitteilung 1988, Figgie et al. 1989). Als besonders ungünstig erwiesen sich Rückflächenimplantate mit Metallunterlage, da bei diesen Modellen nur dünne, leicht verformbare Polyethylenschichten vorhanden sind (Bayley et al. 1988; Lombardi et al. 1988; Stuhlberg et al. 1988; Sutherland et al. 1988). Ähnliche Beobachtungen machten Bartel et al. (1986) an dünnen tibialen Polyethylenimplantaten.

Besonders gefährdet erscheinen darüber hinaus konvexe retropatellare Gelenkflächen, bei denen sich die Belastungen ohne wesentliche Kontaktzonenverlagerung auf kleine Abschnitte des Polyethylens konzentrieren. Nach Rostocker u. Galante (1979) und Rose et al. (1982) hängt die Abriebrate nämlich exponentiell mit der Belastung zusammen. Die kleinen patellofemoralen und femorotibialen Kontaktflächen machen diese Beziehungen beim künstlichen Kniegelenkersatz wesentlich bedeutsamer als z. B. in der Hüftendoprothetik (Charnley u. Halley 1975; Dowling et al. 1978; Bartel et al. 1986). Trotz der großen Kontaktflächen eines Kugelgelenks wurden nämlich an der Hüfte u. a. von Zichner et al. (1987) bereits Abriebraten von 0,1-0,2 mm/Jahr beschrieben. Insall (1984) sieht gegenwärtig in den Abrieberscheinungen des Polyethylens bei Kniegelenkprothesen sogar einen wichtigeren limitierenden Faktor als in der Problematik der mechanischen Implantatlockerungen.

Die biomechanischen Zusammenhänge zwischen verschiedenen patellofemoralen Belastungsgrößen beim künstlichen Kniegelenkersatz sind in Übereinstimmung mit den vorgelegten Versuchsergebnissen durch eine *mathematische Modellbeschreibung* darstellbar: Der Streckapparat aus Quadrizepssehne, Patella und Lig. patellae verhindert im Gleichgewichtszustand durch seine Anspannung eine weitere Gelenkbeugung. Neben dem Gleichgewicht der beugenden und streckenden Kräfte muß gleichzeitig ein Gleichgewicht der Momente im Streckapparat bezogen auf den patellofemoralen Kontaktpunkt und das Prothesendrehzentrum bestehen.

In der einfachsten Modellvorstellung eines *symmetrischen Rollenmodells* wird in der Literatur von der Annahme gleicher Kräfte in Quadrizepssehne und Lig. patellae ausgegangen, so von Bandi (1951), Shinno (1961 a, b, c), Hoffmann-Daimler (1968), Kaufer u. Arbor (1971), Reilly u. Martens (1972), Smidt (1973), Goymann (1975), Matthews et al. (1977) sowie Hungerford u. Barry (1979). Die Richtung der Resultierenden entspricht in diesem Modell der Halbierenden des eingeschlossenen Winkels und verläuft durch das Prothesendrehzentrum.

Abweichend vom symmetrischen Rollenmodell ist die Kniescheibe als starrer

Körper zwischen Quadrizepssehne und Lig. patellae eingefügt (Kummer 1983). Die Kniescheibe wird über eine polygonale Gleitlagerfläche mit wechselnden Kontaktzonen hinwegbewegt und weist, ebenso wie das femorale Gleitlager, in der Sagittalebene keine Symmetrieachse auf. Außerdem ist die freie Beweglichkeit der Patella eingeschränkt, da der distale Patellapol durch seine Fixation am Lig. patellae einer Zwangsführung unterworfen ist. Das Patellofemoralgelenk entspricht damit einem *asymmetrischen Scheibenlager*, in dem die angreifenden Kräfte, abgesehen von Sonderfällen, nicht die gleiche Größe haben. Die resultierenden Anpreßkräfte sind in der Vektordarstellung des asymmetrischen Scheibenmodells nicht durch das Prothesendrehzentrum gerichtet (s. Abb. 74, S. 82). Für die Gleichgewichtsbedingung der Drehmomente im Streckapparat oberhalb und unterhalb der Patella muß relativ zum Prothesendrehzentrum ein zusätzliches Versatzdrehmoment berücksichtigt werden (Gleichungen 8 und 9, S. 81). Aus dem gleich- oder gegenläufigen Drehsinn des Versatzmomentes gegenüber den Ausgangskräften ergeben sich anschaulich die unterschiedlichen Drehmomente von Quadrizepssehne und Lig. patellae.

Die Verlagerungen der Kontaktzonen wirken sich durch unterschiedliche *Hebelarme* auf die Gelenkmechanik aus, die zwischen Quadrizepssehne sowie Lig. patellae und den patellofemoralen Kontaktpunkten liegen. Je weiter der Kontaktpunkt aus der Mittellage zwischen Quadrizepssehne und Lig. patellae verschoben ist, und je größer dabei die Abweichungen der Hebelarme voneinander werden, desto unterschiedlicher sind die Kräfte in Quadrizepssehne und Lig. patellae. Auch Maquet (1979) beschreibt für das menschliche Kniegelenk, daß sich die Hebelarme von Quadrizepssehne und Lig. patellae mit der Beugung ändern; seine Darstellung bezieht sich allerdings auf den Krümmungsmittelpunkt des Patellagleitlagers, der wegen unterschiedlicher Radien jedoch kaum eindeutig festlegbar und experimentell entsprechend unsicher zu ermitteln ist.

Die *Kräfte* in der *Quadrizepssehne* und im *Lig. patellae* stehen im umgekehrten Verhältnis zueinander wie die Länge der jeweiligen Hebelarme zum Kontaktpunkt (Gleichung 14, Tabellen 6, 8). Für annähernd gleiche Hebelarme ergeben sich daraus gleiche absolute Kraftgrößen, wie dies z.B. bei der Blauth-Prothese bei niedrigen Beugewinkeln der Fall ist, da die Kontaktzonen dann etwa in der Mitte der Patellagelenkfläche liegen. Je weiter sich der Kontaktpunkt aus der Mittellage verschiebt, desto ungleicher werden die Hebelarme für die Quadrizepssehne und das Lig. patellae und desto unterschiedlicher werden die an der Kniescheibe angreifenden Kräfte. Bei proximaler Kontaktzonenposition ist wegen des kurzen Hebelarms der Quadrizepssehne eine große Quadrizepskraft erforderlich. Damit steigen auch die resultierenden, retropatellaren Anpreßkräfte. Die größten Unterschiede zwischen den Kräften in Quadrizepssehne und Lig. patellae findet man bei der Blauth-Prothese an den jeweiligen Umkehrpunkten der Kontaktzonenverlagerung oder bei der Guepar- und der RMC-Prothese bei endgradiger Gelenkbeugung. Ähnliche Kraftrelationen zwischen Quadrizepssehne und Lig. patellae konnten Plitz u. Reithmeier (1987) in einem Rechenmodell für die GSB-Prothese bestätigen. Bei extremen Kontaktpunktlagen bestehen außerdem die größten Versatzmomente bezogen auf das Prothesendrehzentrum (Tabellen 5, 7, S. 102, 113). Die größten Drehmomente des M. quadrizeps liegen damit beim bisherigen Modell der Blauth-Prothese bei ähnlichen Beugewinkeln wie im menschlichen Kniegelenk

(Lindahl et al. 1969; Lieb u. Perry 1971; Haffaje et al. 1972; Smidt 1973; Andriacchi et al. 1984; Nisell 1985), während bei der Guepar-Prothese und beim RMC-Knie die Drehmomente des M. quadriceps mit zunehmender Beugung ständig weiter ansteigen. Im Unterschied zu Andriacchi et al. (1984), die beim menschlichen Kniegelenk die femorotibiale Kontaktzonenverlagerung nach dorsal als Ursache von Drehmomentänderungen und entsprechenden Kraftdifferenzen ansprechen, zeigen die vorliegenden Untersuchungen die genannten Zusammenhänge zwischen Kraftverteilung im Streckapparat und Position der patellofemoralen Kontaktzonen auch bei Scharnierprothesen mit starrer Achse ohne entsprechende Verlagerung der femorotibialen Kontaktzonen.

Unterschiedliche Hebelarmlängen können darüber hinaus auch durch Differenzen der *Sehnenanstellwinkel* entstehen. Im kreisförmigen dritten Näherungsmodell ändert sich der Anstellwinkel zwischen Patella und Lig. patellae während des gesamten Bewegungssektors fast nicht. Mit zunehmender Beugung nimmt dagegen der Anstellwinkel zwischen Quadrizepssehne und Patellalängsachse kontinuierlich zu. Bei verhältnismäßig geringer Kontaktzonenverlagerung entsteht dadurch eine Differenz der Kräfte in Quadrizepssehne und Lig. patellae. Die Größe der Sehnenanstellwinkel ist für die verschiedenen untersuchten Prothesenmodelle unterschiedlich, wobei der Anstellwinkel zwischen Patellarsehne und Patella im allgemeinen kleiner ist als der Anstellwinkel zur Quadrizepssehne, der mit zunehmender Beugung größer wird. Ähnliche Beobachtungen machten van Eijden et al. (1985, 1986) an einem mathematischen Modell des Patellofemoralgelenks.

Durch simultane Messungen werden im vorliegenden Modellaufbau unterschiedliche Kräfte in Quadrizepssehne und Lig. patellae und unterschiedliche Drehmomente relativ zum Prothesendrehzentrum experimentell eindeutig bestätigt. Die Kräfte in der Quadrizepssehne sind bei stärkerer Gelenkbeugung 1,6- bis 2mal größer als im Lig. patellae. Die Kräfte, Hebelarme und Drehmomente, die in den vorliegenden Modellversuchen gemessen wurden, stimmen mit der mathematischen Modellbeschreibung und mit den rechnerisch und zeichnerisch ermittelten Werten für die Patellaanpresskräfte in engen Fehlergrenzen überein (Tabelle 5-8, S. 102, 113). Bishop u. Denham (1977) fanden an Präparaten aus menschlichen Femurknochen und am Streckapparat unterschiedliche Spannungen im Lig. patellae und in der Quadrizepssehne. Auch Ellis et al. (1980) bestimmten durch oszillierende Gewichtsbelastungen ähnliche Kraftunterschiede zwischen Quadrizepssehne und Lig. patellae und erklärten ihre Beobachtungen durch den geometrischen Aufbau der Gelenkflächen. Unterschiedliche Kräfte wurden auch in den theoretischen Berechnungen von Fürmeier (1953), Friedrich et al. (1973), Perry et al. (1975), Maquet (1976, 1979), Denham u. Bishop (1978), Hehne (1983), Kummer (1983), Nisell (1985), Grood et al. (1984), sowie Andriacchi et al. (1985) für menschliche Patellofemoralgelenke beschrieben.

Die größeren Quadrizepskräfte wurden bisher mit einer neutralisierenden Zugverspannung der femoralen Antekurvation (Pauwels 1949) begründet (Hehne 1983) oder mit dem Ausgleich der beugenden Muskelkräfte, die über eine kinematische Kette aus M. rectus femoris, Beckenkippung und ischiokruraler Muskulatur entstünden (Thümler et al. 1980). Eine eingehende Berücksichtigung der Gelenkflächengeometrie und ihrer mechanischen Auswirkungen einschließlich der Bedeutung des Versatzmomentes im asymmetrischen Scheibenlager ist für künstliche Kniegelenke bisher nicht erfolgt.

Die *resultierenden patellofemoralen Anpreßkräfte* entstehen als Vektorsumme der Kräfte in Quadrizepssehne und Lig. patellae. Sie steigen mit zunehmender Beugung an, da der eingeschlossene Winkel zwischen Quadrizepssehne und Lig. patellae sich verkleinert (Maquet 1974) und das beugende Moment des Teilkörpergewichts zunimmmt. Hehnes Feststellung: „Von der Kniebeugung sind die patellofemoralen Anpreßkräfte nur in geringem Maße abhängig" (Hehne 1983) erscheint aufgrund seiner mitgeteilten Meßdaten kaum zuzutreffen, da keine Untersuchungen über die Quadrizepskraft bei zunehmendem Beugemoment durchgeführt wurden, sondern nur Belastungsmessungen mit druckempfindlichen Folien unter konstanter Quadrizepskraft angegeben sind. Die Angaben können aufgrund der jetzt vorliegenden Meßergebnisse für den künstlichen Kniegelenkersatz nicht nachvollzogen werden. Eine Entlastung des Patellofemoralgelenks durch den Umwicklungseffekt ist in unseren Untersuchungen, abhängig von der Patellahöhenposition, erst bei größeren Beugewinkeln oberhalb von ca. 70° Flexion zu erkennen, nachdem bereits deutliche Steigerungen der retropatellaren Kräfte eingetreten sind.

Die patellofemoralen Belastungen bei verschiedenen Prothesenmodellen steigen mit zunehmender Beugung unterschiedlich an. Bei den untersuchten Näherungsmodellen zeigt sich bei gleicher Raumform des femoralen Prothesenteiles ein größerer Lastanstieg bei exzentrischer, nach distal und ventral verlagerter *Drehachse*. Die retropatellaren Kräfte sind beim Modell mit kleinem Kreisradius größer als beim Modell mit großem Radius. Bei kleinem Abstand zwischen Gleitlager und Prothesendrehzentrum wird der Hebelarm des Lig. patellae, über den das beugende Moment des Teilkörpergewichts kompensiert wird, kleiner. Zum Ausgleich sind größere Kräfte im Lig. patellae erforderlich, wie auch von Schumpe et al. (1975) und Thull u. Schaldach (1982) für ventrale Drehpunktlagen von Prothesen theoretisch beschrieben. Auch Andriacchi et al. (1985) schilderten für kondyläre Prothesen ohne Erhalt des hinteren Kreuzbandes die negativen Auswirkungen einer derartigen Hebelarmverkleinerung auf die Fähigkeit zum Treppensteigen. Für das menschliche Kniegelenk gibt es entsprechende Darstellungen bezogen auf das momentane Drehzentrum oder den femorotibialen Kontaktpunkt (Kaufer u. Arbor 1971; Brennwald u. Bandi 1972; Smidt 1973; Gschwend u. Wyss 1981; Nisell et al. 1986). Neben allen konstruktiven Einzelheiten der Prothesengestaltung sollte jedoch - wie auch Andriacchi et al. (1985) berichteten - nicht außer acht gelassen werden, daß eine wesentliche Entlastung des Patellofemoralgelenks durch eine Verlagerung des Körperschwerpunktes nach vorne möglich ist.

In Abhängigkeit von der *Patellahöhenposition* entstehen unterschiedliche retropatellare Belastungen. Bei tiefer Patellaposition sind die anfänglichen, gleichförmigen Lastzunahmen steiler als bei Patellahochstand. Ein ungünstigerer Hebelarm des Streckapparats gegenüber dem Prothesendrehzentrum, wie dies von Karlsson et al. (1986) für Patella-baja-Fehlstellungen nach Versetzung der Tuberositas tibiae diskutiert wurde, kann in den vorliegenden Untersuchungen an Prothesen nicht festgestellt werden. Die Kontaktzone auf der Patellarückfläche liegt dagegen bei tiefer Patellaposition weiter proximal. Der verkleinerte Hebelarm der Quadrizepssehne bedingt so eine verstärkte Zugkraft zur Erhaltung des Gleichgewichts. Daraus ergibt sich ein Anstieg der retropatellaren Anpreßkräfte auf höhere Werte, die z. B. bei tiefen Kniescheibenpositionen in 60° Kniebeugung das 1,4fache der Belastung bei Patellahochstand betragen.

Die *Spitzenbelastungen* bei stärkerer Kniebeugung sind bei Patellatiefstand jedoch geringer als bei Patellahochstand. Die Ursache hierfür ist im Abknicken der Quadrizepssehne um das proximale Gleitlagerende zu sehen (sog. Umwicklungseffekt). Der Anstellwinkel der Quadrizepssehnenfasern am oberen Patellapol nimmt so trotz weiterer Kniebeugung nicht mehr wesentlich zu. Ein Teil der Zugkraft des Streckapparats wird, wie bei körpereigenen Gelenken, von der Quadrizepssehne dadurch direkt auf das Femur übertragen (Goymann et al. 1974; Goymann 1975; Thümler et al. 1980; Hehne 1983; Huberti u. Hayes 1984). Bei tiefem Kniescheibenstand zeigen die geometrischen Verhältnisse, daß die Quadrizepssehne bereits bei kleineren Beugewinkeln der oberen Gleitlagerkante anliegt als bei Patellahochstand. Die patellofemoralen Spitzenbelastungen sind so z. B. beim früheren Modell der Blauth-Prothese für eine hohe Patellaposition ca. 1,3mal größer als bei Patellatiefstand.

Bei der Guepar-Prothese lassen die retropatellaren Belastungskurven in gleicher Weise eine größere Anstiegsteilheit bei Patellatiefstand erkennen. Der Umwicklungseffekt setzt bei tiefstehenden Kniescheiben bei niedrigeren Beugewinkeln ein als bei hochstehenden Kniescheiben. Bei Patellahochstand ist ein gleichartiger Kurvenverlauf erst durch weitere Extrapolation der Kurven zu erkennen.

Die *modellspezifischen Besonderheiten* sind in Tabelle 10 zusammengestellt. Von den Prothesen ohne Ersatz der Patellarückfläche zeigt das bisherige Modell der Blauth-Prothese Drehmomentverhältnisse, die den physiologischen weitgehend ähneln, da die Verlagerungsbewegung der Kontaktzonen auf der Patellarückfläche eine Richtungsumkehr erfährt. Im Gegensatz dazu steigen bei der Guepar-Prothese die Quadrizepsdrehmomente mit zunehmender Beugung immer weiter an, da sich die Kontaktflächen gleichförmig nach proximal verlagern. Als besonders ungünstig erweist sich eine Stufenbildung im patellofemoralen Gleitlager, wie sie bei der GSB-Prothese vorhanden ist und bei hochstehenden Kniescheiben aufgrund des fehlenden Umwicklungseffektes unter besonders hohen patellofemoralen Anpreßkräften überschritten werden muß.

Unter den Modellen mit Ersatz der Patellarückfläche sind beim modifizierten Modell der Blauth-Prothese in allen Beugestellungen die größten Kontaktflächen vorhanden. Die Verteilung der Belastungszonen auf der retropatellaren Gelenkfläche ist durch eine ausgedehntere Kontaktzonenverlagerung bei Total-Condylar- und RMC-Prothese allerdings günstiger. Aufgrund einer extremen Kontaktzonenverlagerung bis auf die proximale Kante der Patellarückfläche sind bei der RMC-Prothese allerdings erhebliche Kippbelastungen der Verankerung des Patellarückflächenersatzes zu erwarten.

Die vorgelegten Untersuchungen des Patellofemoralgelenks *beschränken sich* auf den *künstlichen Kniegelenkersatz*. Im Gegensatz zu Belastungsmessungen am menschlichen Kniegelenk lassen sich im vorgestellten Modell Formgebung und Relativposition der Gelenkpartner zueinander variieren und so systematische Zusammenhänge ableiten. Die patellofemoralen Belastungsgrößen beim künstlichen Kniegelenkersatz sind durch die Formgebung der Gelenkpartner bestimmt und weichen in ihrem grundsätzlichen Muster teilweise wesentlich von den Verhältnissen im menschlichen Kniegelenk ab. Eine unkritische Übertragung der erhobenen Befunde auf das menschliche Kniegelenk ist nicht möglich, da dessen Kinematik wesentlich komplexer ist als bei den untersuchten Prothesenmodellen. Die grundsätzlichen Zusammenhänge der mathematischen Modellbeschreibung als asymmetrisches Scheibenlager und die Folgen einer patellofemoralen Kontaktzonenverlagerung haben jedoch auch für das menschliche Patellofemoralgelenk Gültigkeit. Die Beurteilung der Belastungsverhältnisse im menschlichen Kniegelenk ist dadurch kompliziert, daß die geometrischen Berechnungsgrundlagen, wie z. B. Hebelarmgrößen, nicht direkt zu ermitteln sind. In Abhängigkeit von der Beugestellung ergeben sich Veränderungen durch Verlagerung des Drehzentrums (Blacharski et al. 1975, Jäger u. Hassenpflug 1981 , Walker et al. 1972), so daß für die Bestimmung mechanischer Parameter aufwendige Bewegungs- und Formerkennungsverfahren erforderlich sind (Hoschek et al. 1984; 1985). Eine direkte simultane Messung der Kräfte in Quadrizepssehne, Lig. patellae und dem Femoropatellargelenk ist beim Lebenden nicht möglich, so daß immer nur von indirekt, z. B. aufgrund von Bodenreaktionskräften ermittelten Größen ausgegangen werden kann.

Der patellofemorale Gelenkabschnitt beim künstlichen Kniegelenkersatz hat in den vergangenen Jahren zwar stärkere Beachtung gefunden, und im Vergleich zur Frühphase der Kniegelenkendoprothetik liegen ohne Zweifel günstigere Ergebnisse durch weiter entwickelte Prothesenmodelle vor. Dennoch stellt das Patellofemoralgelenk bei vielen Prothesen die häufigste Ursache bleibender Beschwerden nach dem Protheseneinbau dar, da die Rate schwerwiegender Fehlschläge, wie Infektionen und aseptischen Lockerungen, inzwischen erheblich gesenkt werden konnte. Mit einer verbesserten funktionellen Leistungsfähigkeit ist der patellofemorale Gelenkabschnitt durch vergrößerte Bewegungssektoren sowie durch verstärkte dynamische Belastungen sogar zunehmend größeren Beanspruchungen ausgesetzt.

Die vorliegenden Untersuchungen zeigen aber, daß viele der bisherigen Lösungsvorschläge zum Ersatz des Patellofemoralgelenks nur Teilaspekte verbessern konnten, während andere negative Faktoren, wie z. B. die kleinen patellofemoralen Kontaktflächen zur Aufnahme großer Belastungen oder die biologischen Reaktionen auf die Prothesenimplantation in Form von Durchblutungsstörungen des Patellaknochens, bestehen blieben. Erst in Zukunft wird durch weitere langfristige Dokumentation klinischer Verläufe, die für verschiedene Prothesenmodelle ohne große Dunkelziffer vergleichbar sein sollten, zu klären sein, welche Knieprothese den Ansprüchen, die an ein Kunstgelenk gestellt werden - nämlich einen langfristigen schmerzfreien Funktionserhalt zu ermöglichen -, tatsächlich auf Dauer gerecht wird.

Die dargestellten Zusammenhänge sollten in Zukunft über die vorgestellte statische Versuchsanordnung hinaus unter dynamischer Bewegungssimulation analysiert werden, um weitere Anhaltspunkte für die Gestaltung der patellofemoralen Gelenkpartner beim künstlichen Kniegelenkersatz zu erhalten.

G. Zusammenfassung

Ausgehend von klinischen Langzeitbeobachtungen der Kniegelenkprothese nach Blauth werden in der vorliegenden Arbeit experimentelle Untersuchungen zur Blutversorgung der Patella und zur Biomechanik des Patellofemoralgelenks beim künstlichen Kniegelenkersatz durchgeführt, um die besonderen Bedingungen darzustellen, denen das Patellofemoralgelenk beim künstlichen Kniegelenkersatz mit verschiedenen Prothesenmodellen unterworfen ist.

Im Rahmen einer prospektiv angelegten Studie wurden 463 Kniegelenkprothesen nach Blauth zwischen 12 und 179 Monaten postoperativ *klinisch* und *röntgenologisch* nachuntersucht. Beschwerden, die nach der Prothesenimplantation weiter bestehen, gehen am häufigsten vom patellofemoralen Gelenkabschnitt aus. Sie äußern sich als „retropatellares Schmerzbild", das sich aus Beschwerdeangaben bei Tätigkeiten zusammenstellen läßt, die die Kniescheibe belasten. Unter Berücksichtigung der Problematik, Schmerzen objektiv zu erfassen, besteht ein deutliches retropatellares Schmerzbild bei 6% der implantierten Gelenke, bei weiteren 20% ist eine retropatellare Schmerzursache nicht auszuschließen. Bei etwa der Hälfte der implantierten Gelenke findet man an der Kniescheibe ungleichmäßige Sklerosierungen oder ausgeprägte osteolytische Strukturveränderungen als Ausdruck fortschreitender degenerativer Umbauvorgänge, besonders häufig bei Gelenken, die wegen chronischer Polyarthritis implantiert wurden oder bei denen zur Gelenkeröffnung ein bogenförmiger Textor-Schnitt benutzt wurde.

Um die Ursachen der beobachteten Veränderungen einzugrenzen, wurden experimentell-morphologische und biomechanische Untersuchungen durchgeführt. Zur Darstellung der *Gefäßversorgung* der Patella wurde eine Injektionskorrosionstechnik weiterentwickelt. Neben der Auswahl eines geeigneten Injektionsmediums mit guter Fließfähigkeit, Säure-, Basen- und Wärmebeständigkeit wird ein Verfahren beschrieben, das eine Zerstörung des injizierten Gefäßbaumes durch schrittweise Mazerationsvorgänge vermeidet. Eine Kunstharzbeschichtung der Oberfläche des Knochens ermöglicht, seine dreidimensionale Raumform über die Mazerationsschritte hinaus zu erhalten und die arteriellen Gefäßverläufe gleichzeitig außerhalb und innerhalb des Knochens ohne Zwischenmedium sichtbar zu machen. Insgesamt werden 21 Präparate untersucht. Das normale Gefäßversorgungsmuster der Patella wird beschrieben und die Gefäßversorgung im Knocheninneren dargestellt. Bei bogenförmigen Textor-Inzisionen, bei ausgedehnten medialen Längsschnitten mit gleichzeitiger lateraler Retinakulumspaltung und Läsion des Hoffa-Fettkörpers besteht die Gefahr einer Schädigung der wesentlichen Blutversorgungsäste der Patella. Die intraossäre Blutverteilung, die überwiegend von Gefäßen ausgeht, die an der Patellavorderfläche in den Knochen eintreten, kann durch die Implantation von Patellarückflächenprothesen mit großen zentralen Verankerungszapfen unterbrochen werden, so daß eine Nekrose des verbleibenden Patellaknochens entstehen kann.

Zur Beschreibung der *mechanischen Belastungen*, denen die Patella beim künstlichen Kniegelenkersatz unterworfen ist, wird ein Modellaufbau vorgestellt. Neben Lage und Ausdehnung der patellofemoralen Kontaktflächen werden simultan die patellofemoralen Anpreßkräfte einschließlich der wirksamen Kräfte in Quadrizepssehne und Lig. patellae und deren geometrischer Anordnung bestimmt. Die Messungen werden bei jeweils drei unterschiedlich aufgebauten Prothesenmodellen ohne Ersatz der Patellarückfläche, mit Ersatz der Patellarückfläche durch Polyaethylenkörper sowie bei speziell entworfenen, systematisch abgewandelten Näherungsmodellen des femoralen Prothesenteils durchgeführt. Mit den Kraftmessungen und ihrer mathematischen Aufarbeitung wird eine Beschreibung des Patellofemoralgelenks als asymmetrisches Scheibenlager bestätigt, das durch unterschiedliche Hebelarme von Quadrizepssehne und Lig. patellae, bezogen auf den patellofemoralen Kontaktpunkt und durch ein Versatzdrehmoment bezogen auf das Prothesendrehzentrum gekennzeichnet ist. Die unterschiedlichen Kräfte und Drehmomente in Quadrizepssehne und Lig. patellae sind durch den geometrischen Aufbau des patellofemoralen Gelenkabschnitts, die Zwangsführung der Patella und die Verlagerung der patellofemoralen Kontaktzonen eindeutig bestimmt. Diese Zusammenhänge müssen bei einer rechnerischen Ermittlung der patellofemoralen Anpreßkräfte berücksichtigt werden. Die unterschiedlichen Verlagerungen der patellofemoralen Kontaktzonen sind abhängig von der Formgebung des Gleitlagers und der Patellarückfläche und lassen sich dem geometrischen Prothesenaufbau zuordnen. Die Kontaktzonenverlagerung beeinflußt durch Veränderung der wirksamen Hebelarme entscheidend die Kräfte in Quadrizepssehne und Lig. patellae und damit die patellofemoralen Anpreßkräfte. Die patellofemoralen Kontaktzonen beim künstlichen Kniegelenkersatz sind kleiner als im menschlichen Gelenk, konzentrieren sich während des Bewegungsablaufs auf kleinere Abschnitte der retropatellaren Gelenkfläche und führen zu höheren spezifischen Beanspruchungen der Patella. Besonders klein sind die Kontaktflächen beim Ersatz der Patellarückfläche durch Polyethylenkörper, so daß aufgrund der hohen Belastungsgrößen langfristig Verformungen durch Kaltfluß und Abrieb zu erwarten sind.

Die bisher gebräuchlichen Modelle zum Ersatz des patellofemoralen Gleitlagers stellen Kompromißlösungen mit unterschiedlichen Vor- und Nachteilen dar. Die vorgestellten Untersuchungen zeigen Ansatzpunkte, die Konstruktionsmerkmale und die Implantationstechnik von Kniegelenkendoprothesen weiter zu verbessern und sollten durch langfristige klinische Verlaufsbeobachtungen verschiedener Prothesenmodelle sowie mechanische Untersuchungen des patellofemoralen Gelenkabschnitts unter dynamischer Belastungssimulation ergänzt werden.

H. Literatur

Aglietti P, Insall JN, Walker PS, Trent P: A new patella prosthesis. Design and application. Clin Orthop 107: 175-187 (1975)

Ahlberg A, Lunden A: Secondary operations after knee joint replacement. Clin Orthop 156: 170-174 (1981)

Aichroth P, Freeman M, Smillie I, Souter W: A knee function assessment chart. J Bone Joint Surg 60-B: 308-309 (1978)

Alm A, Strömberg B: Vascular anatomy of the patellar and cruciate ligaments. Acta Chir Scand (Suppl) 445: 25-46 (1974)

Alnot JY, Aubriot JH, Deburge A, Dubousset JF, Kenesi C, Mazas F, Patel A, Schramm P: Arthroplastie totale du genou: la prothèse GUEPAR. Rev Chir Orthop 57: 575-581 (1971)

Andersen JL: Knee arthroplasty in rheumatoid arthritis. Acta Orthop Scand (Suppl) 180: 5-117 (1979)

Andriacchi TP, Andersson GBJ, Örtengren R, Mikosz RP: A study of factors influencing muscle activity about the knee joint. J Orthop Res 1: 266-275 (1984)

Andriacchi TP, Galante JO, Fermier RW: The influence of total knee-replacement design on walking and stair-climbing. J Bone Joint Surg 64-A: 1328-1335 (1982)

Andriacchi TP, Galante JO, Draganich LF: Relationship between knee extensor mechanics and function following total knee replacement. In: Dorr LD (Hrsg) The knee. University Park Press, Baltimore (1985)

Arnoczky SP, Rubin RM, Marshall JL: Microvasculature of the cruciate ligaments and its response to injury. J Bone Joint Surg 61-A: 1221-1229 (1979)

Arnoczky SP, Russell FW: The microvasculature of the meniscus and its response to injury. Am J Sports Med 11: 131-141 (1983)

Arnoczky SP: Blood supply to the anterior cruciate ligament and supporting structures. Orthop Clin North Am 16: 15-28 (1985)

Attenborough CG: The Attenborough total knee replacement. J Bone Joint Surg 60-B: 320-326 (1978)

Aubroit JH, Levy G: Prothèse totale fémoro-patellaire dans l'arthrose isolée. In: Mansat C, Bonnel F, Jaeger JH (Hrsg) L'appareil extenseur du genou. Masson, Paris New York Barcelona Mailand Mexico Sao Paulo (1985)

Aufranc O, Jones N: Mold arthroplasty of the knee. J Bone Joint Surg 40-A: 1431 (1958)

Bandi W: Über die Ätiologie der Osteochondritis dissecans. Helv Chir Acta 3: 221-247 (1951)

Bandi W: Die retropatellaren Kniegelenkschäden. Pathomechanik und pathologische Anatomie, Klinik und Therapie. Huber, Bern Stuttgart Wien (1977)

Bargar WL, Cracchiolo A, Amstutz HC: Results with the constrained total knee prosthesis in treating severely disabled patients and patients with failed total knee replacements. J Bone Joint Surg 62-A: 504-512 (1980)

Bartel DL, Bicknell VL, Wright TM: The effect of conformity, thickness, and material on stresses in ultra-high molecular weight components for total joint replacement. J Bone Joint Surg 68-A: 1041-1051 (1986)

Bayley J, Scott R, Ewald F, Holmes G: Failure of metal-backed patellar component after total knee replacement. J Bone Joint Surg 70-A: 668-674 (1988)

Benninghoff A, Goerttler K: Lehrbuch der Anatomie des Menschen. Bd 1. Urban & Schwarzenberg, München Berlin Wien (1968)

Berchtold W: Klinische Studien: Berechnen und Vergleichen von Überlebenskurven. Schweiz med Wschr 111: 128-133 (1982)

Bimler R: Bewegungsschienen zur frühfunktionellen Behandlung der unteren Extremität. Fischer, Stuttgart (1987)

Bishop RED, Denham RA: A note on the ratio between tensions in the quadriceps tendon and infra-patellar ligament. Eng i Med 6: 53-54 (1977)

Björkström S, Goldie IF: A study of the arterial supply of the patella in the normal state, in chondromalacia patellae and in osteoarthrosis. Acta Orthop Scand 51: 63-70 (1980)

Blacharski PA, Somerset JH, Murray DG: A three-dimensional study of the kinematics of the human knee. J Biomech 8: 375-384 (1975)

Block J: The future of polyethylene. J Bone Joint Surg 60-B: 303-306 (1978)

Blauth W: Über eine neue Kniegelenktotalprothese. Med Orthop Techn 94: 65-67 (1974)

Blauth W: Bauprinzipien einer neuen Kniegelenktotalprothese. Z Orthop 113: 527-528 (1975)

Blauth W: Unsere Kniegelenkprothesen mit Patellaersatz. Z Orthop 124: 125-240 (1986)

Blauth W, Bontemps G, Skripitz W: Zum gegenwärten Stand künstlicher Kniegelenke vom Typ des Scharniergelenkes. Arch Orthop Unfallchir 88: 259-272 (1977)

Blauth W, Hiss E, Jäger R: Die Kniegelenktotalprothese nach Blauth. Med Orthop Techn 101: 134-139 (1981)

Blauth W, Schuchardt E: Orthopädisch-chirurgische Operationen am Knie. Thieme, Stuttgart New York (1986)

Blauth W, Skripitz W, Bomtemps G: Kniegelenkendoprothetik. Z Orthop 115: 665-678 (1977)

Blauth W, Zander S, Vogiatzis M: Motorisierte Knieübungsschienen. Unfallchir 90: 421-427 (1987)

Blazina ME, Fox JM, Del Pizzo W, Broukhim B, Ivey FM: Patellofemoral replacement. Clin Orthop 144: 98-102 (1979)

Block J: The future of polyethylene. J Bone Joint Surg 60-B: 303-366 (1978)

Bonnel F, Pujol J, Cahuzac JP, Dimeglio A: Vascularisation artérielle rotulienne et périrotulienne. In: Mansat C, Bonnel F, Jaeger JH (Hrsg) L'appareil extenseur du genou. Masson, Paris New York Barcelona Mailand Mexico Sao Paulo (1985)

Brattström M: The anatomy and physiology of the femoro-patellar joint. Acta Orthop Scand (Suppl) 68: 14-36 (1964)

Breitenfelder J, Yücel M: Kniescheibenprobleme beim totalen Gelenkersatz. Orthop Prax 6: 501-507 (1987)

Brennecke R, Hahne HJ, Moldenhauer K, Bürsch JH, Heintzen PH: A special purpose processor for digital angiocardiography design and applications. Proc Comp Cardiol IEEE Computer Society, Long Beach (1979)

Brennwald J, Bandi W: Experimenteller Beitrag zum Problem der Behandlung der retropatellaren Arthrose durch Ventralkippung der Tuberositas tibiae. Helv Chir Acta (Suppl) 11: 50-59 (1972)

Bryan RS, Peterson LFA: Polycentric total knee arthroplasty: a prognostic assessment. Clin Orthop 145: 23-28 (1979)

Bryan RS, Rand JA: Revision total knee arthroplasty. Clin Orthop 170: 116-122 (1982)

Buchanan JR, Greer RB, Bowman LS, Shearer A, Gallaher K: Clinical experience with the variable axis total knee replacement. J Bone Joint Surg 64-A: 337-346 (1982)

Buchholz HW, Engelbrecht E: Die intrakondyläre totale Kniegelenksendoprothese „Modell St.Georg". Chirurg 44: 373-378 (1973)

Buechel FF, Pappas MJ: The New Jersey low-contact-stress knee replacement system: biomechanical rationale and review of the first 123 cemented cases. Arch Orthop Trauma Surg 105: 197-204 (1986)

Bugge J: A standardized plastic injection technique for anatomical purposes. Acta Anat 54: 177-192 (1963)

Burckhardt H: Über Entstehung der freien Gelenkkörper und über Mechanik des Kniegelenkes. Bruns Beitr Klin Chir 130: 163 (1924)

Butz PC, Smahel J: Morphologie und Topographie der Klappen des oberflächlichen Venensystems am Unterarm und Fußrücken. Handchirurgie 17: 3-7 (1985)

Cameron HU: Early experience with a Tricon uncemented knee. In: Weinstein AM, Hedley AK (Hrsg) Uncemented total joint replacement. Harrington Arthritis Research Center, Phoenix (1984)

Cameron HU, Hunter GA, Welsh RP, Bailey WH: Unicompartmental knee replacement. Clin Orthop 160: 109-113 (1981)

Cameron HU, Fedorkow DM: The patella in total knee arthroplasty. Clin Orthop 165: 197-199 (1982)

Campbell WC: The physiology of arthroplasty. J Bone Joint Surg 13: 223-245 (1931)

Campbell WC: Interposition vitallium plates in arthroplasties of the knee. Am J Surg 47: 639-641 (1940)

Cartier P, Mammeri M, Villers P: Clinical and radiographic evaluation of Modular knee replacement. Int Orthop 6: 35-44 (1982)

Caton J, Deschamps G, Chambat P, Lerat JL, Dejour H: Les rotules basses. A propos de 128 observations. Rev Chir Orthop 68: 317-325 (1982)

Charnley J: The long-term results of low-friction arthroplasty of the hip formed as a primary intervention. J Bone Joint Surg 54-B: 61-76 (1972)

Charnley J, Halley DK: Rate of wear in total hip replacement. Clin Orthop 112: 170 (1975)

Clayton ML: Surgery of the lower extremity in rheumatoid arthritis. J Bone Joint Surg 45-A: 1517-1536 (1963)

Clayton ML, Thirupathi R: Patellar complications after total condylar arthroplasty. Clin Orthop 170: 152-155 (1982)

Clayton ML, Thompson TR, Mack RP: Correction of alignment deformities during total knee arthroplasties: staged soft-tissue releases. Clin Orthop 202: 117-124 (1986)

Cloutier J-M: Results of total knee arthroplasty with a non-constrained prosthesis. J Bone Joint Surg 65-A: 906-919 (1983)

Coventry MB: Two-part knee arthroplasty: evolution and present status. Clin Orthop 145: 29-36 (1979)

Coventry MB, Finerman GAM, Riley LH, Turner RH, Upshaw JE: A new geometric knee for total knee arthroplasty. Clin Orthop 83: 157-162 (1972)

Cracchiolo A: Statistics of total knee replacement. Clin Orthop 120: 2-3 (1976)

Crock HV: The arterial supply and venous drainage of the bones of the human knee joint. Anat Rec 144: 199-207 (1962)

Crock HV: The blood supply of the lower limb bones in man. Livingstone, Edinburgh London (1967)

Danzig L, Resnick D, Gonsalves M, Akeson WH: Blood supply to the normal and abnormal menisci of the human knee. Clin Orthop 172: 271-276 (1983)

Dahhan P, Delepine G, Larde D: The femoropatellar joint. Anat Clin 3: 23-39 (1981)

Deburge A: Results of 292 Guepar knee prostheses with four years follow-up. J Bone Joint Surg 57-A: 1033 (1975)

Deburge A, Guepar: Guepar hinge prosthesis. Clin Orthop 120: 47-53 (1976)

Deburge A, Aubriot JH, Genet JP, the Guepar Group: Current status of a hinge prosthesis (GUEPAR). Clin Orthop 145: 91-93 (1979)

Dederich R, Wolf L: Kniegelenksendoprothesen - Nachuntersuchungsergebnisse. Unfallheilkunde 85: 359-368 (1982)

Denham RA, Bishop RED: Mechanics of the knee and problems in reconstructive surgery. J Bone Joint Surg 60-B: 345-352 (1978)

De Palma AF, Sawyer B, Hoffman JD: Reconsiderations of lesions affecting the patellofemoral joint. Clin Orthop 18: 63 (1962)

Dobbs HS: Survivorship of total hip replacement. J Bone Joint Surg 62-B: 168-173 (1980)

Dreyer J, Späh HJ, Teichner A: Längerfristige Erfahrungen mit Schlittenendoprothesen „St. Georg“. Z Orthop 122: 72-77 (1984)

Désarnaud M, Lebarbier P, Cahuzac J-P: The arterial blood supply to the tibial tuberosity in the foetus. Anat Clin 3: 55-59 (1982)

Eftekhar NS: The life and work of John Charnley. Clin Orthop 211: 10-22 (1986)

Eichler J, Stallforth H: Die funktionelle bicondyläre Schlittenendoprothese Modell ES - erste klinische Erfahrungen. Med Orthop Techn 105: 37-40 (1985)

Eitel F, Seibold R, Hohn B: Präparationstechnische Weiterentwicklung und Standardisierung der mikroangiographischen Untersuchungsmethode nach Spalteholz. Unfallchir 89: 326-336 (1986)

Ellis M, Seedhom BB, Wright V, Dowson D: An evaluation of the ratio between the tensions along the quadrizeps tendon and the patellar ligament. Eng Med 9: 189-194 (1980)

Emerson RH, Potter Th: The use of the McKeever metallic hemiarthroplasty for unicompartmental arthritis. J Bone Joint Surg 67-A: 208-212 (1985)
Engelbrecht E, Siegel A, Röttger J, Buchholz HW: Statistics of total knee replacement: partial and total knee replacement, design St. Georg. Clin Orthop 120: 54-63 (1976)
Engelbrecht E, Nieder E, Strickle E, Keller A: Intracondyläre Kniegelenksendoprothese mit Rotationsmöglichkeit - Endo-Modell. Chirurg 52: 368-375 (1981)
Engelbrecht E: Rotationsendoprothese des Kniegelenkes. Springer, Berlin Heidelberg New York Tokyo (1984)
Evanski PM, Waugh TR, Orofino CF, Anzel SH: UCI knee replacement. Clin Orthop 120: 33-38 (1976)
Ewald FC, Sledge CB, Corson JM, Rose RM, Radin EL: Giant cell synovitis associated with failed polyethylene patellar replacements. Clin Orthop 15: 213-219 (1976)
Feinstein AR: Clinical biostatistics. Mosby, St Louis (1977)
Ferner H: In: Pernkopf E (Hrsg) Atlas der topographischen Anatomie des Menschen. Bd 2 Urban & Schwarzenberg, München Berlin (1964)
Ficat RP, Hungerford DS: Disorders of the patello-femoral joint. Masson, Paris New York Barcelona Mailand (1977)
Fick R: Praktische Bemerkungen über das Kniegelenk. In: Handbuch der Anatomie und Mechanik der Gelenke. Teil 1 - Anatomie der Gelenke. Fischer, Jena (1904)
Ficker E, Hehne HJ, Hultzsch W, Jantz W: Anwendung der Druckmeßfolie in der Biomechanik: Messung der Druckverteilung in Gelenken des Menschen. In: Experimental stress analysis. European Permanent Committee for Stress Analysis, Haifa (1982)
Figgie MP, Wright TM, Santer T, Fischer D, Forbes A: Performance of dome-shaped patellar components in total knee arthroplasty. Orthop Trans 14 (1989)
Finerman GAM, Coventry MB, Riley LH, Turner RH, Upshaw JE: Anametric total knee arthroplasty. Clin Orthop 145: 85-90 (1979)
Fischer LP, Carret JP, Gonon GP, Sayfi Y: Vascularisation arterielle du ligament rotulien (ligamentum patellae) et du tendon d'achille (tendo calcaneus) chez l'homme. Bull Assoc Anat 60: 323-334 (1976)
Flynn LM: Experiences with UCI total knee. Clin Orthop 135: 188-191 (1978)
Ford WR, Perry J: Analysis of knee joint forces during flexed knee stance. J Bone Joint Surg 54-A: 1118 (1972)
Freeman MAR, Railton GT: Die zementlose Verankerung in der Endoprothetik. Orthopäde 16: 206-219 (1987)
Freeman MAR, Swanson SAV, Todd RC: Total replacement of the knee using the Freeman-Swanson knee prosthesis. Clin Orthop 94: 153-170 (1973)
Freeman MAR, Hammer A: Patellar fracture after replacement of the tibio-femoral joint with the ICLH prosthesis. Arch Orthop Trauma Surg 92: 63-67 (1978)
Freeman MAR, Todd RC, Bamert P, Day WH: ICLH arthroplasty of the knee: 1968-1977. J Bone Joint Surg 60-B: 339-344 (1978)
Freeman MAR, Blaha JD, Insler H: Replacement of the knee in rheumatoid arthritis using the Imperial College London Hospital (ICLH) prosthesis. Reconstr Surg Trauma 18: 147-173 (1981)
Freeman MAR, Samuelson KM, Bertin KC: Freeman-Samuelson total arthroplasty of the knee. Clin Orthop 192: 46-58 (1985)
Freeman MAR, Samuelson KM, Levack B, De Alencar PGC: Knee arthroplasty at the London Hospital 1975-1984. Clin Orthop 205: 12-20 (1986)
Friedrich E, Schumpe G, Nasseri D: Vergleichende Berechnungen am Kniegelenk bei der Ventralisation der Tuberositas tibiae nach Bandi. Z Orthop 111: 134-138 (1973)
Fujikawa K, Seedhom BB, Wright V: Biomechanic of the patello-femoral joint. Part I: A study of the contact and the congruity of the patello-femoral compartment and movement of the patella. Eng Med 12: 3-11 (1983)
Fujikawa K, Seedhom BB, Wright V: Biomechanics of the patello-femoral joint. Part II: A study of the effect of simulated femoro-tibial varus deformity on the congruity of the patello-femoral compartment and movement of the patella. Eng Med 12: 13-21 (1983)
Fürmaier A: Beitrag zur Mechanik der Patella und des Gesamtkniegelenkes. Arch Orthop Unfallchir 46: 78-90 (1953)

Galante J, Rostoker W, Lueck R, Ray RD: Sintered fiber metal composites as a basis for attachment of implants to bone. J Bone Joint Surg 53-A: 101 (1971)
Galante J, Sumner DR, Gächter A: Oberflächenstruktur und Einwachsen von Knochen bei zementfrei fixierten Prothesen. Orthopäde 16: 197-205 (1987)
Goldberg VM, Henderson BT: The Freeman-Swanson ICLH total knee arthroplasty. J Bone Joint Surg 62-A: 1338-1344 (1980)
Goodfellow J, O'Connor J: The mechanics of the knee and prosthesis design. J Bone Joint Surg 60-B: 358-369 (1978)
Goodfellow J, O'Connor J: Clinical results of the Oxford knee. Clin Orthop 205: 21-42 (1986)
Goodfellow J, Hungerford DS, Zindel M: Patello-femoral joint mechanics and pathology. J Bone Joint Surg 58-B: 287-290 (1976)
Goymann V, Müller HG, Haasters J: Biomechanische Besonderheiten des femoro-patellaren Gleitweges und ihre klinische Bedeutung. Orthop Prax 7: 411-414 (1971)
Goymann V, Haasters J, Heller W: Neuere Untersuchungen zur Biomechanik der Patella. Z Orthop 112: 623-625 (1974)
Goymann V: Umlenkung und Flächenpressung im femoro-patellaren Gelenk. Habilitationsschrift Orthopädische Universitätsklinik Essen (1975)
Gradinger R, Hipp E, Radke J, Karpf PM, Kipping R: Indikation und Ergebnisse der unilateralen Schlittenprothese am Kniegelenk. Orthop Prax 2: 108-115 (1987)
Gray H: Anatomy of the human body. Lewis WH (Hrsg) Lea & Febiger, Philadelphia (1943)
Greenwald AS, Cepulco AJ, Black JD, et al: Mechanics of patello-femoral replacement. Annual meeting of the American Academy of Orthopedic Surgeons (1982) zit n Laskin RS: RMC total knee replacement. J Arthroplasty 1: 11-19 (1986)
Grimer RJ, Karpinski MRK, Edwards AN: The long-term results of Stanmore total knee replacements. J Bone Joint Surg 66-B: 55-62 (1984)
Griss P, Hackenbroch MH, Jäger M, Preussner B, Schäfer Th, Seebauer R, van Eimeren W, Winkler W: Findings on total hip replacement for ten years. Huber, Bern Stuttgart Wien (1982)
Groeneveld HB: Combined femoro-tibial-patellar endoprosthesis of the knee joint preserving the ligaments. Acta Orthop Belg 39: 210-215 (1973)
Groeneveld HB, Schöllner D: Die Patellarückflächenprothese - eine Ergänzung zur Kniegelenkstotalalloarthroplastik. Arch Orthop Unfallchir 76: 205-211 (1973)
Grood ES, Suntay WJ, Noyes FR, Butler DL: Biomechanics of the knee-extension exercise. J Bone Joint Surg 66-A: 725-734 (1984)
Gschwend N: GSB knee joint. Clin Orthop 132: 170-176 (1978)
Gschwend N, Scheier HG, Bähler A: Die GSB-Knieprothese. Med Orthop Techn 100: 128-134 (1980)
Gschwend N, Löhr J: The Gschwend-Scheier-Bähler (GSB) replacement of the rheumatoid knee joint. Reconstr Surg Traumatol 18: 174-194 (1981)
Gschwend NG, Wyss UP: Total replacement of the knee in rheumatoid arthritis. In: Black J, Churchill JHD (Hrsg) Clinical biomechanics. Livingstone, New York London Melbourne (1981)
Gschwend N, Müller H: Arthroplastie du genou GSB à plus de 5 ans. Rev Chir Orthop 70: 182-185 (1984)
Gunston FH, MacKenie RI: Complications of polycentric knee arthroplasty. Clin Orthop 120: 11-17 (1976)
Haffajee D, Moritz U, Svantesson G: Isometric knee extension strength as a function of joint angle, muscle length and motor unit activity. Acta Orthop Scand 43: 138-147 (1972)
Hagena F, Jäger M: Das femoropatellare Gleitlager nach totalem Kniegelenkersatz bei chronischer Polyarthritis. Verh Dtsch Ges Rheumatol 7: 594-597 (1981)
Hagena F, Hofmann G: Lang- und mittelfristige Ergebnisse nach Implantation der GSB-Kniegelenks-Endoprothese. Teil I: Klinische Ergebnisse. Unfallheilkunde 87: 133-143 (1984)
Hagena F, Hofmann G: Lang- und mittelfristige Ergebnisse nach Implantation der GSB-Kniegelenks-Endoprothese. Teil II: Radiologische Ergebnisse - radiologische und klinische Korrelationen. Unfallheilkunde 87: 298-308 (1984)
Hallen LG, Lindahl O: The „screw-home" movement in the knee-joint. Acta Orthop Scand 37: 97-106 (1966)

Hanslik L: Das patellofemorale Gleitlager beim totalen Kniegelenkersatz. Z Orthop 109: 435-440 (1971)

Hanslik L: First experience on knee joint replacement using the Young hinged prosthesis combined with a modification on the McKeever patella prosthesis. Clin Orthop 94: 115-121 (1973)

Hassenpflug J, Holland C, Heupel R, Koebke J: Patellaveränderungen bei Langzeitbeobachtungen der Kniegelenkendoprothese nach Blauth. Z Orthop 122: 125-136 (1984)

Hassenpflug J: Ergebnisanalyse: Verweildauer. In: Weber U, Hackenbroch M (Hrsg) Endoprothetik am Kniegelenk. Thieme, Stuttgart New York (1985)

Hassenpflug J: Retropatellare Beschwerden bei Kniegelenkendoprothesen. Z Orthop 123: 763 (1985b)

Hassenpflug J, Blauth W, Hobeck C, Holland C, Maronna U: 11 Jahre Erfahrungen mit der Kniegelenktotalendoprothese nach Blauth. In: Lechner F, Ascherl R, Blümel G, Hungerford DS (Hrsg) Kniegelenksendoprothetik - eine aktuelle Bestandsaufnahme. Schattauer, Stuttgart New York (1985)

Hassenpflug J: Die arterielle Blutversorgung der Kniescheibe und ihre Beeinträchtigung durch verschiedene operative Zugangswege zum Kniegelenk. Z Orthop 124: 521-522 (1986)

Hassenpflug J: Presentation of intraosseous vascularization by sequential maceration. Arch Orthop Trauma Surg 105: 73-78 (1986)

Hassenpflug J, Harten K, Hahne HJ, Hobeck K, Holland C, Maronna U: Ist die Implantation von Kniegelenkscharnierendoprothesen heute noch vertretbar? Z Orthop 126: 398-407 (1988)

Hassenpflug J, Hiss E, Blauth W: Untersuchungen zur räumlichen Orientierung der facies patellaris femoris. Z Orthop 125: 332-336 (1987)

Hassenpflug J, Hiss E, Rauch G: Untersuchungen zur Primärstabilität von Kniegelenkscharnierendoprothesen unterschiedlicher Schaftlänge. In: Lechner F, Ascherl R, Blümel G, Hungerford DS (Hrsg) Kniegelenksendoprothetik - eine aktuelle Bestandsaufnahme. Schattauer, Stuttgart New York (1985)

Hammersen F: Anatomie der terminalen Strombahn. Urban & Schwarzenberg, München Berlin Wien (1971)

Hammersen F: Anordnungen und Musterbildung der terminalen Strombahnen des Periostes. Histomorph Bewegungsapp 1: 53-63 (1981)

Hehne HJ, Schlageter MS, Hultzsch W, Rau WS: Experimentelle patello-femorale Kontaktflächenmessungen. Z Orthop 119: 167-176 (1981)

Hehne H-J: Das Patellofemoralgelenk. Enke, Stuttgart (1983)

Henche HR, Künzi HU, Morscher E: The areas of contact pressure in the patello-femoral joint. Int Orthop 4: 279-281 (1981)

Henche HR: Flächenpressung im Femoropatellargelenk. Orthopäde 14: 239-246 (1985)

Henschen C: Gefäßversorgung der Kniegelenksmenisken. Anatomisch-physiologische Eigenheiten des Bergländerknies. Schweiz Med Wochenschr 50: 1366-1368 (1929)

Hepp WR: Radiologie des Femoro-Patellargelenkes. Enke, Stuttgart (1983)

Hepp WR: Die Dystopie der Kniescheibe. Orthop Prax 22: 222-229 (1986)

Hille E, Schulitz K-P, Henrichs C, Schneider T: Pressure and contact-surface measurements within the femoropatellar joint and their variations following lateral release. Arch Orthop Trauma Surg 104: 275-282 (1985)

Hiss E, Jäger R: Bestimmung der Patella-Anpreßkräfte bei neuartigen Knietotalprothesen. Vortrag 134, 68. Jahrestagung der DGOT, Heidelberg (1981)

Hoffmann-Daimler S: Die mechanisch-funktionellen Wechselbeziehungen zwischen Muskel, Knochen und Gelenk. Verh DOG, 54 62-67 (1968)

Hofmann GO, Hagena F-W: Pathomechanics of the femoropatellar joint following total knee arthroplasty. Clin Orthop 224: 251-259 (1987)

Hoschek J, Weber U, Ladstätter P, Schelske HJ: Mathematical kinematics in engineering of endoprostheses evaluation of the results of gait analysis. Arch Orthop Trauma Surg 103: 342-347 (1984)

Hoschek J, Halt J, Weber U: Kniegelenkskinematik - neuere Erkenntnisse und ihre Approximation in der Kniegelenksendoprothetik. In: Weber U, Hackenbroch MH (Hrsg) Endoprothetik am Kniegelenk. Thieme, Stuttgart New York (1985)

Hoss U, Weber U: Der Einfluß des hinteren Kreuzbandes auf die Mechanik von horizontal gekoppelten Kniegelenkschlittenprothesen. In: Refior HJ, Hackenbroch MH, Wirth CJ (Hrsg) Der alloplastische Ersatz des Kniegelenks. Thieme, Stuttgart New York (1987)

Huberti HH, Hayes WC: Patellofemoral contact pressures. The influence of Q-angle and tendofemoral contact. J Bone Joint Surg 66-A: 715-724 (1984)

Hui FC, Fitzgerald RH: Hinged total knee arthroplasty. J Bone Joint Surg 4: 513-519 (1980)

Hungerford DS, Barry BS: Biomechanics of the patellofemoral joint. Clin Orthop 144: 9-15 (1979)

Hungerford DS, Krackow KA, Kenna RV: Total knee arthroplasty. Williams & Wilkins, Baltimore London (1982)

Hungerford DS, Krackow KA: Total joint arthroplasty of the knee. Clin Orthop 192: 23-33 (1985)

Hunter JA, Zoma AA, Scullion JE, Protheroe K, Young AB, Sturrock AB, Capell HA: The geometric knee replacement in polyarthritis. J Bone Joint Surg 64-B: 95-98 (1982)

Huson A: Biomechanische Probleme des Kniegelenks. Orthopäde 3: 119-126 (1974)

Insall J, Falvo KA, Wise DW: Chondromalacia patellae. J Bone Joint Surg 58-A: 1-8 (1976)

Insall JN, Ranawat CS, Aglietti P, Shine J: A comparison of four models of total knee-replacement prostheses. J Bone Joint Surg 58-A: 754-765 (1976)

Insall J, Ranawat CS, Scott WN, Walker P: The total condylar knee replacement. Clin Orthop 120: 149-154 (1976)

Insall J, Tria AJ, Scott WN: The total condylar knee prosthesis: the first five years. Clin Orthop 145: 68-77 (1979)

Insall J, Scott WN, Ranawat CS: The total condylar knee prosthesis. J Bone Joint Surg 61-A: 173-180 (1979)

Insall J, Tria A, Aglietti P: Resurfacing of the patella. J Bone Joint Surg 62-A: 933-936 (1980)

Insall JN, Lachiewicz PF, Burstein AH: The posterior stabilized condylar prosthesis: a modification of the total condylar design. J Bone Joint Surg 64-A: 1317-1323 (1982)

Insall JN, Hood RW, Flawn LB, Sullivan DJ: The total condylar knee prosthesis in gonarthrosis. J Bone Joint Surg 65-A: 619-628 (1983)

Insall JN: Surgery of the knee. Churchill Livingstone, New York Edinborough London Melbourne (1984)

Insall JN, Binazzi R, Soudry M, Mestriner LA: Total knee arthroplasty. Clin Orthop 192: 13-22 (1985)

Izadpanah M: Das Schicksal der Patella nach einer Kniegelenksprothese. Z Orthop 119: 791 (1981)

Izadpanah M: Das Schicksal der Kniescheibe nach einer Knieprothese unter Berücksichtigung der „patella plasty". Z Orthop 120: 18-21 (1982)

Jones WN, Aufranc OE, Kermond WL: Mold arthroplasty of the knee. J Bone Joint Surg 49-A: 1022 (1967)

Jones WN: Mold arthroplasty of the knee joint. Clin Orthop 66: 82-89 (1969)

Jones WT, Bryan RS, Peterson LFA, Ilstrup DM: Unicompartmental knee arthroplasty using polycentric and geometric hemicomponents. J Bone Joint Surg 63-A: 46-54 (1981)

Jäger M, Hofer H, Häckel H: Kniegelenksendoprothetik bei chronischer Polyarthritis - juvenile chronische Polyarthritis. Aktuel Probl Chir Orthop. Bd 15. Huber, Bern Stuttgart Wien (1981)

Jäger M, Plitz W: Die Druckverteilung im Femoropatellargelenk. In: Küsswetter W, Reichelt A (Hrsg) Der retropatellare Knorpelschaden. Thieme, Stuttgart New York (1983)

Jäger R, Hassenpflug J: Zur Rollgleitbewegung der Femurkondylen am belasteten Bein. Orthop Prax 17: 492-495 (1981)

Kaltwasser P, Uematsu O, Walker PS: The patello-femoral joint in total knee replacement. Proc Orthop Res Soc 807: (1987)

Kapandji IA: Funktionelle Anatomie der Gelenke. Bd 2. Enke, Stuttgart (1985)

Karlsson J, Bunketorp O, Lansinger O, Romanus B, Swärd L: Lowering of the patella secondery to anterior advancement of the tibial tubercle for the patellofemoral pain syndrom. Arch Orthop Trauma Surg 105: 40-45 (1986)

Kaufer H, Arbor A: Mechanical function of the patella. J Bone Joint Surg 53-A: 1551-1560 (1971)

Kaufer H, Matthews LS, Arbor A: Spherocentric arthroplasty of the knee. J Bone Joint Surg 63-A: 545-559 (1981)

Kay NRM, Martins HD: The MacIntosh tibial plateau hemiprosthesis for the rheumatoid knee. J Bone Joint Surg 54-B: 256-262 (1972)
Kershaw CJ, Themen AEG: The Attenborough knee. A four-to ten-year review. J Bone Joint Surg 70-B: 89-93 (1988)
Kester MA, Cook SD, Harding AF, Rodriguez RP, Pipkin CS: An evaluation of the mechanical failure modalities of a rotating hinge knee prosthesis. Clin Orthop 228: 156-163 (1988)
Kettelkamp DB, Nasca R: Biomechanics and knee replacement arthroplasty. Clin Orthop 94: 8-14 (1973)
Kettelkamp DB: The place of tibial arthroplasty in reconstruction of the arthritic knee. Clin Orthop 101: 74-81 (1974)
Kiesselbach A: Untersuchungen über den funktionellen Einbau des Musculus quadrizeps in das Gefüge des Oberschenkels. Verh Anat Ges, Anat Anz 101: 206-221 Ergänzungsheft (1954)
Kiesselbach A: Die Seitenzugkomponenten des Musculus quadrizeps und ihre Bedeutung für die Patella bei gestrecktem und bei gebeugtem Kniegelenk. Morph Jahrb 94: 452-470 (1955)
Knese KH: Kinematik des Kniegelenkes. Z Anat 115: 287 (1950)
Knutson K, Tjörnstrand B, Lidgren L: Survival of knee arthroplasties for rheumatoid arthritis. Acta Orthop Scand 56: 422-425 (1985)
Knutson K, Lindstrand A, Lidgren L: Survival of knee arthroplasties. J Bone Joint Surg 68-B: 795-803 (1986)
Koebke J, Hassenpflug J: Veränderungen an der Facies articularis patellae bei endoprothetischem Ersatz des Kniegelenks nach Blauth. Z Orthop 123: 107-109 (1985)
Kolstad K, Wigren A, Öberg K: Gait analysis with an angle diagram technique. Acta Orthop Scand 53: 733-743 (1982)
Kos J: Cévni zásobeni kolenniho kloubu. Plzen léksbor 12: 27-41 (1960)
Kopsch F: Rauber-Kopsch, Lehrbuch und Atlas der Anatomie des Menschen. Aufl 14, Bd 1, Thieme, Stuttgart (1955)
Kummer B: Die Beanspruchung der Gelenke, dargestellt am Beispiel des menschlichen Hüftgelenkes. Verh DOG 55: 301-311 (1969)
Kummer B: Einführung in die Biomechanik des Hüftgelenks. Springer, Berlin Heidelberg New York (1985)
Kummer B: Anatomie und Biomechanik des Femoropatellargelenkes. In: Küsswetter W, Reichelt A (Hrsg) Der retropatellare Knorpelschaden. Thieme, Stuttgart New York (1983)
Kummer B, Yamamoto M: Morphologie und Funktion des Kreuzbandapparates des Kniegelenks. Arthroskopie 1: 2-10 (1988)
Kunze KG: Die Durchblutung der Knochen. Hefte Unfallheilkunde 173: 1-10 (1985)
Lacey A: A statistical review of 100 consecutive „UCI“ low friction knee arthroplasties with analysis of results. Clin Orthop 132: 163-166 (1978)
Lahlaidi A: Vascularisation arterielle des ligaments intra-articulaires du genou chez l'homme. Folia angiol 23: 178-181 (1975)
Landon GC, Galante JO, Maley MM: Noncemented total knee arthroplasty. Clin Orthop 205: 49-57 (1986)
Lang J, Wachsmuth W: Praktische Anatomie. Aufl 12, Bd 1, Springer, Berlin Heidelberg New York (1972)
Laskin RS: Total condylar knee replacement in rheumatoid arthritis. A review of one hundred and seventeen knees. J Bone Joint Surg 63-A: 29-35 (1981)
Laskin RS, Denham RA, Apley AG: Replacement of the knee. Springer, Berlin Heidelberg New York Tokyo (1984)
Laskin RS: RMC total knee replacement. J Arthroplast 1: 11-19 (1986)
Laughman RK, Stauffer RN, Ilstrup DM, Chao EYS: Functional evaluation of total knee replacement. J Orthop 2: 307-313 (1984)
Lawrence JS: Rheumatism in populations. Heinemann, London (1977)
le Nobel J, Patterson FP: Guepar total knee prosthesis. Experience at the Vancouver General Hospital. J Bone Joint Surg 63-B: 257-260 (1981)
Letournel E, Lagrange J: Total knee replacement with the „LL“ type prosthesis. Clin Orthop 94: 249-256 (1973)
Lettin AWF, Deliss LJ, Blackburne JS, Scales JT: The Stanmore hinged knee arthroplasty. J Bone Joint Surg 60-B: 327-332 (1978)

Lettin AWF, Kavanagh TG, Craig D, Scales JT: Assessment of the survival and the clinical results of Stanmore total knee replacements. J Bone Joint Surg 66-B: 355-361 (1984a)

Lettin AWF, Kavanagh TG, Scales JT: The long-term results of Stanmore total knee replacements. J Bone Joint Surg 66-B: 349-354 (1984b)

Levai JP, McLeod HC, Freeman MAR: Why not resurface the patella? J Bone Joint Surg 65-B: 448-451 (1983)

Levai JP, Freeman MAR: Les complications patellaires de la prothèse du genou ICLH. Rev Chir Orthop 70: 41-48 (1984)

Levitt RL: A long-term evaluation of patellar prostheses. Clin Orthop 97: 153-157 (1973)

Lewallen DG, Bryan RS, Peterson LFA: Polycentric total knee arthroplasty. J Bone Joint Surg 66-A: 1211-1217 (1984)

Lexer E, Kuliga P, Turk W: Untersuchungen über Knochenarterien mittels Röntgenaufnahmen injizierter Knochen und ihre Bedeutung für einzelne pathologische Vorgänge am Knochensystem. Hirschwald, Berlin (1904)

Lombardi A, Engh G, Volz R, Albrigo J, Brainard B: Fracture dissociation of the polyethylene in metal-backed patellar components in total knee arthroplasty. J Bone Joint Surg 70-A: 675-679 (1988)

Lieb FJ, Perry J: Quadrizeps function. J Bone Joint Surg 50-A: 1535-1548 (1968)

Lieb FJ, Perry J: Quadrizeps function. An electromyographic study under isometric conditions. J Bone Joint Surg 53-A: 749-758 (1971)

Lindahl O, Movin A: The mechanics of extension of the knee-joint. Acta Orthop Scand 38: 226-234 (1967)

Lindahl O, Movin A, Ringqvist I: Knee extension. Measurement of the isometric force in different positions of the knee-joint. Acta Orthop Scand 40: 79-85 (1969)

Lubinus HH: Patella glide bearing total replacement. Orthopedics 2: 119-127 (1979)

MacIntosh DL: Hemiarthroplasty of the knee using a space occupying prosthesis for painful varus and valgus deformities. J Bone Joint Surg 40-A: 1431 (1958)

MacIntosh DL: Arthroplasty of the knee in rheumatoid arthritis. J Bone Joint Surg 48-B: 179 (1966)

MacIntosh DL, Hunter A: The use of the hemiarthroplasty prosthesis for advanced osteoarthritis and rheumatoid arthritis of the knee. J Bone Joint Surg 54-B: 244-255 (1972)

Maquet P: Biomechanische Aspekte der Femur-Patella-Beziehungen. Z Orthop 112: 620-623 (1974)

Maquet P: Biomechanics of the knee. Springer, Berlin Heidelberg New York (1976)

Maquet P: Mechanics and osteoarthritis of the patellofemoral joint. Clin Orthop 144: 70-73 (1979)

Marmor L: The Modular (Marmor) knee. Clin Orthop 120: 87-94 (1976)

Marmor L: Impingement of the patella in total knee replacement. Orthop Rev 11: 93-96 (1982)

Marmor L: Unicompartmental and total knee arthroplasty. Clin Orthop 192: 75-81 (1985)

Maronna U: Ursachen von retropatellaren Schmerzen nach Endoprothesen und Möglichkeiten ihrer Behandlung. Orthop Prax 16: 711-714 (1980)

Matthews LS, Sonstegard DA, Kaufer H: The Spherocentric knee. Clin Orthop 94: 234-241 (1973)

Matthews LS, Sonstegard DA, Henke JA: Load bearing characteristics of the patello-femoral joint. Acta Orthop Scand 48: 511-516 (1977)

Mazas FB, GUEPAR: Guepar total knee prosthesis. Clin Orthop 94: 211-221 (1973)

McKeever DC: Patellar prosthesis. J Bone Joint Surg 37-A: 1074-1084 (1955)

McKeever DC, Stauffer RN, Ilstrup DM, Chao EYS: Tibial plateau prosthesis. Clin Orthop 18: 86-95 (1960)

Merkow RL, Soudry M, Insall JN: Patellar dislocation following total knee replacement. J Bone Joint Surg 67-A: 1321-1327 (1985)

Miehlke R: Der heutige Stand der Kniegelenksendoprothetik. Therapiewoche 29: 6676-6692 (1979)

Miehlke R, Schwenen M: Beurteilung von Kniegelenkendoprothesen im Röntgenbild. Z Orthop 118: 66-72 (1980)

Miehlke RK, Groeneveld HB: Spezifische Komplikationen bei der Kniegelenksarthroplastik nach Sheehan. Z Orthop 121: 476-477 (1983)

Miehlke RK, Keller A: Das Schalen-Kniegelenkendoprothesen-System Modell Interplanta (SKI). Z Orthop 123: 290-295 (1985)
Minns RJ, Eng B, Campbell J: The mechanical testing of a sliding meniscus knee prosthesis. Clin Orthop 137: 268-275 (1978)
Mochizuki M, Schurman DJ: Patellar complications following total knee arthroplasty. J Bone Joint Surg 61-A: 379-883 (1979)
Moreland JR, Thomas RJ, Freeman MAR: ICLH replacement of the knee. Clin Orthop 145: 47-59 (1979)
Morrison JB: Bioengineering analysis of force actions transmitted by the knee joint. Biomed Eng 3: 164-170 (1968)
Morrison JB: The mechanics of the knee joint in relation to normal walking. J Biomech 3: 51-61 (1970)
Morscher E: Zukunft der Hüftendoprothetik mit oder ohne Knochenzement? Swiss Med 9: 27-44 (1987)
Morscher E: Fixation von Knie-Endoprothesen mit und ohne Zement. Symposium Aktueller Stand der Knie-Endoprothetik, Ulm (1987)
Murray DG, Barranco S: Femoral condylar hemiarthroplasty of the knee. Clin Orthop 101: 68-73 (1974)
Murray MP, Gore DR, Laney WH, Gardner GM, Mollinger LA: Kinesiologic measurements of functional performance before and after double compartment Marmor knee arthroplasty. Clin Orthop 173: 191-199 (1983)
Müller M: The state of the art in total hip replacement XVII World Congress SICOT, München (1987)
Müller W: Das Knie. Springer, Berlin Heidelberg New York (1982)
Müller W: Das femoropatellare Gelenk. Aspekte der Anatomie, Physiologie, Pathophysiologie. Orthopäde 14: 204-214 (1985)
Möller JT, Boe S, Vang PS: Total condylar prosthesis placement in knee arthroplasty. Acta Orthop Scand 54: 708-713 (1983)
Nigg B, Neukomm PA, Unold E: Biomechanik und Sport. Über Beschleunigungen die am menschlichen Körper bei verschiedenen Bewegungen auf verschiedenen Unterlagen auftreten. Orthopäde 3: 140-147 (1974)
Nisell R: Mechanics of the knee. A study of joint and muscle load with clinical applications. Acta Orthop Scand 56: 5-42 (1985)
Nisell R, Nemeth G, Ohlsen H: Joint forces in extension of the knee. Acta Orthop Scand 57: 41-46 (1986)
Nordin JY, Masse Y: Étude rétrospective et prospective de la prothèse GUEPAR. Rev Chir Orthop 70: 202-204 (1984)
Ogata K, Shively RA, Shoenecker PL, Chang S-L: Effects of standard surgical procedures on the patellar blood flow in monkeys. Clin Orthop 215: 254-259 (1987)
Oglesby JW, Wilson FC: The evolution of knee arthroplasty. Clin Orthop 186: 96-103 (1984)
Olerud C, Berg P: The variation of the Q-angle with different positions of the foot. Clin Orthop 191: 162-165 (1984)
Paulos LE, Rosenberg TD, Drawbert J, Manning J, Abbott P: Infrapatellar contracture syndrome. Am J Sports Med 15: 331-341 (1987)
Pauwels F: Die Bedeutung der Bauprinzipien der unteren Extremität für die Beanspruchung des Beinskelettes. Z Anat Entw Gesch 114: 525-538 (1949)
Peters A, Tillmann B: Zugverspannung der Patella. Anat Anz 163: 173 (1987)
Peterson LFA, Kelly PJ: Microangiography. In: Clark GL (Hrsg) The encyclopedia of x-rays and gamma rays. Reinhold, New York S 595-597 (1963)
Perry J, Antonelli D, Ford W: Analysis of knee-joint forces during flexed-knee stance. J Bone Joint Surg 57-A: 961-967 (1975)
Pfab B: Zur Blutgefäßversorgung der Menisci und Kreuzbänder. Dtsch Z Chir 205: 258-264 (1927)
Pickett JC, Stoll DA: Patellaplasty or patellectomy? Clin Orthop 144: 103-106 (1979)
Pieper HG, Neurath F: Funktionsstörungen durch das hintere Kreuzband bei degenerativen und entzündlichen Kniegelenkserkrankungen - Bedeutung beim prothetischen Gleitflächenersatz. In: Refior HJ, Hackenbroch MH, Wirth CJ (Hrsg) Der alloplastische Ersatz des Kniegelenks. Thieme, New York S 35-39 (1987)

Platt G, Pepler C: Mold arthroplasty of the knee. J Bone Joint Surg 51-B: 76-87 (1968)
Platzer W: Zur Anatomie des Femoropatellargelenks. In: Hofer H, Menapace C (Hrsg) Fortschritte in der Arthroskopie. Enke, Stuttgart (1985)
Plitz W, Bergmann M, Weinmann KH: Biomechanik und Verschleißgeschehen bei Knieendoprothesen - Beobachtungen an revidierten Komponenten verschiedener Modelle. In: Lechner F, Ascherl R, Blümel G, Hungerford DS (Hrsg) Kniegelenksendoprothetik - eine aktuelle Bestandsaufnahme. Schattauer, Stuttgart New York (1985)
Plitz W, Reithmeier E: Zur Biomechanik des Gleitflächenersatzes der Patella. In: Refior HJ, Hakkenbroch MH, Wirth CJ (Hrsg) Der alloplastische Ersatz des Kniegelenks. Thieme, Stuttgart New York S 71 (1987)
Poisel S, Gaber O: Blutversorgung mit besonderer Berücksichtigung der Haut über dem Gelenk. Hefte Unfallheilkunde 167: 7-9 (1984)
Potter TA, Weinfeld MS, Thomas WH: Arthroplasty of the knee in rheumatoid arthritis and osteoarthritis. J Bone Joint Surg 54-A: 1-24 (1972)
Ranawat CS: The patellofemoral joint in total condylar arthroplasty. Clin Orthop 205: 93-99 (1986)
Ranawat CS, Insall J, Shine J: Duo-condylar knee arthroplasty. Clin Orthop 120: 76-82 (1976)
Ranawat CS, Rose HA, Bryan WJ: Technique and results of replacement of the patello-femoral joint with total knee arthroplasty. In: Revision of total hip and knee. Park Press, Baltimore (1984)
Reilly DT, Martens M: Experimental analysis of the quadrizeps muscle force and patello-femoral joint reaction force for various activities. Acta Orthop Scand 43: 126-137 (1972)
Rhinelander FW, Baragry RA: Microangiography in bone healing. J Bone Joint Surg 44-A: 1273-1298 (1962)
Richards: Resurfacing of the patello-femoral joint. Richards technical publication 3910 (1980)
Riley LH: The evolution of total knee arthroplasty. Clin Orthop 120: 7-10 (1976)
Riley LH, Healy WL: History and evolution of total knee replacement. In: Hungerford DS, Krackow KA, Kenna RV (Hrsg) Total knee arthroplasty. Williams & Wilkins, Baltimore London (1982)
Riley D, Woodyard JE: Long-term results of Geomedic total knee replacement. J Bone Joint Surg 67-B: 548-550 (1985)
Ritter MA, Campbell ED: Postoperative patellar complications with or without lateral release during total knee arthroplasty. Clin Orthop 219: 163-168 (1987)
Rittman N, Kettelkamp DB, Schwartzkopf GL, Hillberry B: Analysis of patterns of knee motion walking for four types of total knee implants. Clin Orthop 155: 111-117 (1981)
Roffman M, Hirsh DM, Mendes DG: Fracture of the resurfaced patella in total knee replacement. Clin Orthop 148: 112-116 (1980)
Rogers W, Gladstone H: Vascular foramina and arterial supply of the distal end of the femur. J Bone Joint Surg 32-A: 867-874 (1950)
Rose RM, Cimino WR: Exploratory investigations on the structure dependence of the wear resistance of polyethylene. Wear 77: 89-104 (1982)
Rosen R: Optimality principles in biology. Butterworths, London (1967)
Rostoker W, Galante JO: Contact pressure dependence of wear rates of ultra high molecular weight polyethylene. J Biomed Mat Res 13: 957-964 (1979)
Rubin P: Microangiography: facts and artifacts. Radiol Clin North Am 2: 499 (1964)
Rubin P, Casarett GW, Kurohara SS, Fujii M: Microangiography as a technique. Am J Roentgenol 92: 378-387 (1964)
Röhrle H, Sollbach W, Gekeler J: Die mechanische Beanspruchung in unterschiedlichen künstlichen Kniegelenken. Biomed Techn 28, Artikel 49, Ergänzungsheft Mai (1983)
Röhrle H, Sollbach W: Kraftflußberechnungen von typischen und neuartigen Kniegelenk-Endoprothesen, Beurteilungshilfen für Neuentwicklungen. Bundesministerium für Forschung und Technologie, Forschungsbericht T 84-108, Freiburg (1984)
Röhrle H, Sollbach W: Beanspruchungsanalyse von Kniegelenkendoprothesen. In: Weber U, Hackenbroch MH (Hrsg) Endoprothetik am Kniegelenk. Thieme, Stuttgart New York (1985)
Röttger J, Heinert K: Die Knieendoprothesensysteme St. Georg (Schlitten- und Scharnierprinzip). Z Orthop 122: 818-826 (1984)

Rutledge R, Webster DA, Murray DG: Experience with the variable axis knee prosthesis. Clin Orthop 205: 146-152 (1986)
Ryd L: Micromotion in knee arthroplasty. Acta Orthop Scand (Suppl) 220: 1-80 (1986)
Sachs L: Angewandte Statistik. Springer, Berlin Heidelberg New York (1984)
Saechtling-Zebrowski: Kunststoff-Taschenbuch. Hanser, München Wien (1974)
Scapinelli R: Blood supply of the human patella. J Bone Joint Surg 49-B: 563-570 (1967)
Scapinelli R: Studies on the vasculature of the human knee joint. Acta Anat 70: 305-331 (1968)
Schmithüsen F: Röntgenologische Untersuchungen zur langfristigen Verbundstabilität der Kniegelenkendoprothese nach Blauth. Inauguraldissertation zur Erlangung der Doktorwürde der Medizinischen Fakultät der Christian-Albrechts-Universität zu Kiel (1988)
Schmidt-Ramsin E, Plitz W: Die Beanspruchung des Femoro-Patellar-Gelenkes. In: Jäger M, Hackenbroch MH, Refior HJ (Hrsg) Osteosynthese, Endoprothetik und Biomechanik der Gelenke. Thieme, Stuttgart New York (1980)
Schmidt-Ramsin E, Plitz W, Jäger M: Bestimmung des femoropatellaren Druckes und seiner Veränderung durch therapeutische Maßnahmen. Orthop Prax 16: 582-586 (1980)
Schmitt O, Mittelmeier H: Die Bedeutung der Mm. vastus medialis et lateralis für die Biomechanik des Kniegelenkes. Arch Orthop Trauma Surg 91: 291-295 (1978)
Schmitz B, Engelhardt P, Menke W: Erfahrungen mit achslosen Knieendoprothesen vom Typ Geomedic and Total Condylar 1975-1984. Med Orthop Techn 105: 54-57 (1985)
Schneider R, Hood RW, Ranawat CS: Radiologic evaluation of knee arthroplasty. Orth Clin North Am 13: 225-244 (1982)
Schumpe G, Friedrich E, Rössler H, Hofmann P: Biomechanik des Kniegelenkes unter Berücksichtigung der Alloplastik. Z Orthop 113: 501-505 (1975)
Schumpe G: Biomechanische Aspekte am Kniegelenk. Habilitationsschrift, Orthopädische Universitätsklinik Bonn (1985)
Schurman DJ: Functional outcome of GUEPAR hinge knee arthroplasty evaluated with ARAMIS. Clin Orthop 155: 118-132 (1981)
Schöpf H-J, Stecher J, Karg E: Ermittlung von Pressungsverteilungen an Kontakt- und Dichtflächen. Messen Prüfen Automatik 6: 388-404 (1980)
Scott D: Prosthetic replacement of the patellofemoral joint. Orthop Clin North Am 10: 129-137 (1979)
Scott RD, Reilly DT: Pros and cons of patellar resurfacing in total knee replacement. Orthop Trans 4: 328-329 (1980)
Scott RD, Turoff N, Ewald FC: Stress fracture of the patella following duopatellar total knee arthroplasty with patellar resurfacing. Clin Orthop 170: 147-151 (1982)
Scuderi G, Scharf SC, Meltzer L, Nisonson B, Scott N: Evaluation of patella viability after disruption of the arterial circulation. Am J Sports Med 15: 490-493 (1987)
Seedhom BB, Terayama K: Knee forces during the activity of getting out of a chair with and without the aid of arms. Biomed Eng 11: 278-282 (1976)
Seedhom BB, Tsubuku M: A technique for the study of contact between visco-elastic bodies with special reference to the patello-femoral joint. J Biomech 10: 253-260 (1977)
Seireg A, Arvikar RJ: The prediction of muscular load sharing and joint forces in the lower extremities during walking. J Biomech 8: 89-102 (1975)
Sevitt S: Appendix on microangiography. In: Sevitt S (Hrsg) Bone repair and fracture healing in man. Livingstone, Edinburgh London Melbourne New York (1981)
Shaw NE, Chatterjee RK: Manchester knee arthroplasty. J Bone Joint Surg 60-B: 310-314 (1978)
Sheehan JM: Arthroplasty of the knee. J Bone Joint Surg 60-B: 333-338 (1978)
Shereff MJ, Jaffe WL: Patellar complications after total knee arthroplasty. Orthopedics 4: 653-657 (1981)
Shiers L: Arthroplasty of the Knee. J Bone Joint Surg 36-B: 553-560 (1954)
Shim S-S, Leung G: Blood supply of the knee joint. Clin Orthop 208: 119-125 (1986)
Shinno N: Statico-dynamic analysis of movement of the knee. Report I. Tokushima J Exp Med 8: 101-110 (1961)
Shinno N: Statico-dynamic analysis of movement of the knee. Report II. Tokushima J Exp Med 8: 111-123 (1961)
Shinno N: Statico-dynamic analysis of movement of the knee. Report III. Tokushima J Exp Med 8: 124-141 (1961)

Shoji H, D'Ambrosia RD, Lipscomb PR: Failed polycentric total knee prostheses. J Bone Joint Surg 58-A: 773-777 (1976)
Sick H, Koritké JG: La vascularisation des ménisques de l'articulation du genou. Z Anat Entwickl-Gesch 129: 359-379 (1969)
Sledge CB, Ewald FC: Total knee arthroplasty. Clin Orthop 145: 78-84 (1979)
Smidt GL: Biomechanical analysis of knee flexion and extension. J Biomech 6: 79-92 (1973)
Sneppen O, Fredensborg N, Karle A, Klaumann U: Lateral dislocation of the patella following Marmor and Guepar arthroplasty of the knee. Acta Orthop Scand 49: 291-294 (1978)
Sneppen O, Gudmundsson GH, Bünger C: Patellofemoral function in total condylar knee arthroplasty. Int Orthop 9: 65-68 (1985)
Soudry M, Mestriner LA, Binazzi R, Insall JN: Total knee arthroplasty without patellar resurfacing. Clin Orthop 205: 166-170 (1986)
Spalteholz W: Über das Durchsichtigmachen von menschlichen und tierischen Präparaten. Hirzel, Leipzig (1911)
Spector M: Historical review of porous-coated implants. J Arthroplast 2: 163-177 (1987)
Stallforth H, Ungethüm M: Die tribologische Testung von Knieendoprothesen. Biomed Techn 23: 295-304 (1978)
Steinmann WF, Müller U: Die Verbesserung der Interpretationsmöglichkeiten bei Korrosionspräparaten. Präparator 29: 131-138 (1983)
Strasser H: Lehrbuch der Muskel- und Gelenkmechanik. Springer, Berlin (1917)
Stulberg D, Stulberg B, Hamati Y, Tsao A: Patella problems after total knee arthroplasty. Scientific Meeting of the Knee Society, Atlanta (1988)
Sutherland CJ: Patellar component dissociation in total knee arthroplasty. Clin Orthop 228: 178-181 (1988)
Swanson SAV, Freeman MAR: Die wissenschaftlichen Grundlagen des Gelenkersatzes. Springer, Heidelberg Berlin New York (1979)
Swanson SAV: Biomechanics. In: Freeman MAR (Hrsg) Arthritis of the knee. Springer, Berlin Heidelberg New York (1980)
Tew M, Waugh W: Total replacement of the knee. J Bone Joint Surg 61-B: 225-228 (1979)
Tew M, Waugh W: Estimating the survival time of the knee replacements. J Bone Joint Surg 64-B: 579-582 (1982)
Thatcher JC, Zhou XM, Walker PS: Inherent laxity in total knee prostheses. J Arthroplast 2: 199-207 (1987)
Thomas W, Grundei H: Die anatomische GT-Schlittenendoprothese Lübeck. Z Orthop 117: 67-76 (1979)
Thomas WH, Ewald FC, Poss R, Sledge CB: Duopatellar total knee arthroplasty. Orthop Trans 4: 329-330 (1980)
Thomas W: Biomechanische Gesichtspunkte zur Konstruktion von Kniegelenkendoprothesen. Med Orthop Techn 101: 169-175 (1981)
Thomas W: Anwendungsmöglichkeiten des anatomischen GT-Kniegelenkendoprothesensystems. Med Orthop Techn 105: 59-64 (1985)
Thornhill TS, Dalziel RD, Sledge CB: Alternatives to arthrodesis for the failed total knee arthroplasty. Clin Orthop 170: 131-140 (1982)
Thull R, Schaldach M: Testing biomechanical aspects of artificial knee joints. In: Komi PV (Hrsg) Biomechanics. University Park Press, Baltimore London Tokyo (1982)
Thümler P, Schütt P, Goymann V: Kraftentfaltung und Wirkungsweise der sogenannten Kniebeugemuskeln auf das femoropatellare Gelenk. Orthop Prax 16: 468-471 (1980)
Tibrewal SB, Grant KA, Goodfellow JW: The radiolucent line beneath the tibial components of the Oxford meniscal knee. J Bone Joint Surg 66-B: 523-528 (1984)
Tillmann B: Funktionelle Anatomie des Bewegungsapparates. In: Böhm W, Rumberger E, Tillman B, Wurster K (Hrsg) Funktionelle Anatomie des Bewegungsapparates - Physiologie - Allgemeine Krankheitslehre. Bd 4. Thieme, Stuttgart New York (1981)
Tillmann B, Töndury G: Bewegungsapparat. In: Rauber-Kopsch (Hrsg) Anatomie des Menschen. Thieme, Stuttgart New York (1987)
Tillmann B, Blauth M, Schleicher A: Zugverspannungen der Patella In: Jäger M, Hackenbroch M, Refior J (Hrsg) Kapselbandläsionen des Kniegelenkes. Thieme, Stuttgart New York (1981)

Tillmann K, Thabe H: Erste Erfahrungen mit einer totalen Knieendoprothese mit wandernder Achse. In: Jäger M, Hofer H, Häckel H (Hrsg) Kniegelenksendoprothetik bei chronischer Polyarthritis - juvenile chronische Polyarthritis. Huber, Bern Stuttgart Wien (1981)

Tillmann K, Schwokowski U, Marquardt K, Keller A: Zur endoprothetischen Versorgung rheumatischer Kniegelenke - unter Berücksichtigung einer verblockten totalen Kniegelenksendoprothese mit wandernder Achse. Med Orthop Techn 105: 41-48 (1985)

Toendevold E: Haemodynamics of long bones. Acta Orthop Scand (Suppl) 205: 11-48 (1983)

Torisu T, Morita H: Roentgenographic evaluation of geometric total knee arthroplasty with a six-year average follow-up period. Clin Orthop 202: 125-134 (1986)

Townley CO: The anatomic total knee resurfacing arthroplasty. Clin Orthop 192: 82-96 (1985)

Trueta J, Harrison MHM: The normal vascular anatomy of the femoral head in adult man. J Bone Joint Surg 35-B: 442-461 (1953)

Ungethüm M, Stallforth H: Möglichkeiten zur Ermittlung des tribologischen Verhaltens von Knieendoprothesen. Med Orthop Techn 102: 24-30 (1982)

Ungethüm M, Winkler-Gniewek W: Materialeigenschaften des Polyäthylens als Wirkstoff für die Endoprothetik. 1 Barmbeker Symposium (1987)

Vanhegan JAD, Dabrowski W, Arden GP: A review of 100 Attenborough stabilised gliding knee prostheses. J Bone Joint Surg 61-B: 445-450 (1979)

van Eijden TMGJ, Kouwenhoven E, Weijs WA, Verburg J, De Boer W: Kinematics of the patellofemoral joint. In: Perren SM, Schneider E (Hrsg) Biomechanics: Current interdisciplinary research. Nijhoff, Dordrecht Boston Lancaster (1985)

van Eijden TMGJ: A mathematical model of the patellofemoral joint. J Biomech 19: 219-229 (1986)

van Kampen A, Huiskes R, Blankevoort L, Van Rens T: The three-dimensional tracking pattern of the patella in the human knee joint. Proc Orthop Res Soc 32: 386 (1986)

van Kampen A, Huiskes R, Blankevoort L, Van Rens T: The three-dimensional tracking pattern of the patella in the human knee joint and the effects of surgical interventions. In: Müller W, Hackenbruch W (Hrsg) Surgery and arthroscopy of the knee. Springer, Berlin Heidelberg (1988)

Vermeulen H, DeDonker E, Watillon M: Les prothèses rotuliennes de McKeever dans l'arthrose fémoropatellaire. Acta Orthop Belg 39: 79 (1973)

Wagenhäuser FJ: Die Rheumamorbidität. Huber, Bern Stuttgart Wien (1969)

Walker PS, Shoji H, Erkman MJ: The rotational axis of the knee and its significance to prosthesis design. Clin Orthop 89: 160-170 (1972)

Walker PS: Engineering principles of knee prostheses. In: Helfet AJ (Hrsg) Disorders of the knee. Lippincott, Philadelphia (1974)

Walker PS, Hsieh H-H: Conformity in condylar replacement knee prostheses. J Bone Joint Surg 59-B: 222-228 (1977)

Walldius B: Arthroplasty of the knee using an endoprosthesis. Acta Orthop Scand 24: 1-110 (1957)

Wasmer G, Hagena FW, Mittelmeier Th, Hofmann GO, Walter A: Bandstabilität und Endoprothetik am Kniegelenk - eine vergleichende Studie. In: Refior HJ, Hackenbroch MH, Wirth CJ (Hrsg) Der alloplastische Ersatz des Kniegelenks. Thieme, Stuttgart New York (1987)

Waugh TR, Smith RC, Orofino CF, Anzel SM: Total knee replacement. Clin Orthop 94: 196 (1973)

Waugh TR: UCI and other knee joint replacements: present problems and future development. In: Symposium on reconstructive surgery of the knee. Mosby, St. Louis (1978)

Waugh TR: Total knee arthroplasty in 1984. Clin Orthop 192: 40-45 (1985)

Waugh W: Knee replacement. J Bone Joint Surg 60-B: 301-303 (1978)

Weber U, Hackenbroch MH: Endoprothetik am Kniegelenk. Thieme, Stuttgart New York (1985)

Weinstabl R, Wagner M, Schabus R, Firbas W: Anatomical bases of patellar tendon grafts used in anterior cruciate ligament reconstruction. Surg Rad Anat 8: 163-167 (1986)

Wetzner M, Bezreh JS, Scott RD, Bierbaum BE, Newberg AH: Bone scanning in the assessment of patellar viability following knee replacement. Clin Orthop 199: 215-219 (1985)

Whiteside LA, Sweeney RE: Nutrient pathways of the cruciate ligaments. J Bone Joint Surg 62-A: 1176-1180 (1980)

Wiberg G: Roentgenographic and anatomic studies on the femoropatellar joint. Acta Orthop Scand 12: 319-410 (1941)

Wilson FC, Fajgenbaum DM, Venters GC: Results of knee replacement with the Walldius and Geometric prostheses. A comparative study. J Bone Joint Surg 62-A: 497-503 (1980)

Wirth CJ, Jäger M, Kolb M: Die komplexe vordere Knie-Instabilität. Thieme, Stuttgart New York (1984)

Worell RV: A comparison of patellectomy with prosthetic replacement of the patella. Clin Orthop 111: 284-289 (1975)

Worell RV: Prosthetic resurfacing of the patella. Clin Orthop 144: 91-97 (1979)

Wright TM, Bartel LD: The problem of surface damage in polyethylene total knee. Clin Orthop 205: 67-74 (1986)

Wyss P, Butz PC, Kubik St: Anatomy of the veins of the dorsum pedis with regard to their suitability as vascular grafts in reconstructive microsurgery. Anat Embryol 175: 199-204 (1986)

Young HH: Use of a hinged Vitallium prosthesis for arthroplasty of the knee. J Bone Joint Surg 45-A: 1627-1642 (1963)

Zichner L, Starker M, Paschen U: In-vivo-Verschleiß der Gleitflächenpaarung A1203-Keramik/Polyaethylen bei Hüftendoprothesen. In: Draenert K, Rütt A (Hrsg) Beiträge zur Implantatverankerung. Histo-Morph Bewegungsapparat. Bd 1. Art and Science, München (1981)

Zollinger H: Idiopathic osteonecrosis in the head of the metatarsal. In: Arlet F, Ficat P, Hungerford D (Hrsg) Bone circulation. Williams & Wilkens, Baltimore London (1984)

I. Anhang

Tabelle A1. Die Beobachtungszeit bei den Gelenken, die p.o. in Narkose durchbewegt wurden, ist größer als bei den übrigen Gelenken. Mobilisationen in Narkose wurden bei den ersten Eingriffen häufiger als in den letzten Jahren (nach Einführung der periduralen Katheteranästhesie) durchgeführt. Im Rangtest ist $p < 0,05$

		n	Beobachtungszeit				
			minimal	maximal	$\bar{x}$	s	mittlerer Rang
Narkosemobilisation	nein	369	5	179	43	26	226
	ja	92	3	131	50	31	251

Tabelle A2. Die Beugefähigkeit ist nach Protheseneinbau über einen Längsschnitt geringfügig, aber signifikant besser als nach Textor-Inzisionen. Im Rangtest ist $p < 0,05$

		n	Beugefähigkeit				
			minimal	maximal	$\tilde{x}$	s	mittlerer Rang
Zugangsweg	Längsinzision	202	15	130	103	18	266
	Textor-Schnitt	260	20	130	97	16	205

Tabelle A3. Zusammenhang zwischen Beugefähigkeit und Überwärmung. Im Rangtest ist $p < 0,05$

		n	Beugefähigkeit				
			minimal	maximal	$\tilde{x}$	s	mittlerer Rang
Überwärmung	ja	40	20	130	94	22	191
	nein	422	15	130	100	16	2235

Tabelle A4. Ruheschmerzen vor dem Protheseneinbau und bei den Nachuntersuchungen. Im Symmetrietest ist $p < 0,05$

		Ruheschmerzen vor Operation				
		keine	leicht	mäßig	stark	Summe
Ruheschmerzen vor Operation	keine	51	97	128	91	367
	leicht	10	12	17	12	51
	mäßig	2	2	5	2	11
	stark	0	0	0	1	1
	Summe	63	111	150	106	430

Tabelle A5. Gegenüberstellung von Anlaufschmerzen vor dem Protheseneinbau und bei den Kontrolluntersuchungen. Im Symmetrietest ist $p < 0{,}05$

		Anlaufschmerzen vor Operation				
		keine	leicht	mäßig	stark	Summe
Anlaufschmerzen nach Operation	keine	5	16	57	161	239
	leicht	1	4	35	75	115
	mäßig	1	6	12	53	72
	stark	0	0	1	3	4
	Summe	7	26	105	292	430

Tabelle A6. Belastungsschmerzen vor der Prothesenimplantation und bei den Nachuntersuchungen. Im Symmetrietest ist $p < 0{,}05$

		Belastungsschmerzen vor Operation				
		keine	leicht	mäßig	stark	Summe
Belastungsschmerzen nach Operation	keine	4	6	49	210	269
	leicht	0	1	21	79	101
	mäßig	0	1	14	42	57
	stark	0	1	0	3	4
	Summe	4	9	84	334	431

Tabelle A7. Gegenüberstellung von postoperativen Ruhe- und Anlaufschmerzen. In der χ^2-Statistik ist $p < 0{,}05$ und CCK = 0,525

		Ruheschmerzen			
		keine	leicht	mäßig + stark*	Summe
Anlaufschmerzen	keine	243	15	1	259
	leicht	109	13	1	123
	mäßig + stark*	44	25	10	79
	Summe	396	53	12	461

Tabelle A8. Belastungsschmerzen und Anlaufschmerzen postoperativ. In der χ^2-Statistik ist $p < 0{,}05$ und CCK = 0,708

		Belastungsschmerzen			
		keine	leicht	mäßig + stark*	Summe
Anlaufschmerzen	keine	217	36	6	259
	leicht	65	47	11	123
	mäßig + stark*	5	27	47	79
	Summe	287	110	64	461

Tabelle A9. Gegenüberstellung von Ruheschmerzen und Belastungsschmerzen postoperativ. In der χ^2-Statistik ist $p<0{,}05$ und CCK = 0,529

		Ruheschmerzen			
		keine	leicht	mäßig + stark*	Summe
Belastungsschmerzen	keine	271	14	2	287
	leicht	91	18	1	110
	mäßig + stark*	32	19	8	64
	Summe	396	53	12	461

Tabelle A10. Gegenüberstellung von Anlaufschmerzen und der Überwärmung des operierten Gelenkes. In der χ^2-Statistik ist $p<0{,}05$ und CCK = 0,331

		Anlaufschmerzen			
		keine	leicht	mäßig + stark*	Summe
Überwärmung	ja	11	10	18	39
	nein	247	113	61	421
	Summe	258	123	79	460

Tabelle A11. Bei Gelenken mit klinisch feststellbarer Überwärmung bestehen häufiger Belastungsschmerzen. In der χ^2-Statistik ist $p<0{,}05$ und CCK = 0,337

		Belastungsschmerzen			
		keine	leicht	mäßig + stark*	Summe
Überwärmung	ja	10	15	14	39
	nein	276	95	50	421
	Summe	286	110	64	460

Tabelle A12. Gegenüberstellung von Ruheschmerzen und einer Überwärmung des operierten Gelenks. In der χ^2-Statistik ist $p<0{,}05$, CCK = 0,234

		Ruheschmerzen		
		keine	leicht + mäßig + stark*	Summe
Überwärmung	ja	26	13	39
	nein	369	52	421
	Summe	395	65	460

Tabelle A 13. Bei Angabe von Anlaufschmerzen bestehen häufiger intraartikuläre Ergüsse als bei den übrigen Patienten. In der χ^2-Statistik ist $p < 0{,}05$, CCK = 0,165

		Intraartikulärer Erguß		
		ja	nein	Summe
Anlaufschmerzen	keine	14	244	258
	leicht	11	112	123
	deutl. u. stark*	11	68	79
	Summe	36	424	460

Tabelle A 14. Belastungsschmerzen gehen häufiger mit einem intraartikulären Erguß einher. In der χ^2-Statistik ist $p < 0{,}05$, CCK = 0,162

		Intraartikulärer Erguß		
		ja	nein	Summe
Belastungsschmerzen	keine	16	270	286
	leicht	11	99	110
	deutl. u. stark*	9	55	64
	Summe	36	424	460

Tabelle A 15. Beziehung von postoperativem Streckdefizit und Belastungsschmerzen. Im Rangtest ist $p < 0{,}05$

		n	Streckdefizit				
			minimal	maximal	$\bar{x}$	s	mittlerer Rang
Belastungsschmerzen	keine	285	0	50	2	5	222
	leicht	110	0	30	4	7	243
	mäßig + stark*	64	0	70	4	10	244

Tabelle A 16. Anlaufschmerzen sind häufiger bei entzündlichen Grunderkrankungen als bei degenerativen vorhanden. In der χ^2-Statistik ist $p < 0{,}05$, CCK = 0,165

		Grundleiden		
		entzündlich	degenerativ	Summe
Anlaufschmerzen	keine	75	183	258
	leicht	49	74	123
	deutl. u. stark*	31	45	76
	Summe	155	302	457

Tabelle A 17. Gegenüberstellung von maximaler Gehstrecke vor und nach Protheseimplantation. Im Symmetrietest ist $p < 0{,}05$

		Maximale Gehstrecke präoperativ				
		unbegrenzt	< 1000 m	Wohnung	unmöglich	Summe
Maximale Gehstrecke postoperativ	unbegrenzt	7	84	65	3	159
	bis 1000 m	3	74	100	13	190
	i. d. Wohnung	0	9	44	9	62
	unmöglich	0	3	7	3	13
	Summe	10	170	216	28	424

Tabelle A 18. Gegenüberstellung von maximaler Gehstrecke und Anlaufschmerzen. In der χ^2-Statistik ist $p < 0{,}05$, CCK = 0,346

		Maximale Gehstrecke				
		unbegrenzt	< 1000 m	Wohnung*	unmöglich*	Summe
Anlaufschmerzen	keine	117	102	32	4	255
	leicht	47	61	10	5	123
	mäßig*	7	45	19	4	75
	stark*	1	0	3	0	4
	Summe	172	208	64	13	457

Tabelle A 19. Gegenüberstellung von maximaler Gehstrecke und Ruheschmerzen. In der χ^2-Statistik ist $p < 0{,}05$, CCK = 0,261

		Maximale Gehstrecke				
		unbegrenzt	< 1000 m	Wohnung*	unmöglich*	Summe
Ruheschmerzen	keine	162	169	53	8	392
	leicht	8	33	8	4	53
	mäßig*	2	6	2	1	11
	stark*	0	0	1	0	1
	Summe	172	208	64	13	457

Tabelle A 20. Beziehung zwischen der maximalen Gehstrecke und Belastungsschmerzen. In der χ^2-Statistik ist $p < 0{,}05$, CCK = 0,340

		Maximale Gehstrecke				
		unbegrenzt	< 1000 m	Wohnung*	unmöglich*	Summe
Belastungsschmerzen	keine	132	118	29	4	283
	leicht	32	56	17	5	110
	mäßig*	7	33	15	4	59
	stark*	1	1	3	0	5
	Summe	172	208	64	13	457

Tabelle A21. Beziehung zwischen der postoperativen Beugefähigkeit und der maximalen Gehstrecke. Im Rangtest ist $p < 0{,}05$

		n	Beugefähigkeit				
			minimal	maximal	$\bar{x}$	s	mittlerer Rang
Maximale Gehstrecke	unbegrenzt	172	20	130	102	16	247
	< 1000 m	209	40	130	101	15	229
	i.d. Wohnung u. unmöglich	76	15	130	94	21	189

Tabelle A22. Gegenüberstellung von postoperativem Streckdefizit und maximaler Gehstrecke. Im Rangtest ist $p < 0{,}05$

		n	Streckdefizit				
			minimal	maximal	$\bar{x}$	s	mittlerer Rang
Maximale Gehstrecke	unbegrenzt	171	0	30	1	3	209
	< 1000 m	209	0	30	2	5	223
	i.d. Wohnung u. unmöglich	76	0	70	7	11	288

Tabelle A23. Zusammenhang zwischen maximaler Gehstrecke und einer Überwärmung des operierten Gelenks. In der χ^2-Statistik ist $p < 0{,}05$, CCK = 0,234

		Maximale Gehstrecke			
		unbegrenzt	< 1000 m	Wohnung und unmöglich*	Summe
Überwärmung	ja	8	17	14	39
	nein	164	192	62	418
	Summe	172	209	76	457

Tabelle A24. Gegenüberstellung von maximaler postoperativer Gehstrecke und Grundleiden. In der χ^2-Statistik ist $p < 0{,}05$, CCK = 0,262

		Grunderkrankung		
		PcP	Arthrose	Summe
Maximale Gehstrecke	unbegrenzt	45	126	171
	< 1000 m	70	137	207
	i.d. Wohnung u. unmöglich	40	36	76
	Summe	155	299	454

Tabelle A25. Zusammenhang zwischen Körpergewicht und maximaler Gehstrecke. Im Rangtest ist p < 0,05

		n	Körpergewicht				
			minimal	maximal	x̃	s	mittlerer Rang
Maximale Gehstrecke	unbegrenzt	153	44	90	70	9	229
	< 1000 m	178	40	90	66	11	191
	i.d. Wohnung u. unmögl.*	67	42	83	62	11	155

Tabelle A26. Gegenüberstellung der Beschwerden beim Treppensteigen vor und nach Protheseneinbau. Im Symmetrietest ist p < 0,05

		Treppensteigen präoperativ				
		normal	beschwerlich	mit Hilfe	unmöglich	Summe
Treppensteigen postoperativ	normal	2	26	27	8	63
	beschwerlich	0	122	119	26	267
	mit Hilfe	0	8	6	9	23
	unmöglich	0	2	7	2	11
	Summe	2	158	159	45	364

Tabelle A27. Zusammenhang zwischen Streckdefizit und Beschwerden beim Treppensteigen. Im Rangtest ist p < 0,05

		n	Streckdefizit				
			minimal	maximal	x̃	s	mittlerer Rang
Treppensteigen	normal	73	0	15	1,5	3	189
	beschwerlich	282	0	30	2	4	193
	mit Hilfe u. unmögl.*	34	0	30	5	7	235

Tabelle A28. Beziehung zwischen Grunderkrankung und Problemen beim Treppensteigen. In der χ^2-Statistik ist p < 0,05, CCK = 0,294

		Grundleiden		
		entzündlich	degenerativ	Summe
Treppensteigen	normal	24	49	73
	beschwerlich	75	205	280
	mit Hilfe und unmöglich*	21	13	34
	Summe	120	267	387

Tabelle A 29. Zusammenhang zwischen intraartikulärem Erguß und Treppensteigen. In der χ^2-Statistik ist $p < 0,05$, CCK = 1,68

		Intraartikulärer Erguß	
		ja	nein
Treppensteigen	normal	1	72
	beschwerlich	28	255
	mit Hilfe und unmöglich*	3	31
	Summe	32	358

Tabelle A 30. Erheben vom Sitz postoperativ (n = 457)

		Häufigkeit	%
Erheben vom Sitz	normal	88	19
	m. Abstützen	337	74
	mit Hilfe	24	5
	unmöglich	8	2

Tabelle A 31. Gegenüberstellung von Grunderkrankung, die zum Protheseneinbau geführt hat, und den Beschwerden beim Erheben vom Sitz. In der χ^2-Statistik ist $p < 0,05$, CCK = 0,304

		Grunderkrankung		
		PcP	Arthrose	Summe
Erheben vom Sitz	normal	27	60	87
	m. Abstützen	104	230	334
	mit Hilfe und unmöglich*	23	9	23
	Summe	154	299	453

Tabelle A 32. Zusammenhang zwischen Körpergewicht und Erheben vom Sitz. Im Rangtest ist $p < 0,05$

		n	Körpergewicht				
			minimal	maximal	$\bar{x}$	s	mittlerer Rang
Erheben vom Sitz	normal	80	46	90	68	10	212
	m. Abstützen	290	40	90	67	10	105
	mit Hilfe und unmöglich*	27	42	78	57	10	102

Tabelle A33. Beziehung zwischen dem postoperativen Streckdefizit und den Beschwerden beim Erheben vom Sitz. Im Rangtest ist $p < 0{,}05$

		n	Streckdefizit				
			minimal	maximal	x̃	s	mittlerer Rang
Erheben vom Sitz	normal	87	0	10	2	2	222
	m. Abstützen	337	0	30	2	5	223
	mit Hilfe und unmöglich*	32	0	70	11	15	313

Tabelle A34. Gegenüberstellung von Beugefähigkeit postoperativ und Problemen beim Erheben vom Sitz. Im Rangtest ist $p < 0{,}05$

		n	Beugefähigkeit				
			minimal	maximal	x̃	s	mittlerer Rang
Erheben vom Sitz	normal	88	45	130	101	16	238
	mit Abstützen	337	15	130	101	16	230
	mit Hilfe und unmöglich*	32	20	125	91	26	191

Tabelle A35. Zusammenhang zwischen maximaler Gehstrecke und Problemen beim Treppensteigen. In der χ^2-Statistik ist $p < 0{,}05$ und $CCK = 0{,}329$

		Maximale Gehstrecke				
		unbegrenzt	< 1000 m*	Wohnung*	unmöglich*	Summe
Treppensteigen	normal	47	22	4	0	73
	beschwerlich	106	150	26	2	284
	mit Hilfe*	8	9	6	0	23
	unmöglich*	0	2	4	5	11
	Summe	161	183	40	7	391

Tabelle A36. Beziehung zwischen Beschwerden beim Treppensteigen und Belastungsschmerzen. In der χ^2-Statistik ist $p < 0{,}05$, $CCK = 0{,}337$

		Treppensteigen postoperativ				
		normal	beschwerlich	mit Hilfe *	unmöglich *	Summe
Belastungsschmerzen	keine	61	120	14	0	253
	leicht*	10	82	5	3	100
	mäßig*	2	39	4	8	53
	stark*	0	3	0	0	3
	Summe	73	284	23	11	391

Tabelle A37. Zusammenhang zwischen Beschwerden beim Treppensteigen und Ruheschmerzen. In der χ^2-Statistik ist $p<0,05$, CCK = 0,335

		Treppensteigen postoperativ				
		normal	beschwerlich	mit Hilfe	unmöglich	Summe
Ruheschmerzen	keine	71	241	16	5	333
	leicht	2	37	6	4	49
	mäßig und stark*	0	6	1	2	9
	Summe	73	284	23	11	391

Tabelle A38. Zusammenhang zwischen Beschwerden beim Erheben vom Sitz und Belastungsschmerzen. In der χ^2-Statistik ist $p<0,05$, CCK = 0,311

		Erheben vom Sitz				
		normal	m. Abstützen	mit Hilfe*	unmöglich*	Summe
Belastungsschmerzen	keine	69	204	8	2	283
	leicht*	14	88	6	2	110
	mäßig*	5	41	9	4	59
	stark*	0	4	1	0	5
	Summe	88	337	24	8	457

Tabelle A39. Zusammenhang zwischen Beschwerden beim Erheben vom Sitz und Ruheschmerzen. In der χ^2-Statistik ist $p<0,05$, CCK = 0,168

		Erheben vom Sitz				
		normal	m. Abstützen	mit Hilfe*	unmöglich*	Summe
Ruheschmerzen	keine	83	286	18	5	392
	leicht	5	41	5	2	53
	mäßig und stark*	0	10	1	1	12
	Summe	88	337	24	8	457

Tabelle A40. Zusammenhang zwischen Beschwerden beim Erheben vom Sitz und maximaler Gehstrecke. Im χ^2-Test ist $p<0,05$, CCK = 0,584

		Maximale Gehstrecke				
		unbegrenzt	< 1000 m	Wohnung	unmöglich*	Summe
Erheben vom Stuhl	normal	63	22	2	0	87
	abstützend	107	179	48	2	336
	mit Hilfe*	1	7	11	5	24
	unmöglich*	0	0	2	6	8
	Summe	171	208	63	13	455

Tabelle A41. Gegenüberstellung von Beschwerden beim Treppensteigen und Anlaufschmerzen. Im χ^2-Test ist $p < 0{,}05$, CCK = 0,385

		Treppensteigen				
		normal	beschwerlich	mit Hilfe*	unmöglich*	Summe
Anlaufschmerzen	keine	60	148	7	0	215
	leicht	12	81	11	3	107
	mäßig*	1	54	5	7	67
	stark*	0	1	0	1	2
	Summe	73	284	23	11	391

Tabelle A42. Beziehung von Beschwerden beim Erheben vom Sitz und Anlaufschmerzen. Im χ_2-Test ist $p < 0{,}05$, CCK = 0,317

		Erheben vom Sitz				
		normal	m. Abstützen	mit Hilfe*	unmöglich*	Summe
Anlaufschmerzen	keine	69	174	9	3	255
	leicht	18	96	8	1	123
	mäßig*	1	64	7	3	75
	stark*	0	3	0	1	4
	Summe	88	337	24	8	457

Tabelle A43. Gegenüberstellung von Beschwerden beim Erheben vom Sitz und beim Treppensteigen. Im χ^2-Test ist $p < 0{,}05$, CCK = 0,365

		Erheben vom Sitz			
		normal	m. Abstützen	mit Hilfe und unmöglich*	Summe
Treppensteigen	normal	30	43	0	73
	beschwerlich	52	224	6	282
	mit Hilfe*	0	22	1	23
	unmöglich*	0	4	7	11
	Summe	82	293	14	389

Tabelle A44. Zusammenhang zwischen Grunderkrankung und retropatellarem Schmerzbild. Im χ^2-Test ist $p < 0{,}05$, CCK = 0,276

		Grunderkrankung		
		entzündlich	degenerativ	Summe
Retropatellare Schmerzen	keine	99	244	343
	leicht	41	49	90
	deutlich	15	9	24
	Summe	155	302	457

Tabelle A45. Zusammenhang zwischen Überwärmung des Gelenks und retropatellarem Schmerzbild. Im χ^2-Test ist $p < 0{,}05$, CCK = 0,251

		Überwärmung		
		ja	nein	Summe
Retropatellare Schmerzen	keine	19	324	343
	leicht	14	79	93
	deutlich	6	18	24
	Summe	39	421	460

Tabelle A46. Zusammenhang zwischen der Höhenposition der Patella und Beschwerden beim Treppensteigen. Im Rangtest ist $p < 0{,}05$

		n	Patellahöhenposition				
			minimal	maximal	$\tilde{x}$	s	mittlerer Rang
Treppensteigen	normal	24	13	42	30	6	66
	beschwerlich	94	14	55	32	7	74
	mit Hilfe und unmöglich*	17	12	39	25	7	41

Tabelle A47. Beziehung zwischen Patellahöhenposition und Häufigkeit von Mobilisationen in Narkose. Im Rangtest ist $p < 0{,}05$

		n	Länge Lig. patella				
			minimal	maximal	$\tilde{x}$	S	mittlerer Rang
Mobilisation i. Narkose	nein	112	16	55	32	6	90
	ja	55	12	49	29	9	72

Tabelle A48. Gegenüberstellung von Patellaposition im axialen Strahlengang und Anlaufschmerzen. Im χ^2-Test ist $p < 0{,}05$, CCK = 0,220. Die Beziehungen der Patellaposition zu Ruhe- und Belastungsschmerzen, zur maximalen Gehstrecke, den Beschwerden beim Treppensteigen und beim Erheben vom Sitz sind nicht signifikant

		Anlaufschmerzen				
		keine	leicht	mäßig*	stark*	Summe
Patellalage axial	zentriert	131	48	32	4	215
	lateralisiert	86	57	22	0	165
	subluxiert*	30	11	15	0	56
	luxiert*	0	2	3	0	5
	Summe	247	118	72	4	441

Tabelle A49. Zusammenhänge zwischen Patellalage im axialen Strahlengang und intraartikulärem Erguß. Im χ^2-Test ist $p<0{,}05$, $CCK=0{,}153$

		Patellaposition axial				
		zentral	mäßig lateralis	subluxiert	luxiert	Summe
Intraartikulärer Erguß	ja	11	10	13	2	36
	nein	204	155	43	3	405
	Summe	215	165	56	5	441

Tabelle A50. Zusammenhang der Knochenstruktur der Kniescheibe im seitlichen Strahlengang und der Knochenstruktur der Kniescheibe im axialen Strahlengang. Im χ^2-Test ist $p<0{,}05$, $CCK=0{,}765$

		Knochenstruktur Patella seitl.			
		gleichmäßig	deutliche Sklerose	Osteolysen	Summe
Knochenstruktur axial	gleichmäßig	123	22	15	160
	deutliche Sklerose	22	68	13	103
	Osteolysen	5	7	36	64
	Summe	160	103	48	311

Tabelle A51. Beziehungen zwischen Patellalage und Knochenstruktur im axialen Strahlengang. Im χ^2-Test ist $p<0{,}05$, $CCK=0{,}200$

		Patellaposition axial				
		zentral	mäßig lateralis	subluxiert *	luxiert *	Summe
Knochenstruktur axial	gleichmäßig	138	66	15	3	221
	deutl. Sklerose	51	66	28	1	146
	Osteolysen	19	21	10	1	51
	Summe	108	153	53	4	418

Tabelle A52. Gegenüberstellung von Position der Kniescheibe im axialen Strahlengang und Knochenstruktur der Kniescheibe im seitlichen Strahlengang. Im χ^2-Test ist $p<0{,}05$, $CCK=0{,}276$

		Patellaposition axial				
		zentral	mäßig lateralis	subluxiert *	luxiert *	Summe
Knochenstruktur seitlich	gleichmäßig	98	52	9	1	160
	deut. Sklerose	41	39	17	0	97
	Osteolysen	25	29	11	0	65
	Summe	164	120	37	1	322

Tabelle A53. Gegenüberstellung von Patellastrukturveränderungen im axialen Strahlengang und Dickenminderung im seitlichen Strahlengang. Im χ^2-Test ist $p < 0{,}05$, CCK = 0,414

		Knochenstruktur axial			
		gleichmäßig	deutliche Sklerose	Osteolyse	Summe
Dicken-abnahme	keine	73	36	21	130
	leicht und deutlich*	3	6	9	18
	Summe	76	42	30	148

Tabelle A54. Gegenüberstellung von Patellastrukturveränderungen im seitlichen Strahlengang und Dickenminderung im seitlichen Strahlengang. Im χ^2-Test ist $p < 0{,}05$, CCK = 0,458

		Knochenstruktur axial			
		gleichmäßig	deutliche Sklerose	Osteolyse	Summe
Dicken-abnahme	keine	65	30	33	128
	leicht und deutlich*	0	6	11	17
	Summe	6	36	44	145

Tabelle A55. Zusammenhänge zwischen einem postoperativen Streckdefizit und einer Dickenabnahme der Patella im seitlichen Strahlengang. Im Rangtest ist $p < 0{,}05$

		Streckdefizit					
		n	minimal	maximal	x̃	s	mittlerer Rang
Dickenabnahme seitlich	keine	113	0	50	0	6	63
	leicht u. deutlich	16	0	30	0	8	80

Tabelle A56. Zusammenhänge zwischen der Beobachtungszeit und einer Dickenabnahme der Patella im seitlichen Strahlengang. Im Rangtest ist $p < 0{,}05$

		Beobachtungszeit					
		n	minimal	maximal	x̃	s	mittlerer Rang
Dickenabnahme seitlich	keine	146	11	160	32	28	79
	leicht u. deutlich	19	14	105	59	29	116

Tabelle A57. Beziehungen zwischen der Grunderkrankung und röntgenologisch sichtbaren Strukturveränderungen im axialen Strahlengang. Im χ^2-Test ist $p < 0{,}05$, CCK = 0,318

		Grunderkrankung		
		PcP	Arthrose	Summe
Knochenstruktur axial	gleichmäßig	55	165	220
	deutliche Sklerose	61	86	147
	Osteolysen	29	23	52
	Summe	145	274	419

Tabelle A58. Zusammenhang zwischen Grunderkrankung, die zum Protheseneinbau geführt hat, und röntgenologischen Strukturveränderungen im seitlichen Strahlengang. Im χ^2-Test ist $p<0{,}05$, CCK = 0,267

		Grunderkrankung		
		PcP	Arthrose	Summe
Knochenstruktur seitlich	gleichmäßig	40	120	160
	deutliche Sklerose	40	59	99
	Osteolysen	31	36	67
	Summe	111	215	326

Tabelle A59. Zusammenhang zwischen dem operativen Zugangsweg, über den die Prothese implantiert wurde, und der Knochenstruktur im axialen Strahlengang. Im χ^2-Test ist $p<0{,}05$, CCK = 0,256

		operativer Zugangsweg		
		Längsinzision	Textorinzision	Summe
Knochenstruktur axial	gleichmäßig	113	110	223
	deutliche Sklerose	46	101	147
	Osteolysen	21	32	53
	Summe	180	243	423

Tabelle A60. Beziehungen zwischen dem operativen Zugangsweg zur Protheseimplantation und der Knochenstruktur im seitlichen Strahlengang. Im χ^2-Test ist $p<0{,}05$, CCK = 0,307

		operativer Zugangsweg		
		Längsinzision	Textorinzision	Summe
Knochenstruktur seitlich	gleichmäßig	84	78	162
	deutliche Sklerose	28	71	99
	Osteolysen	29	38	67
	Summe	141	187	328

Tabelle A61. Zusammenhang zwischen Strukturveränderungen im axialen Röntgenbild und dem operativen Zugangsweg bei Patienten mit chronischer Polyarthritis. Im χ^2-Test ist $p<0{,}05$, CCK = 0,219

		Knochenstruktur axial			
		gleichmäßig	deutliche Sklerose	Osteolyse	Summe
operativer Zugangsweg	Längsinzision	27	15	10	52
	Textorinzision	28	45	19	92
	Summe	55	60	29	144

Tabelle A62. Zusammenhang zwischen Veränderungen der Patellastruktur im seitlichen Röntgenbild und dem operativen Zugangsweg bei Prothesenimplantation wegen degenerativer Gelenkerkrankungen. Im χ^2-Test ist $p<0{,}05$, CCK = 0,259. Auch für die Beziehung zwischen axialen Röntgenaufnahmen und Strukturveränderungen ist $p<0{,}05$

		Knochenstruktur seitlich			
		gleichmäßig	deutliche Sklerose	Osteolyse	Summe
Operativer Zugangsweg	Längsinzision	68	15	19	102
	Textorinzision	52	43	17	112
	Summe	120	58	36	214

Tabelle A63. Gegenüberstellung von Beobachtungsdauer und operativem Zugangsweg. Im Rangtest ist $p<0{,}05$

		n	Beobachtungszeit				
			minimal	maximal	x̄	s	mittlerer Rang
Operativer Zugangsweg	Längsinzision	203	12	179	34	23	180
	Textorinzision	261	11	156	52	28	274

Tabelle A64. Gegenüberstellung von Anlaufschmerzen und Strukturveränderungen im axialen Strahlengang. Im χ^2-Test ist $p<0{,}05$, CCK = 0,269

		Anlaufschmerzen				
		keine	leicht	mäßig	stark	Summe
Knochenstruktur axial	gleichmäßig	144	50	25	3	222
	deutliche Sklerose	73	40	33	1	147
	Osteolysen	18	21	14	0	53
	Summe	235	111	72	4	422

Tabelle A65. Beziehungen zwischen Anlaufschmerzen und Knochenstruktur im seitlichen Strahlengang. Im χ^2-Test ist $p<0{,}05$, CCK = 0,276

		Anlaufschmerzen			
		keine	leicht	mäßig stark	Summe
Knochenstruktur Patella seitlich	gleichmäßig	113	54	27	194
	deutliche Sklerose	27	25	22	74
	Osteolygen	22	20	17	59
	Summe	162	99	60	327

Tabelle A 66. Zusammenhänge zwischen Beschwerden beim Treppensteigen und Knochenstruktur im axialen Strahlengang. Im χ^2-Test ist $p < 0{,}05$, CCK = 0,196

		Treppensteigen postoperativ				
		normal	beschwerlich	mit Hilfe*	unmöglich*	Summe
	gleichmäßig	46	138	9	3	196
Knochenstruktur	deutliche Sklerose*	18	95	7	4	124
axial	Osteolysen*	6	32	4	4	46
	Summe	70	265	20	11	366

Tabelle A 67. Beziehungen zwischen Treppensteigen und Knochenstruktur im seitlichen Strahlengang. Im χ^2-Test ist $p < 0{,}05$, CCK = 0,249

		Treppensteigen			
		normal	beschwerlich	mit Hilfe und unmögl.*	Summe
	gleichmäßig	31	98	8	137
Knochenstruktur	deutliche Sklerose	10	72	7	89
Patella seitlich	Osteolysen	7	40	10	57
	Summe	48	210	25	283

Tabelle A 68. Zusammenhänge zwischen max. Gehstrecke und Knochenstruktur im axialen Strahlengang. Im χ^2-Test ist $p < 0{,}05$, CCK = 0,225

		Maximale Gehstrecke				
		unbegrenzt	< 1000 m	Wohnung	unmöglich	Summe
	gleichmäßig	98	93	27	3	221
Knochenstruktur	deutliche Sklerose	44	80	20	3	147
axial	Osteolysen	18	20	10	5	53
	Summe	160	193	57	11	421

Tabelle A 69. Gegenüberstellung von maximaler Gehstrecke und Strukturveränderungen im seitlichen Strahlengang. Im χ^2-Test ist $p < 0{,}05$, CCK = 0,213

		Maximale Gehstrecke				
		unbegrenzt	< 1000 m	Wohnung	unmöglich	Summe
	gleichmäßig	69	68	22	2	161
Knochenstruktur	deutliche Sklerose	32	55	12	0	99
seitlich	Osteolysen	24	25	11	6	66
	Summe	125	148	45	8	326

Tabelle A70. Zusammenhänge zwischen Knochenstruktur im seitlichen Strahlengang und Belastungsschmerzen. Im χ^2-Test ist $p<0{,}05$, CCK=0,206

		Knochenstruktur Patella seitlich			
		gleich-mäßig	deutliche Sklerose	Osteolyse	Summe
Belastungsschmerzen	keine	106	66	34	206
	leicht	41	17	18	76
	mäßig	13	14	14	41
	stark	2	2	0	4
	Summe	162	99	66	327

Tabelle A71. Zusammenhänge zwischen Beschwerden beim Erheben vom Sitz und Knochenstruktur im axialen Strahlengang. Im χ^2-Test ist $p<0{,}05$, CCK=0,208

		Erheben vom Sitz				
		normal	mit Ab-stützen	mit Hilfe*	unmög-lich*	Summe
Knochenstruktur axial	gleichmäßig	52	161	7	2	222
	deutliche Sklerose	18	117	8	3	146
	Osteolysen	12	32	6	3	53
	Summe	82	310	21	8	421

Tabelle A72. Beziehung zwischen Ruheschmerzen und Voroperationen. $p<0{,}05$, CCK=0,151

		Voroperationen		
		ja	nein	Summe
Ruheschmerzen	keine	68	253	321
	leicht	17	28	45
	mäßig	2	8	10
	stark	0	1	1
	Summe	290	87	377

J. Sachverzeichnis

Springer